数据科学与大数据技术丛书

PROBABILITY FOUNDATION
FOR DATA SCIENCE

数据科学概率基础

尹建鑫◎编著

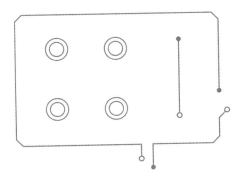

中国人民大学出版社
·北京·

总　　序

数据科学时代，大数据成为国家重要的基础性战略资源。世界各国先后推出大数据发展战略：美国政府于 2012 年发布《大数据研究与发展倡议》，2016 年发布《联邦大数据研究与开发战略计划》，不断加强大数据的研发和应用发展布局；欧盟于 2014 年推出《数据驱动经济》战略，倡导成员国尽早实施大数据战略；日本等其他发达国家相继出台推动大数据研发和应用的政策。在我国，党的十八届五中全会明确提出要实施"国家大数据战略"，国务院于 2015 年 8 月印发《促进大数据发展行动纲要》，全面推进大数据的发展与应用。2019 年 11 月，《中共中央关于坚持和完善中国特色社会主义制度　推进国家治理体系和治理能力现代化若干重大问题的决定》将"数据"纳入生产要素，进一步奠定了数据作为基础生产资源的重要地位。

在大数据背景下，基于数据作出科学预测与决策的理念深入人心。无论是推进政府数据开放共享，提升社会数据资源价值，培育数字经济新产业、新业态和新模式，支持农业、工业、交通、教育、安防、城市管理、公共资源交易等领域的数据开发利用，还是加强数据资源整合和安全保护，都离不开大数据理论的发展、大数据方法和技术的进步以及大数据在实际应用领域的扩展。在学科发展上，大数据促进了统计学、计算机和实际领域问题的紧密结合，促进了数据科学学科的建立和发展。

为了系统培养社会急需的具备大数据处理及分析能力的高级复合型人才，2016 年教育部首次在本科专业目录中增设"数据科学与大数据技术"。截至 2020 年，开设数据科学与大数据技术本科专业的高校已突破 600 所。在迅速增加的人才培养需求下，亟须梳理数据科学与大数据技术的知识体系，包括大数据处理和不确定性的数学刻画，使用并行式、分布式和能够处理大规模数据的数据科学编程语言和方法，面向数据科学的概率论与数理统计，机器学习与深度学习等各种基础模型和方法，以及在不同的大数据应用场景下生动的实践案例等。

为满足数据人才系统化培养的需要，中国人民大学统计学院联合兄弟院校，基于既往经验与当前探索组织编写了"数据科学与大数据技术丛书"，包括《数据科学概论》《数据科学概率基础》《数据科学统计基础》《Python 机器学习：原理与实践》《数据科学实践》《数据科学统计计算》《数据科学并行计算》《数据科学优化方法》《深度学习：原理与实践》等。该套教材努力把握数据科学的统计学与计算机基础，突出数据科学理论和方法的系统性，重视方法应用和实际案例，适用于数据科学专业的教学，也可作为数据科学从业者的参考书。

编委会

引　言

　　一枚硬币抛了 10 次，已经观察到 8 次正面朝上，第 11 次正面朝上有多大的可能性？抽签的先后顺序会影响结果吗？从高尔顿 (Galton) 板落下的小球为什么总是呈现中间高、两边低的分布特征？为什么从每个系看录取率都没有性别歧视，而从全校看结论却不同？宇宙本质上是随机的吗？从天气预报的降水概率到量子力学的粒子轨道概率分布，对概率的认知已经渗透到我们生活的方方面面。概率论是研究一切随机现象的量化模型的基础。在当今定量科学、量子计算机、大规模计算、工业制造、人工智能、信息通信、经济管理、新闻传播、文本处理、生物医疗、农业试验设计，甚至日常生活中判断推理等大大小小、方方面面的问题中，只要涉及不确定性，就可用概率模型来描述，进而得到合理的指导。

　　概率论作为描述不确定性现象的工具，是数学的一个分支，同时也是统计学和数据科学的重要理论和方法基础。将概率论作为统计学的理论基础，大家基本不会有不同意见，那么将其作为数据科学的基础是否可以呢？这可能存在一些分歧。著名的深度学习专家 Yann LeCun 曾公开表示他认为概率论作为描述深度学习、人工智能现象的工具恐怕还不够用，需要发展新的数学工具，他的论点是如果简单使用一些随机变量的数字特征 (如期望、方差等)，会让机器混淆一些本质上不同的东西，从而做出错误判断。其实他反对的是不加辨别地在大数据分析中机械地使用基于随机变量数字特征而进行的推断。就像确定性推理中成立的三段论，在不确定性推理中就不一定成立了 (参见耿直老师的 "中间变量悖论")，在不确定性环境下会发生很多奇妙的现象，与确定性的环境截然不同。这恰恰说明，不确定性给人们带来的迷惑需要在坚实的概率论的基础上解除。这恰好体现了概率论的重要性和未来发展的方向。因为它本身是数学的分支，所以都是在一定的前提下逻辑演绎得到的结论，是无可指摘的，具有根本性的特点，不会因外部观察世界的变化而改变。需要注意的是实际应用时的前提条件和适用范围。而有诸多有待解决的问题才能显示一门学科的强大发展潜力和动力。

　　其实概率论之所以如此有用，缘于几个基本事实。比如，把大量随机信号取平均，会越来越逼近真实信号。这就是大数定律和中心极限定理最初的端倪。还有其他基于代数、分析的原理衍生出的一些关于均值、方差、概率不等式等的规律。总结一下，概率论涉及几个重要概念：

- 不确定事件发生的可能性——概率。它是整个方向的基础，无论频率学派还是贝叶斯学派都要有这个基础。这个基础也是概率论最初的工具，后来衍生出无穷的架构，产生了巨大的威力。
- 随机变量的概念。有了它，很多随机的、不确定的事情就有了一个数字来对应，变成了数学能处理的对象。
- 独立性。包括事件之间的、随机变量之间的独立性。后面还衍生出条件下的概念，如条件期望、条件方差、条件独立性等。这是一个概率和统计里的核心概念，使概率论不仅仅是一类特殊的测度。
- 对随机变量做的数学变换及其性质。这些变换包括把独立的无穷个变量加起来，也包括一个(好的)函数与密度乘积的积分，等等。
- 一些概率不等式。利用分析的工具，在概率以及随机变量的数字特征上得到很多从简单假设出发而很有力、很"远"的结论。
- 大量微弱的、独立的随机信号的求和在标准化后的规律性——大数定律和中心极限定理。
- 随机耦合的概念和技巧。

本书先介绍经典的概率模型、随机变量和数字特征工具，之后引入概率论的精华——大数定律和中心极限定理，正是它们揭示了随机现象背后隐藏的确定性规律。在此基础上，结合概率、统计、信息论、数据科学的前沿理论发展方向，引入新近的非特征函数方法(随机耦合的想法和斯泰因(Stein)方法)研究大数定律和中心极限定理，给出逼近的误差界。本书还介绍了非常有用的概率不等式，这为非渐近概率结果提供了基础工具。我们发现，这些内容在未引入测度论工具之前介绍也是可以接受的。希望这能为后续的理论研究和具体应用研究的发展打下坚实的基础。《论语》里有一句话，"君子务本，本立而道生"，那么在数据科学中什么是"本"呢？在我看来，概率论正是数据科学之本！

概率论是比较成熟的学科，也有众多往圣先贤的著作，我们为什么又要写本书，而且取名"数据科学概率基础"？其实随着大数据时代的到来，数据科学、人工智能更像是时代的标签，表明当今时代的发展水平。在数据科学、人工智能时代，需要学习什么样的概率论呢？传统的经典概率论的初级概念已经下沉到中学去介绍，至少对于古典概型、简单的随机变量、期望、方差等概念，当代的中学生是有相应知识的。因此，概率论的古典概型部分可以少讲一些，需要增加对随机变量、随机变量的函数、数字特征的讲授。另外，除了传统的基于特征函数建立的中心极限定理，有必要介绍一种非特征函数基础上的中心极限定理，因此本书介绍了基于斯泰因方法的中心极限定理的证明方法。

数据科学时代，传统的学科分工被打破。统计学专业的学生不仅要掌握本专业的概率、统计的工具等概念与方法，而且要熟悉计算机大数据处理的编程和软件应用，达到"生活自理"的要求。那么对于统计学院、计算机学院的数据科学与大数据技术本科专业的学生来讲，打好概率论、数理统计等数据科学的基础是尤为必要的。而在有统计背景的数据科学与大数据技术本科人才培养上，将来可能会呈现出两条发展脉络：一条脉络是学术道路，使用的工具所基于的理论更深入，涉及更多数学工具、更复杂的模型；另一条脉络是多学科、多领域交叉，应用时结合多种领域。对于显现第一条发展脉络的学生，尤其要重视概率论的学习，打牢基础。重要的是建立观念，即对于不确定性的现象，有一种使用概率语言进行刻画的意识、方法与能力。因此，本书也会就日后学术工作中常常会用到的概率不等式做一简要而抛砖引玉式的介绍。

　　本书非常注重用计算机程序模拟一些概率事件、基于概率的算法的实现，以及概率习题的训练。就像所有数学分支的学习最好的方法是"做"数学，我们坚信数据科学、概率论也要靠积极动手去做题、编程才能学好，才能将概率论的思想和方法内化于心、外化于行，从而促进概念的深入理解和掌握。本书的习题部分得到了孙怡帆、范新妍两位课程教研组老师的大力帮助；本书的习题和计算机程序模拟部分得到了李智凡、桂鹏和孔令仁等同学的帮助，在此一并表示感谢。

　　概率论是中国人民大学统计学和数据科学专业的核心基础课，如何在这个信息和数据飞速更新的时代讲好这样一门既古老又生机勃勃的课程，课程团队正在努力给出答案。拉普拉斯曾说过，生活中最重要的问题，绝大多数在实质上只是概率的问题。让我们"学而时习之"，在正确掌握基本概念之后，多加思考，勤加练习，一起领略概率论的独特魅力吧！

　　由于作者学识、水平有限，书中错误在所难免，还请读者不吝指正。

尹建鑫

目　　录

第 *1* 章

随机事件与概率空间

本章导读

    概率论是对具有不确定性的现象进行定量描述的数学语言，是研究随机现象背后规律的学科。在勒贝格的新型积分出现之前，以费马和帕斯卡为代表的数学家用排列组合、集合论等工具奠定了古典概型的理论基础。测度论发展起来之后，现代概率论被视为测度论的应用，但概率论与随后发展起来的随机过程论有着自己独特的研究问题和研究方法，成为独立的学科领域，并广泛受到实分析、泛函分析、调和分析等现代数学领域的影响，从而蓬勃发展。同时，它也是数理统计、生物统计、理论计算机、信息科学、数据科学、复杂度理论等学科的重要基础。随着计算机技术的迅猛发展，计算方法、随机模拟方法在概率论的学习和研究中起到了越来越重要的作用，体现出数据科学的研究特点。本章在简要介绍概率论发展历史的基础上，介绍古典概型、几何概型、概率空间等基本概念。以概率空间的三个重要元素为主线，以排列组合为主要计算工具，对事件级别的随机性从概率的角度进行刻画。值得一提的是，从下一章起，本书在介绍基本概念、定理结论之后，每章末会介绍使用软件进行随机模拟的一些例子，希望对读者更好地理解概念，形成"一个想法可以先用模拟方法看看效果"的主动意识有所帮助。

1.1　概率是什么

    "至于概率到底是什么……自巴别塔以来，几乎没有比这更众说纷纭、更难以沟通的概念了。"概率是我们日常生活中须臾不可离的一个概念，天气预报中有降水概率，股票有或涨或跌的概率。与概率非常贴近的词包括：不确定性、随机、机会、运气、幸运、命运、侥幸、风险、冒险、可能性、不可预测性、倾向和意外，等等。我们可以将一件事发生的概率定义为"该事件可能发生的程度"或者"对该事件可能会发生的相信程度"。这两个定义本质上是同义的，因为它们体现了主观概率和贝叶斯的思想。那么，概率这个概念是怎么产生的？有着怎样的历史？

1.1.1 概率的起源

如果一枚硬币，前 10 次抛掷出现了 8 次正面，后 10 次反面会多吗？这会引到一个叫作赌徒谬误 (gambler's fallacy) 的现象上。要把一摞牌洗几次才能使其接近随机？曾 "一人打败全球" 的科学家 H.O. 史密斯的 "shotgun" 算法将基因组测序的工作缩短了 10 多年时间。你是否相信，有人可以将股票线报做到极致——预测今后 10 周某只股票的走势，每次都做到丝毫不差？如果第 11 次卖给你线报，你会付钱吗？

从物理学、天文学的宇宙观角度看，"概率可被量化" 这一想法和 "宇宙本质上是确定的" 这一观点是同时出现的。当牛顿、罗伯特·胡克、罗伯特·波义耳、G. 莱布尼茨和 C. 惠更斯等人奠定了科学基础时出现了钟表宇宙论，即宇宙像一只精密的钟表一样在分毫不差地运行。梳理分析物理定律的态度也能激励科学家采用相同的量化方法去研究随机事件。下面列出的是一些早期的有关概率和统计的著作：

- 1657 年荷兰科学家 C. 惠更斯的《论赌博中的计算》。
- 1663 年意大利学者 G. 卡尔丹诺撰写的《机遇博弈》。
- 1671 年荷兰政治家、数学家 J. 德·维特的《关于终身年金和债券赎回的价值比较》。
- 1654 年法国数学家 P. 德·费马和 B. 帕斯卡通过通信揭开了点数问题谜团（赌局提前结束）。
- 1713 年 J. 伯努利的《猜度术》。
- 1718 年 A. 德莫佛的《机会说》。
- 1933 年苏联数学家柯尔莫哥洛夫的经典著作《概率论基础》（其中提出了概率的数学表达——目前为止最广泛的概率数学表达方式、公理化表述）。

1.1.2 概率宇宙观

从 17 世纪到 20 世纪初，科学家在了解自然运行方面取得了巨大进展。从牛顿力学到光学、热学、电磁学等物理学的快速发展使星体在太空中的运动、电荷的流动、气体的压缩与物质之间的化学反应、三棱镜的广谱折射等物理现象都得到了精确的解释，甚至可以用方程精确地描述。对自然的深入理解不仅使人类可以理解自然、预测自然，而且某种程度上还可以控制自然。诚如法国数学家拉普拉斯所说的："但凡有智慧的个体，如果了解某个特定时刻令大自然活跃起来的所有作用力，以及构成大自然的所有元素所处的位置，并且能获得所有相关数据用于分析，大至宇宙的运行，小至原子的运动，那么在其看来，没有事物是不确定的，未来和过去一样清晰在目。"这种自然观有时被称作 "钟表宇宙观"（clockwork universe），即宇宙是从初始条件开始，在特定方程所确定的轨道上精确地运行，如同钟表一样精准。现在看来无法预测的——比如雷电——在原则上是可以预测的。无法预测只是因为无知，无法精确地测量所有初始条件、运行过程中的环境条件等。如果这些都明晰了，那么没有什么是不知道的，一切都是确定的。这就是 "钟表宇宙观"。

但是，钟表宇宙观到了 19 世纪末 20 世纪初就出现了解释不了的问题。于是，从观念上，结合量子力学的发展，钟表宇宙观发展到了概率宇宙观：

- 钟表宇宙观的瑕疵之一：有些系统是不稳定的，我们永远无法做到完全精准地测量万物，在某些系统中，初始条件的极小差异能迅速扩大，产生不可忽视的结果——混沌 (chaos)。著名的例子如南美洲的一只蝴蝶扇动翅膀，可以引发亚洲的一场暴风雨。
- 钟表宇宙观的瑕疵之二：源于人类对电子及其他粒子的观察，海森堡测不准原理指出不可能完全知道"钟表"的全部初始状态，因此需要引入不确定性。
- 宇宙本质概率观。这个从黑体辐射引出的量子力学观念并非所有人都能接受，1944 年科学家 A. 爱因斯坦给德国物理学家 M. 玻恩写信："你相信上帝在操控骰子，那我认为世界存在客观的定律和秩序……虽然量子理论初期取得了极大的成功，可我仍然难以相信宇宙在本质上是一场掷骰子游戏。"但是，采用概率宇宙观的量子力学在解释很多高能物理的现象方面是非常有效的。

近年来，由于数据科学、大数据的兴起，大量社会经济数据观测源自移动互联网、社交网络、流媒体等，随机性、不确定性比比皆是，需要有面对随机现象的理念才能正确理解很多现象。

常见的概率解释有频率论和主观论，后者和贝叶斯方法有很大关系。一些常见的概率准则包括：必然法则 (law of inevitability)、巨数法则 (law of truly large numbers，只要机会足够多，任何离奇的事情都有可能发生)、组合法则 (law of combination)、选择偏倚 (selection bias)、幸存者偏倚、够近法则。例如，2018 年全国 II 卷高考作文题中提到的问题：第二次世界大战中飞机维修师需要确定战机更需要加固钢板的地方——统计学家表示应该在弹孔更少的地方，而不是更多的地方，为什么？

总之，概率论作为一切不确定的现象背后的理性，能为我们解开很多生活中的迷思，打开很多扇门。概率论作为数理统计的基础，是一个飞速发展的数学分支，理论将越来越完善，也会有越来越多的可以研究的问题。概率论和数理统计的思想方法已经并且将会更多地渗透到理、工、农、医、经济管理与人文社会科学的各个领域。概率论作为统计学专业的基础课，将是该专业后续几乎一切学科的基础。因此，确实有必要好好学习这门学问！

1.2 随机事件及其运算律

一些自然界或人类社会的现象是有规律的、确定性的。例如，太阳每天东升西落，虽然日出时刻会随着季节变化有推移，但完全是按照规律运行的；向上扔出的苹果总会落向地面；氧气和氢气进行化合反应产生水；黄金周景点周边的交通和商业活动都比平时繁忙；电影院的售票数一定小于座位数；等等。这是一类具有确定性的现象。但是一枚即将落下的硬币或者骰子哪个面朝上、随机游走的股票走势就变得不确定了，天气预报虽说有雨，实际是否下雨是不确定的。除了观察自然界的现象，还可以有目的地去做试验。比如抛一枚硬币决定谁先发球，从一个总体中随机挑选候选人，考察某种药物或治疗方案是否有效需要做控制-对照试验，等等。无论是观察一个现象（我们可以将它视为大自然做了一个试验），还是人为做一个试验，如果其结果不唯一，时而是这样，时而是那样，呈现出一种偶然性，这种现象就叫作随机现象。每次试验的结果叫作样本点，所有结果组合在一起形成一个样本空间。例如我们掷一枚骰子，可能出现的结果就是 1，2，3，4，5，6 点之一，每次投掷（试验）会出现一个结果，如果关心的事件 A 是"偶数点出现"，那么对于每一次具体的试验结果，事件 A 发生与否就是一个不确定的事件，呈现为一种随机现象。

由此，我们引入随机事件的概念：所关心的某个结果（在试验或观察中）是否出现是不确定的，这些结果称为随机事件，简称事件。而随机事件实际上就是某些样本点组成的集合，由于每次试验结果具有不确定性（不确定哪个样本点出现），该集合中的样本点不一定出现，也就是该集合所表示的随机事件不一定发生（时而发生，时而不发生）。类似地，可以定义必然事件——在一定条件下必然会发生的事件，以及不可能事件——在一定条件下必然不会发生的事件。确定性现象是由必然事件和不可能事件组成的。

1.2.1 随机现象与统计规律性

虽然个别随机事件在某次试验或观察中可能出现，也可能不出现，但在大量试验中它却呈现出明显的规律性——频率稳定性。首先定义随机事件出现的频率：

频率

对于随机事件 A，若在 N 次试验中出现了 n 次，则称

$$F_N(A) = \frac{n}{N}$$

为随机事件 A 在 N 次试验中出现的**频率** (frequency)。

举例来说，抛硬币试验、英文字母使用频率、高尔顿板试验中都涉及频率。有时候，随着试验次数趋向无穷，频率趋向一个固定值。这个值就是随机事件 A 成功的可能性，它不依赖于每次试验，是一个理想的可能性——A 的成功概率。对于一个随机事件 A，用 $P(A)$ 来表示该事件发生的可能性，称为随机事件 A 的**概率** (probability)。概率的概念也可以从主观观念得来，比如在贝叶斯统计里，一个事件的发生可以是主观认为的，不一定背后对应一个频率取极限的过程。比如，在做一项对抗性体育运动时自己对于能够胜出有几成把握，将一起案件可能的若干原因之一判断为真正原因的概率，明天的降雨概率，等等。概率与频率有许多相似的性质：

- 非负性：$F_N(A) \geqslant 0$，$P(A) \geqslant 0$ 取值都为区间 $[0,1]$。
- 若记 Ω 为必然事件，则 $F_N(\Omega) = 1$，$P(\Omega) = 1$。
- 频率和概率的可加性：若记 A、B 为两个不同时发生的随机事件，记 $A+B$ 为事件：A 或 B 至少出现其一，则 $F_N(A+B) = F_N(A) + F_N(B)$，$P(A+B) = P(A) + P(B)$。
- 频率的有限可加性（可以用归纳法证明）。

1.2.2　样本空间与随机事件

我们来进一步考察样本点的全体——样本空间与随机事件的关系。假定一个试验（或者称为调查、观察）可以在相同条件下重复进行。每次试验的结果 (样本点) 一般用 ω 表示。一次试验所能出现的全部样本点组成的样本空间一般用 Ω 表示 (有时样本空间也叫作结果空间)。比如，在掷骰子的游戏中，每掷一枚骰子就是做一次试验，其结果比如出现了 "3" 点，我们就得到了一个样本点 "3"，所有可能的点数是 $1 \sim 6$，因此样本空间是 $\Omega = \{1, 2, 3, 4, 5, 6\}$。

那么什么是随机事件呢？随机事件是样本点组成的集合，比如 $A = \{1, 2\}$，它的随机性体现在哪里呢？体现在每次掷骰子出现的样本点是 $1 \sim 6$，不一定是 A 中的元素出现。而我们定义，当 A 中的样本点出现时，A 事件发生，否则不发生。从每次投掷结果看，A 发生与否是一个不确定的事件，因此是随机的。以上例子的样本点比较简单，当问题变得复杂时，如何正确确定样本空间常常是解题的关键。

▶ **例题 1.2.1**　口袋里装有 2 只白球和 1 只黑球，考虑依次从中摸出两球时可能出现的事件。白球编号为 1，2 号，黑球为 3 号。用数对 (i, j) 表示第一次摸得 i 号球，第二次摸得 j 号球，则可能出现的结果是：

$$(1, 2) \quad (1, 3)$$
$$(2, 1) \quad (2, 3)$$
$$(3, 1) \quad (3, 2)$$

把这 6 个结果作为样本点，则构成了样本空间。这些样本点是我们感兴趣的事件。我们也可以研究下面的事件：
- A: 第一次摸出白球；
- B: 第二次摸出白球；
- C: 第一次及第二次都摸出白球。

> **事件**
>
> 　由样本点组成的集合称为**事件** (event)，事件发生当且仅当它所包含的某一个样本点出现。

因此，有
- $A = \{(1, 2), (1, 3), (2, 1), (2, 3)\}$
- $B = \{(1, 2), (2, 1), (3, 1), (3, 2)\}$
- $C = \{(1, 2), (2, 1)\}$

每次试验产生一个样本点 ω，对于一个给定的集合 S (事件)，可以确定它是不是属于 $S (\omega \in S$ 或 $\omega \notin S)$。若 $\omega \in S$，则称 S 发生，否则称 $\overline{S}$ 未发生或称 $\overline{S}$ (有时也记为 S^c) 发生。Ω 必然发生，称为必然事件。空集 $\varnothing$ 在每次试验中都不发生，称为不可能事件。

1.2.3 事件的运算律

事件作为集合，满足集合的运算关系（布尔代数）。它具有下列性质：

- $A \subset B$ 或 $B \supset A$：A 是 B 的特款，事件 B 包含事件 A。显然 $\varnothing \subset A \subset \Omega$。
- $A = B$，当且仅当 $A \subset B$ 且 $B \subset A$。
- A 的逆事件（对立事件），记作 $\overline{A}$，也可以写成 A^c。

对于两个事件 A 和 B：

- A 与 B 的交 $A \cap B$（或记作 AB）：事件 A 与事件 B 同时发生。
- A 与 B 的并 $A \cup B$：事件 A 与事件 B 至少发生一个。
- $AB = \varnothing$：A 与 B 互不相容。（样本点作为事件是互不相容的。）
- 对互不相容的事件 A 与 B，称它们的并为和，记作 $A + B$ 或 $A \cup B$。
- A 与 B 的差 $A - B$：$A - B = A\overline{B} = AB^c$。

对于 n 个事件 $A_1, A_2, \cdots, A_n$：

- 记 $\bigcup\limits_{i=1}^{n} A_i = A_1 \cup A_2 \cup \cdots \cup A_n$：$A_1, A_2, \cdots, A_n$ 至少有一个发生。

- 当 $A_1, A_2, \cdots, A_n$ 两两不相容时，并称为和，记作 $\sum\limits_{i=1}^{n} A_i$ 或 $A_1 + A_2 + \cdots + A_n$。

- $A_1 A_2 \cdots A_n$ 或 $\bigcap\limits_{i=1}^{n} A_i$：$A_1, A_2, \cdots, A_n$ 同时发生。

对于可列个（可数个）事件的场合，定义：

$$\bigcup_{i=1}^{\infty} A_i = \lim_{n \to \infty} \bigcup_{i=1}^{n} A_i$$

$$\bigcap_{i=1}^{\infty} A_i = \lim_{n \to \infty} \bigcap_{i=1}^{n} A_i$$

对于事件的运算，正如集合的运算律一样，下列关系成立：

- 交换律：$A \cup B = B \cup A, AB = BA$
- 结合律：$(A \cup B) \cup C = A \cup (B \cup C), (AB)C = A(BC)$
- 分配率：

$$(A \cup B) \cap C = AC \cup BC$$

$$(A \cap B) \cup C = (A \cup C) \cap (B \cup C)$$

- 德·摩根 (De Morgan) 律：

$$\overline{A_1 \cup A_2} = \overline{A_1} \cap \overline{A_2}$$

$$\overline{A_1 \cap A_2} = \overline{A_1} \cup \overline{A_2}$$

对于 n 个事件, 以及可列个事件, 德·摩根律也成立:

$$\overline{A_1 \bigcup A_2 \cdots \bigcup A_n} = \overline{A_1} \bigcap \overline{A_2} \cdots \bigcap \overline{A_n}$$

$$\overline{A_1 \bigcap A_2 \cdots \bigcap A_n} = \overline{A_1} \bigcup \overline{A_2} \cdots \bigcup \overline{A_n}$$

有限样本空间

有限个样本点组成的集合称为**有限样本空间** (finite sample space), 记作

$$\Omega = \{E_1, E_2, \cdots, E_n\}$$

每个样本点 $E_i (i = 1, 2, \cdots, n)$ 的概率, 记为 $P(E_i)$, 则 $P(E_i) \geqslant 0$, 且有

$$P(E_1) + P(E_2) + \cdots + P(E_n) = 1$$

任何事件 A 的概率 $P(A)$ 定义为 A 中各样本点的概率之和。显然有 $P(\Omega) = 1$, $0 \leqslant P(A) \leqslant 1$。上述结论可以推广到可列个样本点的空间, 称为**离散样本空间**。

1.3　古典概型

考虑一类最简单的随机现象, 如抛一枚硬币、掷两颗骰子或者抽取一张扑克牌, 它们的共同特点是每次试验的结果都是来自有限样本空间。下面我们在有限样本空间上定义古典概型。

古典概型

对于一个随机现象, 如果满足下面的条件:

(1) 试验的全部可能结果只有有限个, 记为 $E_1, E_2, \cdots, E_n$, 而且这些事件是两两互不相容的,

(2) 事件 $E_1, E_2, \cdots, E_n$ 的发生或出现是等可能的, 即它们发生的概率都一样, 就称该随机现象满足**古典概型** (classical models of probability)。

依定义, 显然有

$$P(E_1) = P(E_2) = \cdots = P(E_n) = \frac{1}{n}$$

$\forall A$, 若 $A = E_{i_1} + E_{i_2} + \cdots + E_{i_m}$, 则

$$P(A) = P(E_{i_1}) + P(E_{i_2}) + \cdots + P(E_{i_m}) = \frac{m}{n}$$

对于感兴趣的随机事件 A, 在古典概型下, 只需要知道它包含多少个样本点就能计算事件 A 的概率 $P(A)$, 而与它具体含有哪些样本点无关。

1.3.1 古典概型中的计算——排列组合计数

在古典概型中，需要计算样本空间中样本点的个数，以及感兴趣的事件所包含的样本点的个数。这里面有最重要的两条基本原理：

- 乘法原理：完成过程 A_1 有 n_1 种方法，完成过程 A_2 有 n_2 种方法，则完成过程 A_1 再完成过程 A_2 共有 $n_1 \times n_2$ 种方法。
- 加法原理：若过程 A_1 与 A_2 是并行的，则完成过程 A_1 或过程 A_2 的方法共有 $n_1 + n_2$ 种。

下面来看一些例子。

▶ **例题 1.3.1** 统计学院的学生会主席团由 3 名大一新生、4 名大二学生、5 名大三学生和 2 名大四学生组成，一个竞赛组织委员会需要从主席团的每个年级各选派 1 人参加。这个竞赛组织委员会可以有多少种组成方式？

解 这是一个典型的古典概型的组合计数问题，采用乘法原理。

$$N = \binom{3}{1}\binom{4}{1}\binom{5}{1}\binom{2}{1}$$

▶ **例题 1.3.2** 如果某省机动车号牌的 6 位中前 3 位都为英文字母（26 个），后 3 位都为数字（10 个），这种情形的号牌有多少种组合？

解 采用可重复的排列。

$$N = 26^3 10^3$$

▶ **例题 1.3.3** 上例中如果要求字母或数字都不允许重复，有多少种组合？

解 采用乘法原理。

$$N = A_{26}^3 A_{10}^3 = 26 \times 25 \times 24 \times 10 \times 9 \times 8$$

▶ **例题 1.3.4** 若一个函数的定义域是 n 个离散值，而值域只包含两个点：0 和 1，这样的函数有多少个？

解 依次确定每一个离散值上的函数取值，整个函数就确定了，采用乘法原理。

$$N = 2 \times 2 \times \cdots \times 2 = 2^n$$

总结来说，对于从 n 个元素的总体中取出 r 个进行排列：

- 在有放回的选取中 (有重复的排列)，总数共有 n^r 种。
- 在不放回的选取中 (排列)，总数共有

$$A_n^r = n(n-1)(n-2) \cdots (n-r+1) = \frac{n!}{(n-r)!}$$

全排列为：$P_n = A_n^n = n!$

对于组合：

- 二分类组合数：从 n 个元素中取出 r 个，不考虑其顺序。

$$C_n^r = \binom{n}{r} = \frac{A_n^r}{r!} = \frac{n!}{r!(n-r)!}$$

称为二项展开式系数。

- 多分类组合数: 若 $r_1 + r_2 + \cdots + r_k = n$，把 n 个不同的元素分成 k 个部分，第 1 个部分 r_1 个，第 2 个部分 r_2 个，$\cdots$，第 k 个部分 r_k 个，则不同的分法有

$$\frac{n!}{r_1! r_2! \cdots r_k!}$$

称为 $(x_1 + x_2 + \cdots + x_k)^n$ 展开式中 $x_1^{r_1} x_2^{r_2} \cdots x_k^{r_k}$ 的系数。

▶ **例题 1.3.5**　一个边防哨所仅由 10 名戍边战士组成，如果每日执勤的分工是 5 人负责边境线巡逻，2 人负责通讯联络总部，3 人负责在站点执勤。那么一共有多少种分工方式可将战士们按照上述需求分组？

　　解

$$\frac{10!}{5!2!3!}$$

- 多分类组合数 (等效每组二分类，多个组): 若 n 个元素中 n_1 个有下标 "1"，$\cdots$，n_k 个有下标 "k"，且 $n_1 + \cdots + n_k = n$，从这几个元素中取出 r 个，使得有下标 "i" 的元素有 r_i 个 $(1 \leqslant i \leqslant k)$，而 $r_1 + \cdots + r_k = r$，这时不同取法总数为:

$$\binom{n_1}{r_1}\binom{n_2}{r_2} \cdots \binom{n_k}{r_k}$$

- 有重复的组合数: 从 n 个元素中有重复地取 r 个，不计顺序，则不同的取法有

$$\binom{n+r-1}{r}$$

提示　该计数对应不定方程的非负整数解的个数。

$$x_1 + x_2 + \cdots + x_n = r$$

式中，$x_i \geqslant 0 \, (i = 1, \cdots, n)$。令 $y_i = x_i + 1$，则 $y_1 + y_2 + \cdots + y_n = n + r$，方程正整数解的个数对应原问题的解的个数，而它可以用 "小球-挡板" 模型解决。

注　这个计数正好对应粒子物理中的玻色-爱因斯坦计数值 (Bose-Einstein value)，感兴趣的读者可以参考相关的物理教材。

为了后续使用方便，下面将排列公式推广到 n 可以是任意实数的情形。

- 排列公式的推广 (r 是正整数，x 是任意实数):

$$A_x^r = x(x-1) \cdots (x-r+1)$$

- 组合公式:

$$\binom{x}{r} = \frac{A_x^r}{r!} = \frac{x(x-1)(x-2) \cdots (x-r+1)}{r!}$$

记 $0! = 1$，$\binom{x}{0} = 1$。

1.3.2 古典概型中的一些经典结果

下面我们通过一些具体例子来看古典概型中的一些经典结果。这些结果的原型源于生活中的小事，背后的原理可以在古典概型中找到答案。

▶ **例题 1.3.6** (抽签与顺序无关) 现有 n 个人排成一队依次抓阄，其中 $a(1 \leqslant a \leqslant n)$ 个阄是"好"的，抓到的人可以留下，其余的人就要离开。求第 $k(1 \leqslant k \leqslant n)$ 个人抓到"好阄"的概率。

解 方法一：记 P_k 表示第 k 个人抓到"好阄"的概率，根据乘法原理，用"排列"的方法计算可得：

$$P_k = \frac{a \times (n-1)!}{n!} = \frac{a}{n}$$

方法二：使用"组合"方法。

$$P_k = \frac{\binom{n-1}{a-1}}{\binom{n}{a}} = \frac{(n-1)!(n-a)!a!}{(a-1)!(n-a)!n!} = \frac{a}{n}.$$

从结果看，这个概率与 k 无关，即排在任何一个次序不影响是否抓到"好阄"。

▶ **例题 1.3.7** (生日相同的概率与麦克斯韦-玻尔兹曼统计) 设有 n 个球，每个球都能以同样的概率 $\frac{1}{N}$ 落到 N 个格子 $(N \geqslant n)$ 中，试求：

(1) 某指定的 n 个格子中各有一个球的概率。

(2) 任何 n 个格子中各有一个球的概率。

注 把 n 个球对应 n 个人，N 个格子对应一年的 365 天，例 1.3.7 中的第二个问题对应 n 个人生日不同的概率。

解 (1) 考虑每个球不同，可重复的排列，其概率为

$$P_1 = \frac{n!}{N^n}$$

(2) 考虑到某 n 个格子的选取数，其概率为

$$P_2 = \frac{\binom{N}{n}n!}{N^n} = \frac{N!}{N^n(N-n)!}$$

当对应生日问题时，可以计算至少有两人生日相同的概率 $= 1 - P_2$，当 $n = 23$ 时，上述概率约等于 0.51，超过一半的概率了。而当 $n = 60$ 时，该概率超过 0.99!

▶ **例题 1.3.8** (二项分布与超几何分布) 如果某批产品中有 a 件次品、b 件正品，采用有放回及不放回抽样方式从中抽 n 件产品，正好有 k 件是次品的概率各是多少？

解 有放回抽样：

$$b_k = \frac{\binom{n}{k}a^k b^{n-k}}{(a+b)^n} = \binom{n}{k}\left(\frac{a}{a+b}\right)^k \left(\frac{b}{a+b}\right)^{n-k}$$

上述概率称为二项分布, 第 3 章研究随机变量时会再研究它.

不放回抽样:

$$h_k = \frac{\binom{a}{k}\binom{b}{n-k}}{\binom{a+b}{n}}$$

上述概率称为超几何分布, 第 3 章研究随机变量时会再研究它.

这两个概率是有联系的. 若重写 h_k 为:

$$h_k = \frac{\dfrac{A_a^k}{k!} \times \dfrac{A_b^{n-k}}{(n-k)!}}{\dfrac{A_{a+b}^n}{n!}} = b_k \frac{\dfrac{A_a^k}{a^k} \times \dfrac{A_b^{n-k}}{b^{n-k}}}{\dfrac{A_{a+b}^n}{(a+b)^n}}$$

则当 $k \ll a$, $n - k \ll b$, 进而 $n \ll a + b$ 时,

$$\frac{\dfrac{A_a^k}{a^k} \times \dfrac{A_b^{n-k}}{b^{n-k}}}{\dfrac{A_{a+b}^n}{(a+b)^n}} \approx 1$$

因此

$$h_k \approx b_k$$

▶ **例题 1.3.9** (超几何分布的应用——次品概率计算) 若一批产品共有 N 件, 其中有次品 M 件 $(M < N)$, 今抽取 n 件, 则其中恰有 m 件次品的概率是多少?

解 次品数服从超几何分布:

$$P_m = \frac{\binom{M}{m}\binom{N-M}{n-m}}{\binom{N}{n}}, \quad 0 \leqslant n \leqslant N,\ 0 \leqslant m \leqslant M,\ 0 \leqslant n - m \leqslant N - M$$

▶ **例题 1.3.10** (超几何分布的应用——"概率"与"统计"的区别) 从某鱼池中捕得 $1\,200$ 条鱼, 做了红色记号之后再放回鱼池中, 经过适当时间后, 再从池中捕 $1\,000$ 条鱼, 数出其中有红色记号的鱼的数目, 共有 100 条, 试估计鱼池中共有多少条鱼. (李贤平, 1997)

解 设鱼的总条数为 n(未知), 第一次捕得 n_1 条 $(n_1 = 1\,200)$, 第二次捕得 r 条 $(r = 1\,000)$, 有记号的为 k 条 $(k = 100)$. 则

$$p_k(n) = \frac{\binom{n_1}{k}\binom{n-n_1}{r-k}}{\binom{n}{r}}$$

我们有

$$\rho = \frac{p_k(n)}{p_k(n-1)} = \frac{n^2 - nn_1 - nr + n_1 r}{n^2 - nn_1 - nr + nk}$$

于是当 n 等于 $\frac{n_1 r}{k}$ 时，$p_k(n)$ 达到最大值——最大似然估计法 (数理统计)。

代入数据，得

$$n = 1\,200 \times 1\,000/100 = 12\,000$$

鱼池中估计有 12 000 条鱼。

在古典概型中，目前我们可以总结出概率的三个基本性质：

- 非负性：对于任何事件 A，$P(A) \geqslant 0$。
- 规范性：$P(\Omega) = 1$。
- (有限) 可加性：若 $A_1, A_2, \cdots, A_n$ 两两互不相容，则

$$P(A_1 + A_2 + \cdots + A_n) = P(A_1) + P(A_2) + \cdots + P(A_n)$$

1.4　几何概型

古典概型作为一种概率模型，几乎可以解释日常的、经典的一切不确定的现象，用感兴趣的事件包含的样本点数除以全部样本点数即可。但这里蕴含一个基本假定——样本空间的点数是有限个。很多时候这个假定是不成立的，比如 $\mathbb{R}^1$ 中的一个区间或者 $\mathbb{R}^2$ 中的一块区域，里面的点是不可数的。这就涉及一种拓展的概型——几何概型。

1.4.1　几何概率的例子与计算

▶ 例题 1.4.1 (会面问题) 受气象、空管等不确定因素的影响，飞机的降落时间并不是完全确定的，假设两次航班会在 11 点到 12 点的某个随机时刻降落到大兴国际机场航站楼，且每架飞机在地面停留 20 分钟后就会再次起飞，试求这两架飞机能会面的概率 (见图 1.1)。

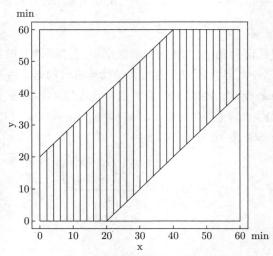

图 1.1　会面问题的示意图

解 图 1.1 中正方形内的每一个点表示一个样本点——x 坐标表示第一架飞机到达的时刻，y 坐标表示第二架飞机到达的时刻。样本空间就是整个正方形区域，而感兴趣的事件 A——它们能会面的样本点就是阴影内的点。于是它们能会面的概率可以用面积之比来计算：

$$P(A) = \frac{S_{\text{shadow}}}{S_{\text{square}}} = \frac{60^2 - 40^2}{60^2} = \frac{5}{9}$$

▶ **例题 1.4.2** (蒲丰问题——圆周率的近似计算) 平面上画着一些平行线，它们之间的距离都等于 a，向此平面任投一长度为 $l\,(l < a)$ 的针，试求此针与任一平行线相交的概率。(由此来估计圆周率 π)

解 用 x 表示针的中点到最近的一条平行线的距离，ϕ 表示针与平行线的正向夹角，于是两个变量的自然取值范围是 $0 \leqslant x \leqslant a/2, 0 \leqslant \phi \leqslant \pi$，样本空间可以写成 $\Omega = \{(x,\phi) : 0 \leqslant x \leqslant a/2, 0 \leqslant \phi \leqslant \pi\}$，而 "针与平行线相交的事件" $A = \{(x,\phi) \in \Omega : x \leqslant l/2 \sin \phi\}$。所以相交的概率可以如下计算 (见图 1.2)：

$$P(A) = \frac{S_{\text{shadow}}}{S_{\text{rectangle}}} = \frac{1/2 \displaystyle\int_0^\pi l \sin \phi \mathrm{d}\phi}{1/2 a\pi} = \frac{2l}{a\pi}$$

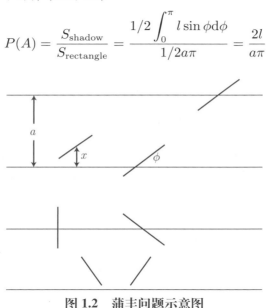

图 1.2 蒲丰问题示意图

可以通过大量投针试验来用频率值近似概率值 $P(A)$，即 $F(A) = n/N$，其中 N 为投针的次数，n 为针与平行线相交的次数。于是 $F(A) = n/N \approx \dfrac{2l}{a\pi}$，从而可以求出圆周率的近似估计值

$$\hat{\pi} = \frac{2lN}{an}$$

▶ **例题 1.4.3** (积分近似计算的蒙特卡罗方法) 设在 $[a,b]$ 上，函数 $0 \leqslant f(x) \leqslant M$，若函数 $f(x)$ 的不定积分无显式表达，该如何计算下面的定积分？

$$I = \int_a^b f(x)\mathrm{d}x$$

解 可以先用一个"信封" $\Omega = \{(x, y) : a \leqslant x \leqslant b, 0 \leqslant y \leqslant M\}$ 将函数 $f(x)$ "封"起来，然后构造一个几何概型，Ω 就是样本空间，进行随机抽样，感兴趣的事件是随机样本点落在阴影中——这些点构成了积分区域 (见图 1.3)。用频率来逼近概率:

$$P = \frac{I}{M(b-a)} = \frac{\int_a^b f(x)\mathrm{d}x}{M(b-a)} \Leftarrow F = \frac{n}{N}$$

于是得到该定积分的近似估计值:

$$\hat{I} = \frac{nM(b-a)}{N}$$

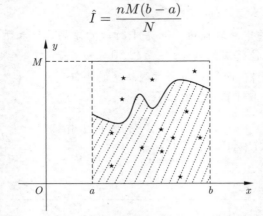

图 1.3　随机模拟方法近似定积分求解示意图

这类问题 (需要用到几何概型的问题) 涉及的样本空间中有无穷多个样本点，而且是比自然数还多的数量，造成了问题的性质发生变化 (请看下面的贝特朗 (Bertrand) 奇论)。

思考 试着证明一下，一种最简单的几何概型的样本空间——区间 $(0, 1)$ 包含不可数个实数点。

提示 反证法: 用二进制表示，承认选择公理，然后挑对角线的一列，进行取反，它不在任何取定的排序序列中。反证法得证。

1.4.2 贝特朗奇论

问题 在半径为 1 的圆内随机地取一条弦，问其长超过该圆内接等边三角形的边长 $\sqrt{3}$ 的概率等于多少?

解 由于问题中随机选取弦并没有明确在哪个样本空间产生样本点，因此有三种可能的确定样本空间的方法 (见图 1.4)。

(1) 不失一般性，不妨固定弦的任意一个端点 A，另一个端点 B 在单位圆周 S_1 上任意取:

$$\Omega_1 = \{\omega : \omega \in S_1\}, A_1 = \{\omega \in \Omega : \omega \in \text{与}A\text{相对的}\frac{1}{3}\text{弧}\}$$

于是概率为 $P_1 = S_{A_1}/S_{\Omega_1} = 1/3$ (见图 1.4(1))。

(2) 不失一般性，固定一条直径，看弦的中点 C 是否在靠近圆心 O 的一半之内:

$$\Omega_2 = \{\omega : \omega \in [0, 1]\}, A_2 = \{\omega \in \Omega : \omega \in [0, 1/2]\}$$

于是概率为 $P_2 = S_{A_2}/S_{\Omega_2} = 1/2$(见图 1.4(2))。

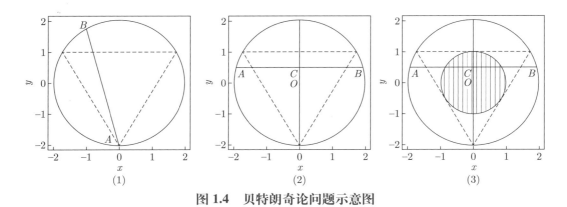

图 1.4　贝特朗奇论问题示意图

(3) 考察弦的中点 O 在整个单位圆内均匀分布，满足条件的弦中点会在半径为 $1/2$ 的小圆之内：

$$\Omega_3 = \{\omega = (r,\theta) : r \in [0,1], \theta \in [0,2\pi]\}, \quad A_3 = \{\omega = (r,\theta) \in \Omega : 0 \leqslant r \leqslant 1/2\}$$

于是概率为 $P_3 = S_{A_3}/S_{\Omega_3} = (1/2)^2/1^2 = 1/4$(见图 1.4(3))。

我们看到一个简单的问题竟然有三种不同的但都有道理的解答！问题出在哪里？我们回归本源：试验是如何做的？何为随机？每次试验的样本点是什么？感兴趣的事件是哪些样本点的集合？原来罪魁祸首在于对于样本空间的确定！这将引出下一节关于概率空间的明确定义，样本空间、事件域 (1.5 节讲) 和概率都需要明确之后才能进一步使用量化方法研究不确定性现象。

1.4.3　几何概型的定义及其性质

现在我们总结一个不同于有限个结果的古典概型的几何概型的正式定义，并研究一下其背后的基本规律。

几何概型

若以 A_g 记 "在区域 Q 中随机地取一点，而该点落在区域 g 中" 这一事件，则其概率定义为：

$$P(A_g) = \frac{g的测度}{\Omega的测度}$$

这个概率称为几何概率，这种随机模型称为**几何概型** (geometric probability model)。

几何概率的定义及计算与几何图形的测度密切相关，因此所考虑的事件应是某种可定义测度的集合。这类集合的并和交也是应考虑的事件，甚至对它们的可列次并和交也应有这个要求。

考察在 $(0,1)$ 中投一个点的随机实验，若以 A 记该点落入 $\left(0, \dfrac{1}{2}\right)$ 中这个事件，而以 A_n 记该点落入 $\left(\dfrac{1}{2^{n+1}}, \dfrac{1}{2^n}\right)$ 中这一事件，$n = 1, 2, \cdots$，则

$$A = \sum_{n=1}^{\infty} A_n$$

若假定所投的点落入某区间的概率等于该区间的长度，则 $P(A) = \dfrac{1}{2}, P(A_n) = \dfrac{1}{2^{n+1}}$，这时有

$$P(A) = \sum_{n=1}^{\infty} P(A_n)$$

上述运算关系提示我们，几何概率具有如下性质：

(1) 对任何事件 $A, P(A) \geqslant 0$；

(2) $P(\Omega) = 1$；

(3) 若 $A_1, A_2, \cdots$ 两两互不相容，则

$$P\left(\sum_{n=1}^{\infty} A_n\right) = \sum_{n=1}^{\infty} P(A_n)$$

即可列可加性。

通过几何概型，我们得到了可列个（可数个）互不相容事件之并（和）的概率计算公式，就是每一个事件的概率求级数和。这一结果为下一节概率的基本性质做好了铺垫。

1.5　概率空间

20 世纪初叶，基于拉普拉斯等人在 19 世纪对概率的古典定义的引入和计算所做的贡献，概率论已经大量应用于各个基础学科和工程实践。但"概率""随机事件"等基本概念还是缺乏严格的数学基础，甚至出现了贝特朗奇论等怪象。而古典概型对于结果必须是有限个数的限制和几何概型本质上对 n 维空间中的几何体的测度要明确度量，都对概率基础的严密化提出了要求。恰好数学的发展也到了一个新阶段——以勒贝格 (Lebesgue) 本人名字命名的新型积分在实变函数论中发展出来了，同时数学中公理化运动也在如火如荼地进行。在这个大背景下，1933 年苏联数学家、力学家柯尔莫哥洛夫提出了概率论公理化结构，使概率论的数学基础终于严密化了，成为一个严谨的数学分支。

柯尔莫哥洛夫的公理化体系包含三个基本要素：样本空间、事件域和定义在事件域上的概率。

1.5.1　样本空间与事件域

在明确了试验场景的前提下，样本点是第一个基本要素，它表示每次试验的诸结果之一，每次试验的结果是不确定的：

- 在古典概型中，它是试验的有限个可能结果之一。
- 在几何概型中，它是一个几何区域 Ω 中的点。

可以把样本点看作抽象的点，统一写成 ω，它们的全体构成样本空间 Ω。大部分时候样本点可以明确写清楚，比如掷骰子时看一次试验的结果，它的样本点和样本空间就是 $\omega \in \Omega = \{1, 2, 3, 4, 5, 6\}$，而抛硬币时如果只看一次试验的结果，样本点和样本空间就是 $\omega \in \Omega = \{1, 0\}$。但有些时候我们不止关心一次投掷的结果，有可能是无穷次的结果，比如，如果我们关心的随机事件 A 是抛硬币首次出现正面朝上，那么它就可能与 1 次、2 次、3 次甚至是无穷次试验有关——万一一直都是反面朝上呢？！这时候它的样本点是无穷个，样本空间包含的样本点个数和 $(0, 1)$ 区间上的实数一样多 (为什么)：

$$\Omega = \{\omega = (\omega_1, \omega_2, \cdots, \omega_n, \cdots) : \omega_i \in \{1, 0\}, i \geqslant 1\}$$

定义好试验场景、样本点和样本空间的概念，我们关心的概率其实并不一定直接定义在每一个样本点上，因为它要么太简单，要么意义不大。在古典概型的情况下，样本点发生的概率是试验结果取值的数分之一；而在几何概型下，一个单独的区域中的点发生的概率其实是 0，它太小了。那么概率其实要在样本点组成的集合 (随机事件) 上来定义。下面介绍随机事件 (简称事件) 的定义：一个事件 A 定义为 Ω 的一个子集 (即 $A \subseteq \Omega$)，一次试验后，事件 A 发生当且仅当此次试验结果的样本点 $\omega \in A$。这样看来，A 的随机性其实是来自每次试验结果的不确定性。因为概率函数是定义在事件上的，而事件本身是样本点组成的集合，因此概率是一个集合函数。在确定概率函数之前我们需要确定定义域的大小——这些事件组成的集合，又叫作集合系。它应该有一些基本特性：

- 一般并不把 Ω 的一切子集都作为事件组成的集合系，因为这会给定义概率带来困难。
- 感兴趣的事件都应该包含进来：
    - 若 A 是事件，则应要求 A 的补事件 A^c (本书也记作 $\overline{A}$) 也是事件。这是自然的，A 发生当且仅当 A^c 不发生，反之亦然。
    - 若 A, B 是事件，则 $A \bigcup B, A \bigcap B$ 也应是事件，因为同时发生或者至少一个发生是会自然出现的。
    - 在几何概率中，可列个事件的并 $\bigcup_{i=1}^{\infty} A_i$ 与交 $\bigcap_{i=1}^{\infty} A_i$ 也应该属于所研究的事件集合系。
    - $\Omega, \varnothing$ 都应属于事件集合系。

事件域

若把所研究的事件的全体记为 $\mathcal{F}$(由 Ω 的一些子集构成的集合系)，它满足条件：

(1) $\Omega \in \mathcal{F}$，

(2) 若 $A \in \mathcal{F}$，则 $\overline{A} \in \mathcal{F}$，

(3) 若 $A_n \in \mathcal{F}(n = 1, 2, \cdots)$，则 $\bigcup_{n=1}^{\infty} A_n \in \mathcal{F}$，

则称样本空间 Ω 上满足上述三个要求的集合系 $\mathcal{F}$ 为**事件域** (event field，也叫作 σ 域、σ 代数)。

若 $\mathcal{F}$ 为事件域，$A_n \in \mathcal{F}(n = 1, 2, \cdots)$，则有如下性质：

(1) $\varnothing \in \mathcal{F}$ (由条件 (1) 和 (2));

(2) $\bigcap\limits_{n=1}^{\infty} A_n = \overline{\bigcup\limits_{n=1}^{\infty} \overline{A_n}} \in \mathcal{F}$ (由条件 (2) 和 (3));

(3) $\bigcup\limits_{n=1}^{k} A_n = A_1 \bigcup A_2 \bigcup \cdots \bigcup A_k \bigcup \varnothing \cdots \bigcup \varnothing \cdots \in \mathcal{F}$ (由条件 (3) 和性质 (1));

(4) $\bigcap\limits_{n=1}^{k} A_n = A_1 \bigcap A_2 \bigcap \cdots \bigcap A_k \bigcap \Omega \cdots \bigcap \Omega \cdots \in \mathcal{F}$ (由条件 (1) 和性质 (2))。

从事件域的定义和性质可以看出，事件域对于可列个事件的交、并、补的运算封闭。

事件域 $\mathcal{F}$ 中的元素称为事件，Ω 称为必然事件，$\varnothing$ 称为不可能事件。很显然，按照定义，样本点不一定是事件。下面是一些事件域的例子：

- 平凡世界。$\mathcal{F} = \{\varnothing, \Omega\}$，在这种事件域中，一切事件都是必然事件。
- 最简单的随机世界。$\mathcal{F} = \{\varnothing, A, \overline{A}, \Omega\}$，在这种事件域中，人们只关心两种结果：事件 A 的发生与不发生。
- 有限样本空间所有可能的结果。$\Omega = \{\omega_1, \cdots, \omega_n\}$，$\mathcal{F} = \Omega$ 的一切子集，在这种事件域中，所有样本点组成的集合都在研究范围之内。(思考：它包含多少个事件作为元素？)
- 一般样本空间所有可能的结果。对于一般的 Ω，若 $\mathcal{F}$ 由 Ω 的一切子集构成，可验证 $\mathcal{F}$ 是一个 σ 域。

下面我们引用测度论的一个结论来继续我们的讨论。若给定 Ω 的一个非空集类 $\mathscr{G}$，必存在唯一的 Ω 中的 σ 域 $\mathfrak{M}(\mathscr{G})$，具有如下两个性质：(1) 包含 $\mathscr{G}$；(2) 若有其他 σ 域包含 $\mathscr{G}$，则必包含 $\mathfrak{M}(\mathscr{G})$。$\mathfrak{M}(\mathscr{G})$ 称为由 $\mathscr{G}$ 生成的 σ 域。由于实数集本身含有的元素就是不可数个，构造在其上的事件域直接用所有子集太复杂了，因此需要限制一下其结构，我们利用上述论断分别在 $\mathbb{R}^1$ 和 $\mathbb{R}^n$ 构造两个有用的 σ 域：

- 一维博雷尔点集。取 $\Omega = \mathbb{R}^1$，将一切形为 $[a, b)$ 的有界左闭右开区间构成的集类所产生的 σ 域称为一维博雷尔 σ 域，记为 $\mathcal{B}_1$，即

$$\mathcal{B}_1 = \sigma(\{[a, b) : -\infty < a < b < +\infty\})$$

若 $x, y \in \mathbb{R}^1$，$\mathcal{B}_1$ 中的集合有下列运算关系：

(1) $\{x\} = \bigcap\limits_{n=1}^{\infty} \left[x, x + \dfrac{1}{n}\right)$

(2) $(x, y) = [x, y) - \{x\}$

(3) $[x, y] = [x, y) + \{y\}$

(4) $(x, y] = [x, y) + \{y\} - \{x\}$

这样一切常见的区间或者单点集都在博雷尔集合系中。

- n 维博雷尔点集。在 $\mathbb{R}^n$ 上可类似定义。

1.5.2　概率与概率空间

有了样本空间和事件域，现在我们可以在事件域上定义一个集合函数，用来表示每个随机事件发生的可能性，或者说对事件在测度空间给出一个度量，即考虑如下的集合函数

$$P(\cdot) : \mathcal{F} \to \mathbb{R}^1.$$

概率

定义在事件域 $\mathcal{F}$ 上的一个集合函数 P 称为**概率** (probability)，如果它满足如下三个条件：

(1) $P(A) \geqslant 0$，一切 $A \in \mathcal{F}$；

(2) $P(\Omega) = 1$；

(3) 若 $A_i \in \mathcal{F}, i = 1, 2, \cdots$ 两两互不相容，则

$$P\left(\sum_{i=1}^{\infty} A_i\right) = \sum_{i=1}^{\infty} P(A_i)$$

即可列可加性 (完全可加性)。

1.5.2.1　概率的性质——可列可加性与连续性

显然，可列可加性 $\Rightarrow$ 有限可加性；但一般来讲有限可加性 $\not\Rightarrow$ 可列可加性。即若 $A_i \in \mathcal{F}$，$i = 1, 2, \cdots$，且两两互不相容，则由有限可加性，得

$$P\left(\sum_{i=1}^{n} A_i\right) = \sum_{i=1}^{n} P(A_i)$$

若对任意的 n 都成立，则

$$\lim_{n \to \infty} P\left(\sum_{i=1}^{n} A_i\right) = \lim_{n \to \infty} \sum_{i=1}^{n} P(A_i) = \sum_{i=1}^{\infty} P(A_i)$$

为了得到可列可加性，还需要满足 (新要求)：

$$\lim_{n \to \infty} P\left(\sum_{i=1}^{n} A_i\right) = P\left(\lim_{n \to \infty} \sum_{i=1}^{n} A_i\right)$$

现在来考察这个新要求，若记

$$S_n = \sum_{i=1}^{n} A_i$$

则 $S_n \in \mathcal{F}, n = 1, 2, \cdots$，而且 $S_n \subset S_{n+1}$，即 $\{S_n\}$ 是 $\mathcal{F}$ 中的一个单调不减的集序列。新要求即

$$\lim_{n \to \infty} P(S_n) = P\left(\lim_{n \to \infty} S_n\right)$$

一般地，对于 $\mathcal{F}$ 的集合函数，若对于 $\mathcal{F}$ 中的任何一个单调不减的集序列 $\{S_n\}$，上式均成立，则称它是**下连续的**。

注　上连续可类似定义。

定理 1.5.1

若 P 是 $\mathcal{F}$ 中满足 $P(\Omega)=1$ 的非负集合函数，则它具有可列可加性的充要条件为：

(1) 它是有限可加的；

(2) 它是下连续的。

证明 充分性参见前面的推导。必要条件 (1) 前面已经得到，下面证 (2). 设 $\{S_n\}$ 是 $\mathcal{F}$ 中的一个单调不减集序列，那么 $\bigcup\limits_{i=1}^{\infty} S_i = \lim\limits_{n\to\infty} S_n$。若定义 $S_0 = \varnothing$，则

$$\bigcup_{i=1}^{\infty} S_i = \sum_{i=1}^{\infty} (S_i - S_{i-1})$$

这里的 $(S_i - S_{i-1}), i = 1, 2, \cdots$ 两两互不相容 ($\{S_i\}$ 单调)，因此由可列可加性

$$P\Big(\bigcup_{i=1}^{\infty} S_i\Big) = \sum_{i=1}^{\infty} P(S_i - S_{i-1}) = \lim_{n\to\infty} \sum_{i=1}^{n} P(S_i - S_{i-1})$$

但是

$$\sum_{i=1}^{n} P(S_i - S_{i-1}) = P\Big(\sum_{i=1}^{n} (S_i - S_{i-1})\Big) = P(S_n)$$

因此

$$P(\lim_{n\to\infty} S_n) = \lim_{n\to\infty} P(S_n)$$

下连续性得证。 $\heartsuit$

从上面的定理我们知道了概率是下连续的。对称地，概率是上连续的，即若 $B_i \in \mathcal{F}$，而且 $B_i \supset B_{i+1}$，$i = 1, 2, \cdots$，则

$$\lim_{n\to\infty} P(B_n) = P(\lim_{n\to\infty} B_n)$$

1.5.2.2 概率空间

在柯尔莫哥洛夫公理化体系中，称三个重要元素构成的总体 $(\Omega, \mathcal{F}, P)$ 为概率空间。其中

- Ω 是样本空间;
- $\mathcal{F}$ 是事件域 (σ 代数);
- P 是定义在事件域上的概率。

如何确定概率空间 $(\Omega, \mathcal{F}, P)$，应视具体情况而定。比如在贝特朗奇论中，需要首先确定样本空间是什么，然后是其上的事件域 (通常是博雷尔集合)，最后给出事件的概率测度。下面是一些常见的概率空间:

- 有限概率空间: $\Omega = n$ 种结果全体，$\mathcal{F} = \Omega$ 子集全体，P 只要满足
  - $P(\omega_i) \geqslant 0, i = 1, 2, \cdots, n$
  - $P(\omega_1) + P(\omega_2) + \cdots + P(\omega_n) = 1$
- 离散概率空间 $\Omega =$ 可列个样本点全体，$\mathcal{F} = \Omega$ 子集全体，P 满足

$$\sum_{i=1}^{\infty} p_i = 1$$

- 若 $\Omega = \mathbb{R}^1$(或 $\mathbb{R}^1$ 的一部分), 这时不能取 $\mathcal{F}$ 为 Ω 的一切子集, 因为这个集类太大 (不可列), 无法在其上定义概率。通常取 $\mathcal{F} = \mathcal{B}_1$, 这时只需对左闭右开区间给定概率即可。
- 若 $\Omega = \mathbb{R}^n$(或 $\mathbb{R}^n$ 的一部分), 这时可类似地取 $\mathcal{F} = \mathcal{B}_n$。

1.5.2.3 利用概率函数的性质解题

前面我们已经得到, 由概率的可列可加性能够推出有限可加性。特别地, 当事件个数为 2, $A + B = \Omega$, 即 $B = \overline{A}$ 时, 可得一个看似简单但在实际解题中非常有用的公式:

$$P(\overline{A}) = 1 - P(A)$$

善于利用概率函数的性质, 将使很多看似困难的问题迎刃而解。

▶ **例题 1.5.1** 牛顿曾经被 Samuel Pepys 咨询过如何解决如下赌博中出现的概率问题:

(1) 同时掷 6 个均匀骰子, 至少出现一个 6 点的概率是多大 (用 A 表示相应随机事件)?

(2) 同时掷 12 个均匀骰子, 至少出现两个 6 点的概率是多大 (用 B 表示相应随机事件)?

(3) 同时掷 18 个均匀骰子, 至少出现三个 6 点的概率是多大 (用 C 表示相应随机事件)?

解 任何时候, 如果 $P(A)$ 不容易直接计算, 就要考虑到 $P(\overline{A})$ 是否容易计算。

(1)
$$P(A) = 1 - P(\overline{A}) = 1 - \frac{5^6}{6^6} \approx 0.67$$

(2)
$$P(B) = 1 - P(\overline{B}) = 1 - \frac{5^{12} + \binom{12}{1} 5^{11}}{6^{12}} \approx 0.62$$

B 的补包括出现零个 6 点和一个 6 点这两个不相容事件。

(3)
$$P(C) = 1 - P(\overline{C}) = 1 - \frac{5^{18} + \binom{18}{1} 5^{17} + \binom{18}{2} 5^{16}}{6^{18}} \approx 0.60$$

C 的补包括出现零个 6 点、一个 6 点和两个 6 点这三个不相容事件。

从结果看, A 发生的概率是三者中最高的。(为什么?)

由概率的定义, 进一步可以推出如下一些重要性质, 它们在解题和理解概率关系中是很重要的。

性质 1.5.1 如果 $A \supseteq B$, 则 $P(A) \geqslant P(B)$, $0 \leqslant P(A) \leqslant 1, \forall A \in \mathcal{F}$。如果转化成自然语言, 这个性质是, 如果 B 事件发生, 那么 A 事件一定发生, 则 $P(B)$ 小于或等于 $P(A)$。

性质 1.5.2 (概率的加法公式)

$$P(A \bigcup B) = P(A) + P(B) - P(AB)$$

它有下面的推广性质:

推论 1 (布尔不等式——概率的次可加性, 两个事件情形)

$$P(A \bigcup B) \leqslant P(A) + P(B)$$

推论 2 (Bonferroni 不等式)

$$P(AB) \geqslant P(A) + P(B) - 1$$

推论 3 (概率的次可加性)

$$P(A_1 \bigcup A_2 \bigcup \cdots \bigcup A_n) \leqslant P(A_1) + P(A_2) + \cdots + P(A_n)$$

推论 4 (Bonferroni 不等式的推广)

$$P(A_1 A_2 \cdots A_n) \geqslant P(A_1) + P(A_2) + \cdots + P(A_n) - (n-1)$$

性质 1.5.3 (n 个事件的一般加法公式) 若 $A_1, A_2, \cdots, A_n$ 为 n 个事件, 则

$$P(A_1 \bigcup A_2 \bigcup \cdots \bigcup A_n)$$
$$= \sum_{i=1,2,\cdots,n} P(A_i) - \sum_{\substack{i<j \\ i,j=1,2,\cdots,n}} P(A_i A_j)$$
$$+ \sum_{\substack{i<j<k \\ i,j,k=1,2,\cdots,n}} P(A_i A_j A_k) + \cdots + (-1)^{n-1} P(A_1 A_2 \cdots A_n)$$

这条性质对应于集合计数的容斥原理。

在上述性质中, 性质 1.5.1 由概率的有限可加性, 显然成立。因此, 性质 1.5.2 的推论 1 和推论 2 也是显然的。由数学归纳法很容易得到推论 3 和性质 1.5.3。在性质 1.5.3 的证明中, 使用数学归纳法, 可以先将 $A_1 \bigcup A_2 \bigcup \cdots \bigcup A_n = \tilde{A}_n$ 视为一个整体事件, 与 A_{n+1} 先使用概率加法公式展开, 再利用归纳假设把 $\tilde{A}_n$ 展开, 整理后能得到 $n+1$ 个事件的展开式。

▶ **例题 1.5.2** 某公司在规划团建目的地, 集中在全国著名的四大景区: 四川阆中 (A)、云南丽江 (B)、山西平遥 (C) 和安徽黄山 (D)。经统计, 公司 120 名员工中去过四川阆中的有 108 人, 去过云南丽江的有 94 人, 去过山西平遥的有 83 人, 去过安徽黄山的有 79 人。问四大景区都去过的至少有多少人?

解 分别用 A, B, C, D 代表去过四个景区的员工集合。依题意, $|A| = 108$, $|B| = 94$, $|C| = 83$, $|D| = 79$, 问题是求 $|A \bigcap B \bigcap C \bigcap D| \geqslant$? 相交事件的下界如果不容易直接计算, 可以考虑它的对立事件的上界。这里全集的元素个数是 120 人。于是

$$|\overline{A}| = 120 - 108 = 12$$
$$|\overline{B}| = 120 - 94 = 26$$
$$|\overline{C}| = 120 - 83 = 37$$
$$|\overline{D}| = 120 - 79 = 41$$
$$|\overline{A} \bigcup \overline{B} \bigcup \overline{C} \bigcup \overline{D}| \leqslant |\overline{A}| + |\overline{B}| + |\overline{C}| + |\overline{D}| = 116$$

最后一个不等号由推论 3——概率的次可加性得出。所以

$$|A \cap B \cap C \cap D| = 120 - |\overline{A} \cup \overline{B} \cup \overline{C} \cup \overline{D}| \geqslant 120 - 116 = 4$$

即至少有 4 人去过四大景区。

▶ **例题 1.5.3** (匹配问题) 某人写好 n 封信，又写好 n 个信封，然后在黑暗中把每封信放入一个信封中，试求至少有一封信放对的概率。$(1 - e^{-1} \approx 0.632)$

解　记第 i 封信正确放入相应的信封的事件为 A_i，则由于随机性与对称性，$P(A_i) = 1/n, P(A_iA_j) = (n-2)!/n! = 1/[n(n-1)]$(对于 $i \neq j$)。于是所求的概率为 $P(A_1 \bigcup A_2 \bigcup \cdots \bigcup A_n)$，由容斥原理对应的推广的概率加法公式 (性质 1.5.3)

$$
\begin{aligned}
P(A_1 \bigcup A_2 \bigcup \cdots \bigcup A_n) &= \sum_{1 \leqslant i \leqslant n} P(A_i) - \sum_{1 \leqslant i \neq j \leqslant n} P(A_iA_j) + \cdots \\
&\quad + (-1)^{n-1} P(A_1A_2 \cdots A_n) \\
&= n \times \frac{1}{n} - \frac{n(n-1)}{2} \times \frac{1}{n(n-1)} + \cdots + (-1)^{k-1} C_n^k \\
&\quad \times \frac{1}{P_n^k} + \cdots + (-1)^{n-1} \frac{1}{n!} \\
&= 1 - \frac{1}{2!} + \frac{1}{3!} + \cdots + (-1)^{k-1} \frac{1}{k!} + (-1)^{n-1} \frac{1}{n!} \\
&\approx 1 - e^{-1} \approx 0.632
\end{aligned}
$$

利用公式的好处是，当直接从古典概型出发计算有利场合很困难时，可以把感兴趣的事件化作更容易计算概率的简单事件，然后利用概率的性质进行运算。

1.6　本章小结

- 本章介绍了随机性现象的概念. 这个概念的出现依赖于大量随机事件背后的频率稳定性。进而引入样本点、样本空间、古典概型、几何概型等概念。
- 通过归纳总结，我们可以列出频率和概率的三条基本性质。在几何概型下将它推广到有无穷个事件的情形。
- 引入概率空间的概念。三元组是样本空间、事件域和概率。
- 介绍了事件域的内涵和性质。
- 介绍了概率函数的内涵和性质。

1.7　练习一

1.1　A，B，C 三个人轮流抛一枚硬币，第一次抛出正面朝上的人获胜。试验的样本空间可以定义为：

$$S = \{1, 01, 001, 0001, \cdots\}$$

(1) 解释这个样本空间的含义。

(2) 在样本空间 S 中定义下列事件：

    (i) A 胜 $= A$;

    (ii) B 胜 $= B$;

    (iii) $(A \bigcup B)^c$。

1.2　一家医院的管理者对收治的病患进行编号，根据有无保险编号为 1(有) 和 0 (无)，根据疾病的严重情况分类为 g(good)，f(fair)，以及 s(serious)。考虑现在对一个患者进行编号。

(1) 给出试验的样本空间；

(2) 令 A 代表患者情况是 s 的事件，写出 A;

(3) 令 B 代表患者没有保险的事件，写出 B;

(4) 写出 $B^c \bigcup A$。

1.3　将 n 个完全相同的球（这时也称球是不可辨的）随机地放入 N 个盒子中，试求：

(1) 某个指定的盒子中恰好有 k 个球的概率；

(2) 恰好有 m 个空盒的概率；

(3) 某指定的 m 个盒子中恰好有 j 个球的概率。

1.4　假设 A, B 是两个互斥事件，其中 $P(A)=0.3, P(B)=0.5$。求下列事件发生的概率。

(1) A 或 B 发生的概率。

(2) A 发生但是 B 未发生的概率。

(3) A, B 同时发生的概率。

1.5　某班级内 28% 的学生掌握至少一种乐器，7% 的学生掌握至少一种舞蹈，5% 的学生既掌握乐器又会舞蹈。

(1) 既不会乐器又不会舞蹈的学生占总人数的百分比；

(2) 会舞蹈但不会乐器的学生占总人数的百分比。

1.6　对某杂志的 1 000 个订阅者进行的一项研究提供了以下数据：关于工作、婚姻状况和受教育程度，有 312 名专业人员，470 名已婚人士，525 名大学毕业生，42 名专业大学毕业生，147 名已婚大学毕业生，86 名已婚专业人员和 25 名已婚专业大学毕业生。请证明研究报告的数字一定是错误的。

1.7　同时摇两个骰子，直到它们的和是 5 或者 7，求 5 先出现的概率。

1.8　五个人 A，B，C，D，E 以某个随机顺序线性排列。假设每个可能的顺序均等地发生，下列事件发生的概率为多少？

(1) A 与 B 中间恰好有一个人；

(2) A 与 B 中间恰好有两个人；

(3) A 与 B 中间恰好有三个人。

1.9 现有两个学校的棋类俱乐部，分别有 8 位和 9 位棋手。从每个俱乐部中各随机抽取 4 名成员互相比赛。一个俱乐部中被选中的 4 位棋手会随机地与另一个俱乐部的 4 位棋手配对进行象棋比赛。假设林梅和林兰两姐妹在不同学校的棋类俱乐部中，求下列事件的概率。

    (1) 林梅和林兰被配对比赛；

    (2) 林梅和林兰都被选中代表学校参赛，但是她们没有被配对在同一场比赛中；

    (3) 林梅和林兰二人中有且只有一个代表学校参赛。

1.10 6 名男性和 6 名女性被随机分为 2 组，每组 6 人。两组中的男性人数相同的概率是多少？

1.11 如果希望房间内至少有两人在同月生日的概率至少是 $\frac{1}{2}$，那么房间内需要有多少人？假设每个人的生日属于每个月份的概率是相等的。

1.12 设 $T_k(n)$ 为将集合 $\{1, 2, \cdots, n\}$ 分成 k 个彼此不相交的非空子集的不同分割方法的种数，其中 $1 \leqslant k \leqslant n$，证明

$$T_k(n) = kT_k(n-1) + T_{k-1}(n-1)$$

1.13 假设 n 个球被随机分入 N 个部分，求出 m 个球落入第一个部分的概率，假设 N^n 种安排都是等概率的。

第2章

事件的条件概率与独立性

本章导读

条件概率 (conditional probability) 是概率论与统计学中最重要的概念之一——本章主要研究随机事件的条件概率，进而研究事件之间的独立性。第 3 章引入随机变量后还有随机变量之间的独立性与条件独立性。其中，"条件" (conditioning) 除了作为形容词，还可以作动词使用。正是因为有了这个概念，概率论与数学中的测度论才有了根本的不同。而人们在日常应用概率方法的时候，往往忽视或者未能正确使用条件概率，造成了很多误解。比如近些年与统计学、数据分析有关的一些应用学科曾有学者提出"废除" p 值，引起学界的大讨论，后来美国统计协会 (ASA) 不得不于 2016 年出台正确认识和使用 p 值的六条准则。其实，这些误解的起因，一方面是对于统计显著性 p 值的误解，另一方面是具体应用场景下人们往往忽略了随机事件的无条件概率与条件概率的重大区别。比如，在试验结果中去掉大量含有缺失值的观测，可能会引起很大的偏误 (选择偏倚)；在进行变量选择后直接进行参数区间估计，可能会造成效应变号或显著性结论逆转；对前后相依的数据进行分析时，不考虑这种相关性而简单地使用独立情形下的模型，会损失很多精度。即使在日常生活中，不能正确使用条件概率也会引发很多谬误和悖论。本章最后一节我们会讨论几个常见的谬误和悖论。

从条件概率出发，我们可以得到贝叶斯公式，它将打开通向贝叶斯学派的大门。我们都知道，概率是对事件的不确定性程度或者随机事件的确信程度的表达，当我们观察到新的证据 (数据) 时，会改变我们之前的认识。一个与之前认识一致的证据会让我们的认识更确定，相反的证据会为之前的认识带来疑问。事先对某个随机事件 (或者某个参数的大小，视为随机的) 的可能性有一个认识，随着事实的数据累积 ("条件于"这些随机的观察数据)，我们对先前的随机事件的可能性有了新的认识，这就是贝叶斯后验概率，即条件概率。"条件"是统计的灵魂。

从条件概率的观点看，其实之前介绍的概率也是条件概率，只不过它取条件的随机事件是把整个样本空间看作必然事件。在数据科学的框架下，还需要注意的一点是：条件概率是信息上的概率，不是因果。因果关系需要专门的工具去研究 (与条件独立性有关)。

2.1　条件概率

当研究多个随机事件时，如果给定其中一些事件，看另一些事件的概率，那么看的就是条件概率。这里"给定"表示随机事件"发生"，概率术语叫作"条件于"。

2.1.1　条件概率的定义

> **条件概率**
>
> 　　设 $(\Omega, \mathcal{F}, P)$ 是一个概率空间，$B \in \mathcal{F}$，而且 $P(B) > 0$，则对任意 $A \in \mathcal{F}$，记
> $$P(A|B) = \frac{P(AB)}{P(B)}$$
> 并称 $P(A|B)$ 为给定事件 B 发生的条件下事件 A 发生的**条件概率** (conditional probability)。

在古典概型中，若以 $n(A)$，$n(B)$，$n(AB)$ 和 $n(\Omega)$ 分别表示随机事件 A，B，AB 和样本空间 Ω 所包含的样本点的个数，且 $n_B > 0$，则

$$P(A|B) = \frac{n(AB)}{n(B)} = \frac{\dfrac{n(AB)}{n(\Omega)}}{\dfrac{n(B)}{n(\Omega)}} = \frac{P(AB)}{P(B)}$$

与直观"在随机事件 B 发生的条件下，随机事件 A 发生的概率"在古典概型下一致。在几何概型中，若以 $m(A)$，$m(B)$，$m(AB)$，$m(\Omega)$ 分别表示事件 A，B，AB，Ω 所对应的点集的测度，且 $m(B) > 0$，则

$$P(A|B) = \frac{m(AB)}{m(B)} = \frac{\dfrac{m(AB)}{m(\Omega)}}{\dfrac{m(B)}{m(\Omega)}} = \frac{P(AB)}{P(B)}$$

在几何概型下与直观一致。

在条件概率定义中要求 $P(B) > 0$，目的是使分母不为零。如果 $P(B) = 0$，可以补充定义，在这种情况下 $P(A|B) = 0$。

图2.1使用韦恩图将事件之间的"条件"关系展示了出来。给定事件 B 发生，就像一只

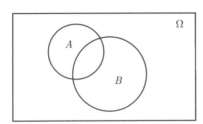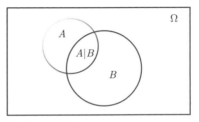

图 2.1　条件概率的示意图

左图：概率空间中的两个随机事件 A, B；右图：在事件 B 发生的条件下，事件 $A|B$

青蛙一下子跳到了事件 B 确定的天空中，从那里去观察天空。

► **例题 2.1.1** 一枚均匀的硬币被抛了两次，四种结果构成了样本空间 $\Omega = \{(h,h),(h,t),(t,h),(t,t)\}$，其中 h，t 分别表示抛一次硬币得到正面和反面。试求当下面两种随机事件发生时两次正面都朝上的概率：(1) 第一次正面朝上；(2) 至少有一次正面朝上。

解 两次正面都朝上的事件记为 A，于是 $A = \{(h,h)\}$，第一次硬币正面朝上的事件记为 B，于是 $B = \{(h,h),(h,t)\}$，至少有一次正面朝上的事件记为 C，于是 $C = \{(h,h),(h,t),(t,h)\}$。则

(1)
$$P(A|B) = \frac{P(AB)}{P(B)} = \frac{1/4}{1/2} = \frac{1}{2}$$

(2)
$$P(A|C) = \frac{P(AC)}{P(C)} = \frac{1/4}{3/4} = \frac{1}{3}$$

► **例题 2.1.2** 现有黑色桃心、黑色草花、红色桃心和红色方片四种花色的 52 张扑克牌随机洗匀，从中随机不放回地抽两次，抽出两张牌。记事件 $A = \{$ 第一次抽出的牌是红色桃心的 $\}$，$B = \{$ 第二次抽出的牌是红色 (红色桃心或红色方片) 的 $\}$。求 $P(A|B)$ 和 $P(B|A)$。

解 由乘法原理可以计算 $P(A) = 1/4$，$P(B) = 1/2$ 以及

$$P(AB) = \frac{13}{52} \times \frac{25}{51} = \frac{25}{204}$$

于是

$$P(A|B) = \frac{P(AB)}{P(B)} = \frac{25/204}{1/2} = \frac{25}{102}$$

$$P(B|A) = \frac{P(BA)}{P(A)} = \frac{25/204}{1/4} = \frac{25}{51}$$

注 从上面的例子我们看到，两个条件概率并不相等，$P(A|B) \neq P(B|A)$。混淆两者将导致严重的错误，后面我们讲检察官谬误时会再次看到正确认识和使用条件概率的重要性。

由条件概率的定义，很容易得到下面的概率的分解计算方法：

概率的乘法公式 (两个事件情形)(multiplication rule)
$$P(AB) = P(B)P(A|B)$$

从上面的公式可以看出，若要计算两个事件同时发生的概率，可以先计算一个事件的概率，再乘以给定此事件发生的情况下另一个事件的条件概率。很容易看出 $P(AB) = P(A)P(B|A)$ 也成立，实际应用时哪个方便计算就用哪个。

若现在有 $n\,(n > 2)$ 个事件 $E_1, E_2, \cdots, E_n$，则它们同时发生的概率也可以用链式乘法公式计算。

概率的一般乘法公式

当 $P(E_1 E_2 \cdots E_{n-1}) > 0$ 时，有
$$P(E_1 E_2 \cdots E_n) = P(E_1) P(E_2|E_1) P(E_3|E_1 E_2) \cdots P(E_n|E_1 E_2 \cdots E_{n-1})$$

证法一　使用归纳法，假设对于 n 个事件，一般乘法公式成立，对于 $n+1$ 个事件的交事件

$$E_1 E_2 \cdots E_n E_{n+1} = (E_1 E_2 \cdots E_n) E_{n+1}$$

先将 $E_1 E_2 \cdots E_n$ 这一 n 个事件的交事件视为一个整体 (它一定是事件域 $\mathcal{F}$ 中的，因此一定是可研究的)，然后使用前面两个事件情形下的概率乘法公式，得出

$$P\big((E_1 E_2 \cdots E_n) E_{n+1}\big) = P(E_1 E_2 \cdots E_n) P(E_{n+1}|E_1 E_2 \cdots E_n)$$

代入归纳假设，于是证得 $n+1$ 个事件时公式正确，由归纳法得证。

证法二　直接将右边展开：
$$P(E_1) P(E_2|E_1) P(E_3|E_1 E_2) \cdots P(E_n|E_1 E_2 \cdots E_{n-1})$$
$$= P(E_1) \frac{P(E_1 E_2)}{P(E_1)} \frac{P(E_1 E_2 E_3)}{P(E_1 E_2)} \cdots \frac{P(E_1 E_2 \cdots E_n)}{P(E_1 E_2 \cdots E_{n-1})}$$

交错相消，最后得到 $P(E_1 E_2 \cdots E_n)$。

这个公式在随机事件有顺序时尤为好用：一般来说 n 个事件的交事件表示起来很麻烦，更不要说计算它的概率了。但一般乘法公式告诉我们，可以通过分而治之的方法，求出每一步的条件概率，然后把它们相乘就可以了。对于一类模型，后面的事件只依赖于和它近邻的前一个事件，那么计算就变得十分简单了，这是一类非常重要和普遍的模型——马尔可夫 (Markov) 模型。下面我们来看一个例子。

▶ **例题 2.1.3** (Polya 坛子模型)　坛子中有 b 只黑球、r 只红球，随机取出一只，把原球放回，并加进与抽出球同色的球 c 只。再摸第二次、第三次……这样下去共摸了 n 次。问前面的 n_1 次出现黑球、后面的 n_2 (等于 $n-n_1$) 次出现红球的概率是多少？

解　容易看出，摸球的结果得到的是一个随机序列，但样本空间并不容易写出，后面讲了与前 k 次试验相关的事件后会容易理解一些。在概率的一般乘法公式下这个概率的计算是非常自然的。以 $X_i = \mathrm{b}, X_i = \mathrm{r}$ 分别表示第 i 次摸到的是黑色球和红色球 (b, r 分别表示黑色和红色)。注意，到目前为止我们还没有引入随机变量的概念，因此这个等号仅仅是用符号表示随机事件。则题设所求的事件可以表示为 $\{X_1 = \mathrm{b}, X_2 = \mathrm{b}, \cdots, X_{n_1} = \mathrm{b}, X_{n_1+1} = \mathrm{r}, \cdots, X_n = \mathrm{r}\}$。而

$$P(X_1 = \mathrm{b}) = \frac{b}{b+r}, \quad P(X_2 = \mathrm{b}|X_1 = \mathrm{b}) = \frac{b+c}{b+r+c}$$

$$P(X_3 = \mathrm{b}|X_1 = \mathrm{b}, X_2 = \mathrm{b}) = \frac{b+2c}{b+r+2c}$$

$$P(X_{n_1} = \mathrm{b}|X_1 = \mathrm{b}, \cdots, X_{n_1-1} = \mathrm{b}) = \frac{b+(n_1-1)c}{b+r+(n_1-1)c}$$

$$P(X_{n_1+1} = \text{r} | X_1 = \text{b}, \cdots, X_{n_1} = \text{b}) = \frac{r}{b+r+n_1 c}$$

$$P(X_{n_1+2} = \text{r} | X_1 = \text{b}, \cdots, X_{n_1} = \text{b}, X_{n_1+1} = \text{r}) = \frac{r+c}{b+r+(n_1+1)c}$$

$$P(X_n = \text{r} | X_1 = \text{b}, \cdots, X_{n_1} = \text{b}, X_{n_1+1} = \text{r}, \cdots, X_{n-1} = \text{r}) = \frac{r+(n_2-1)c}{b+r+(n-1)c}$$

因此

$$P(X_1 = \text{b}, \cdots, X_{n_1} = \text{b}, X_{n_1+1} = \text{r}, \cdots, X_n = \text{r}) = \frac{b}{b+r} \cdot \frac{b+c}{b+r+c} \cdot \cdots \cdot \frac{b+(n_1-1)c}{b+r+(n_1-1)c}$$
$$\cdot \frac{r}{b+r+n_1 c} \cdot \cdots \cdot \frac{r+(n_2-1)c}{b+r+(n-1)c}$$

注一 这个序列不一定是马氏的 (如果定义成每步的颜色为关心的序列), 下一步摸到黑色球的概率不仅仅依赖于上一步, 而且与前面所有步摸到的球的颜色有关 (虽然最后结果显示与黑色球摸出位置无关, 只与计数有关)。

注二 可以验证, 只要固定 n_1 和 n_2 $(n_1 + n_2 = n)$, 在某特定的 n_1 个位置上摸到黑球, 在剩余的 n_2 个位置上摸到红球, 计算出来的概率是不变的。

注三 Polya 坛子模型在描述传染病、自适应实验设计方面有广泛的应用。

容易看出, 条件概率 $P(A|B)$ 类比于概率, 具有下列三条基本性质, 而且概率具有的性质, 条件概率也都具有:

(1) $P(A|B) \geqslant 0$——非负性;

(2) $P(\Omega|B) = 1$——规范性;

(3) $P\left(\sum_{i=1}^{\infty} A_i \Big| B\right) = \sum_{i=1}^{\infty} P(A_i|B)$——对不交事件列 $\{A_n\}_{n=1}^{\infty}$ 的可列可加性。

类似地, 条件概率的一些基本性质也是自然成立的:

(1) $P(\varnothing|B) = 0$;

(2) $P(A|B) = 1 - P(\overline{A}|B)$;

(3) $P(A_1 \bigcup A_2|B) = P(A_1|B) + P(A_2|B) - P(A_1 A_2|B)$——一般加法公式。

2.1.2 全概率公式

▶ **例题 2.1.4** 从装有 a 只黑球和 b 只白球的袋子中不放回地摸球, 求第二次摸得黑球的事件 B 的概率 $P(B)$。

解 为了计算 $P(B)$, 找一个有关的事件 A——第一次摸到黑球, 利用下列关系式:

$$\begin{aligned}
P(B) &= P(AB) + P(\overline{A}B) \\
&= P(A)P(B|A) + P(\overline{A})P(B|\overline{A}) \\
&= \frac{a}{a+b}\frac{a-1}{a+b-1} + \frac{b}{a+b}\frac{a}{a+b-1} = \frac{a}{a+b}
\end{aligned}$$

全概率公式

设事件 $A_1, A_2, \cdots, A_n, \cdots$ 是样本空间 Ω 的一个分割 (可以是无穷个), 亦称完备事件组, 是指 $A_i(i = 1, 2, \cdots, n, \cdots)$ 两两互不相容, 而且 $\sum\limits_{i=1}^{\infty} A_i = \Omega$, 即 $B = \sum\limits_{i=1}^{\infty} A_i B$。由概率的可列可加性, 得

$$P(B) = \sum_{i=1}^{\infty} P(A_i B)$$

再由乘法公式, 得

$$P(B) = \sum_{i=1}^{\infty} P(A_i) P(B|A_i)$$

该公式称为**全概率公式** (law of total probability)。

这是一种分而治之的方法, 如图2.2所示。

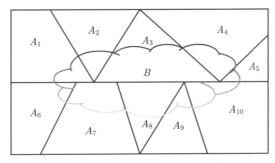

图 2.2　全概率公式的示意图

说明: $A_i(i = 1, 2, \cdots, n \cdots)$ 是一个完备事件组, $P(B)$ 的计算可以分而治之: $P(B) = \sum\limits_{i=1}^{\infty} P(A_i B)$。

注一　完备事件组包含的事件个数可以是有限个, 即 $\sum\limits_{i=1}^{n} A_i = \Omega$。

注二　可以看出对于完备事件组, 只需要求 $B \subseteq \sum\limits_{i=1}^{\infty} A_i$ 即可, 但一般这个关系不好验证, 不如 $\sum\limits_{i=1}^{\infty} A_i = \Omega$ 方便验证。

2.1.3　贝叶斯公式 (逆概率公式)

在全概率公式中, 先给定完备事件组 A_i, 再求事件 B 的条件概率。如果反过来, 给定 B, 求 A_i 的条件概率, 就是逆概率公式, 即贝叶斯公式, 下面给出定义。

贝叶斯公式

若

$$B = \sum_{i=1}^{\infty} BA_i$$

由于 $P(A_iB) = P(B)P(A_i|B) = P(A_i)P(B|A_i)$，故

$$P(A_i|B) = \frac{P(A_i)P(B|A_i)}{P(B)}$$

即

$$P(A_i|B) = \frac{P(A_i)P(B|A_i)}{\sum_{i=1}^{\infty} P(A_i)P(B|A_i)}$$

上式称为**贝叶斯公式** (Bayes's formula)，又称为逆概率公式。

这里，对于事件 A_i 来说，有先验和后验之分。

- $P(A_i)$——先验概率；
- $P(A_i|B)$——后验概率。

也就是说，不给定 B 时是先验概率，给定 B 时是后验概率。这可以有很多种解释，比如 A_i 是一些随机发生的"原因"事件，B 是一种"结果"事件。在不知道或者未观测到结果之前，各种原因有一个自然的、先验的发生概率，即 $P(A_i)$；在观测到某结果 B 事件后，这些"原因"事件 A_i 的概率就不再是原来自然状态下的了——$P(A_i|B)$ 不同于 $P(A_i)$。对于不同的 i，概率呈现新的分布特点，这就是后验概率。在医学诊断中，随着对生理、生化、图像测量等各项指标数据的搜集，病人的病因会越来越清楚，后验概率会不同于先验概率。再比如，在侦破案件的过程中，随着各种证据的累积，不确定的原因会被一一排除(后验概率过小的原因会被排除)，案件的真相会渐渐浮出水面，最终真相大白。

▶ **例题 2.1.5** (通信中的误差) 在数字通信中，由于存在随机干扰，接收到的信号与发出的信号可能不同，为了确定发出的信号，通常要计算各种概率，下面只讨论一种比较简单的模型——二进位信道 (见图2.3)。

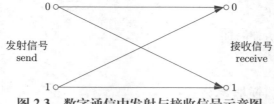

图 2.3 数字通信中发射与接收信号示意图

若发报机"send"端以 0.7 和 0.3 的概率分别发出信号"0"和"1"，即 $P(s=0) = 0.7$，$P(s=1) = 0.3$。由于随机干扰的影响，"receive"端的接收概率为 $P(r=0|s=0) = 0.8$，

$P(r=1|s=0)=0.2$，$P(r=0|s=1)=0.1$，$P(r=1|s=1)=0.9$。若从 "receive" 端接收的信号推测 "send" 端发出的信号，则由贝叶斯公式有

$$P(s=0|r=0)=\frac{P(s=0)P(r=0|s=0)}{P(s=0)P(r=0|s=0)+P(s=1)P(r=0|s=1)}$$
$$=\frac{0.7\times0.8}{0.7\times0.8+0.3\times0.1}=\frac{0.56}{0.59}\approx0.949$$

$$P(s=0|r=1)=\frac{P(s=0)P(r=1|s=0)}{P(s=0)P(r=1|s=0)+P(s=1)P(r=1|s=1)}$$
$$=\frac{0.7\times0.2}{0.7\times0.2+0.3\times0.9}=\frac{0.14}{0.41}\approx0.341$$

▶ **例题 2.1.6**　医学上用血清甲胎球蛋白法来诊断肝癌，令 C 表示患者患有肝癌这一事件，T 表示甲胎球蛋白高 (据此判断患者患有肝癌) 这一事件，令 $P(C)=0.000\ 4$，若 $P(T|C)=0.8$，而 $P(\overline{T}|\overline{C})=0.9$，求通过甲胎球蛋白高判断肝癌的概率有多大。

解　由贝叶斯公式，有

$$P(C|T)=\frac{P(C)P(T|C)}{P(C)P(T|C)+P(\overline{C})P(T|\overline{C})}$$
$$=\frac{0.000\ 4\times0.8}{0.000\ 4\times0.8+0.999\ 6\times0.1}\approx0.003\ 2$$

思考　从这个结果看，一个甲胎球蛋白高的病人真正患肝癌的概率很低，用这个指标预测疾病很不可靠。如果想要判断得很准确，比如 $P(C|T)\geqslant0.95$，那么在其他条件不变时，要求 $P(\overline{T}|\overline{C})$ 多高才行? (提示：至少 0.999 98。) 这背后的原理在于肝癌的发病率本身是很低的 (万分之四)，除非有特异度极高的检测方法，否则，仅靠这一种检测结果就下结论是十分不可靠的。

▶ **例题 2.1.7** (医学诊断中的贝叶斯方法)　假设我们观测到一位病人具有咳嗽的症状，记为 d。医生考虑三种可能的病因：h_1: 感冒，h_2: 肺炎，h_3: 心律不齐。假设医生仅从这一症状来推测，那么三种病因的先验概率是不同的，每种病因下出现该症状的概率 (也叫作 "似然") 也不同，用贝叶斯公式可以很快地选择出最有可能的病因，即

$$P(h_i|d)\propto P(h_i)P(d|h_i),\quad 1\leqslant i\leqslant3$$

这是贝叶斯公式的另一种等价表示，在贝叶斯统计里确定几种原因时，往往不需要直接算出证据的概率 $P(d)$，只需要每种原因的先验概率 $P(h_i)$ 和 "似然" $P(d|h_i)$，最后通过归一化可以得到各个原因的后验概率。

- h_1: 先验 $P(h_1)$ 高，"似然" $P(d|h_1)$ 高;
- h_2: 先验 $P(h_2)$ 中，"似然" $P(d|h_2)$ 中;
- h_3: 先验 $P(h_3)$ 高，"似然" $P(d|h_3)$ 低。

组合之下，感冒这个病因是后验概率最高的。

▶ **例题 2.1.8**　假设有两枚硬币，一枚是均匀的 (fair coin)，一枚有 3/4 的概率正面朝上 (有偏，3/4 bias coin)。随机地选一枚硬币并连续抛 3 次。发现 3 次都是正面朝上 (head)。

(1) 给定这些信息, 取到的硬币是均匀硬币的概率是多少?

(2) 若第 4 次抛该硬币, 正面朝上的概率是多少?

解 (1) 记 d 为前三次的观测结果, 则

$$P(\text{fair coin}|d) = \frac{1/2 \times (1/2)^3}{1/2 \times (1/2)^3 + 1/2 \times (3/4)^3} \approx 0.23$$

(2) 给定前面观测到的这些信息, 对于第 4 次的观测结果

$$
\begin{aligned}
P(4^{\text{th}} = \text{head}|d) = {} & P(\text{fair coin}|d) \times P(4^{\text{th}} = \text{head}|\text{fair coin}, d) \\
& + P(3/4 \text{ bias coin}|d) \times P(4^{\text{th}} = \text{head}|3/4 \text{ bias coin}, d) \\
= {} & 0.23 \times 0.5 + (1 - 0.23) \times 0.75 \approx 0.69
\end{aligned}
$$

上式使用了全概率公式 (沉淀了一个条件 d)。

下面是条件概率的几种等价变形, 涉及三个事件 A, B, C, 能够从正向、反向快速、正确地识别并应用它们会给正确解题带来帮助。读者可以自行验证其正确性。从这些变形可以看出, 当把条件概率当作普通概率看待时, 这些表达式是显然的。

$$P(A|BC) = \frac{P(ABC)}{P(BC)}$$

$$P(A|BC) = \frac{P(B|AC)P(A|C)}{P(B|C)}$$

$$P(A|BC) = \frac{P(C|AB)P(A|B)}{P(C|B)}$$

2.2 事件的独立性

这一节给出事件间独立性的定义, 先给出两个事件的独立性的定义, 再给出多个事件的独立性的定义, 最后给出独立重复样本空间的定义。在独立性条件下可以简化很多复杂情形的计算。

2.2.1 两个事件相互独立

> **两个事件相互独立**
>
> 对事件 A 及 B, 若
>
> $$P(AB) = P(A)P(B)$$
>
> 则称它们是**统计独立**的, 简称**独立的** (independent)。亦称 A 与 B 是相互独立的, 用符号 $A \perp\!\!\!\perp B$ 表示。

等价定义 若事件 A, B 独立, 且 $P(B) > 0$, 则

$$P(A|B) = P(A)$$

事件的独立与不相交是不同的，不相交时 $A\bigcap B = \varnothing$，$P(A\bigcap B) = P(\varnothing) = 0$，如图2.4所示。

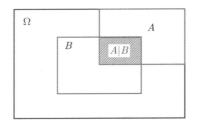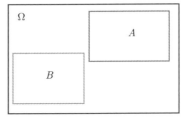

图 2.4　左图：事件 A 与 B 独立，即 $P(A) = P(A|B)$，右图：事件 A 与 B 不相交，即 $A\bigcap B = \varnothing$

▶ **例题 2.2.1**　一只袋中装有 a 只黑球和 b 只白球，有放回地摸球，求：

(1) 在已知第一次摸到黑球的条件下，第二次摸到黑球的概率；

(2) 第二次摸到黑球的概率。

解　定义事件 $A = $ "第一次摸到黑球"，$B = $ "第二次摸到黑球"，则

$$P(A) = \frac{a}{a+b}, \quad P(AB) = \frac{a^2}{(a+b)^2}, \quad P(\overline{A}B) = \frac{ba}{(a+b)^2}$$

所以

$$P(B|A) = \frac{P(AB)}{P(A)} = \frac{a}{a+b}$$

而

$$P(B) = P(AB) + P(\overline{A}B) = \frac{a^2}{(a+b)^2} + \frac{ba}{(a+b)^2} = \frac{a}{a+b}$$

可以看出来两个事件是独立的，即 $A \perp\!\!\!\perp B$。

▶ **例题 2.2.2**　若在上例中不放回地摸球，试求同样两个事件的概率。

解　这时

$$P(A) = \frac{a}{a+b}, \quad P(AB) = \frac{a(a-1)}{(a+b)(a+b-1)}$$

$$P(\overline{A}B) = \frac{ba}{(a+b)(a+b-1)}$$

所以

$$P(B|A) = \frac{P(AB)}{P(A)} = \frac{a-1}{a+b-1}$$

而

$$P(B) = P(AB) + P(\overline{A}B) = \frac{a}{a+b}$$

即 $P(B|A) \neq P(B)$，这时 $A \not\perp\!\!\!\perp B$。这也是好理解的，因为第一次摸到黑球，会影响第二次摸到黑球的概率。

▶ **例题 2.2.3** 下述四个命题是等价的：

(1) $A \perp\!\!\!\perp B$

(2) $\overline{A} \perp\!\!\!\perp B$

(3) $A \perp\!\!\!\perp \overline{B}$

(4) $\overline{A} \perp\!\!\!\perp \overline{B}$

证明 只需要证明 $(1) \Rightarrow (2)$。

$$P(\overline{A}B) = P(B) - P(AB) = P(B)(1 - P(A)) = P(B)P(\overline{A})$$

2.2.2 多个事件相互独立

> **三个事件相互独立**
>
> 对于三个事件 A, B, C，若下列四个等式同时成立，则称它们相互独立。
>
> (1) $P(AB) = P(A)P(B)$
>
> (2) $P(BC) = P(B)P(C)$
>
> (3) $P(CA) = P(C)P(A)$
>
> (4) $P(ABC) = P(A)P(B)P(C)$

思考 若条件 (1) 至 (3) 成立，则 A, B, C 两两独立。条件 (1) 至 (3) 成立能否推出条件 (4) 成立？见下面的伯恩斯坦反例。

▶ **例题 2.2.4** (伯恩斯坦反例) 有一个均匀的正四面体，第 1、2、3 面分别染上红、白、黑三种颜色，第 4 面同时染上这三种颜色。假设抛掷此四面体，每个面以相同的概率着地。现以 A, B, C 分别表示抛掷一次四面体出现红、白、黑颜色着地的事件，则 A, B, C 两两独立，但

$$P(ABC) \neq P(A)P(B)P(C)$$

设 $\Omega = \{\omega_1, \omega_2, \omega_3, \omega_4\}$, $P(\{\omega_1\}) = P(\{\omega_2\}) = P(\{\omega_3\}) = P(\{\omega_4\}) = \dfrac{1}{4}$。假设关心的事件分别为：

- $A = \{\omega_1, \omega_4\}$
- $B = \{\omega_2, \omega_4\}$
- $C = \{\omega_3, \omega_4\}$

则 A, B, C 构成伯恩斯坦反例。

前面我们知道了条件 (1) 至 (3) 推不出条件 (4)，有伯恩斯坦反例。反过来，条件 (4) 是否蕴含条件 (1) 至 (3) 呢？下面的例子给出了另一个方向的反例。

▶ **例题 2.2.5** 举例说明：$P(ABC) = P(A)P(B)P(C) \not\Rightarrow A, B, C$ 两两相互独立。

解　考虑一个均匀正八面体，其中第 1，2，3，4 面染成红色，第 1，2，3，5 面染成白色，第 1，6，7，8 面染成黑色。现以 A，B，C 分别表示抛掷此八面体出现红色、白色、黑色面着地的事件。则

$$P(A) = P(B) = P(C) = \frac{4}{8} = \frac{1}{2}$$

$$P(ABC) = \frac{1}{8} = P(A)P(B)P(C)$$

但

$$P(AB) = \frac{3}{8} \neq \frac{1}{4} = P(A)P(B)$$

多个事件相互独立

对 n 个事件 $A_1, A_2, \cdots, A_n$，若对于所有可能的组合 $1 \leqslant i < j < k \cdots \leqslant n$，有

$$P(A_i A_j) = P(A_i)P(A_j)$$

$$P(A_i A_j A_k) = P(A_i)P(A_j)P(A_k)$$

$$\vdots$$

$$P(A_1 A_2 \cdots A_n) = P(A_1)P(A_2)\cdots P(A_n)$$

则称 $A_1, A_2, \cdots, A_n$ 相互独立。

思考　若 A_1，A_2，$\cdots$，A_n 相互独立，则 $\overline{A}_1$，A_2，$\cdots$，A_n 相互独立。

2.2.3　事件独立性与概率计算

若 A_1，A_2，$\cdots$，A_n 是 n 个相互独立的事件，则由于

$$\left(A_1 \bigcup A_2 \bigcup \cdots \bigcup A_n\right)^c = A_1^c A_2^c \cdots A_n^c$$

因此

$$P(A_1 \bigcup A_2 \bigcup \cdots \bigcup A_n) = 1 - P(A_1^c A_2^c \cdots A_n^c)$$

$$= 1 - P(A_1^c)P(A_2^c)\cdots P(A_n^c)$$

▶ **例题 2.2.6** (混检问题)　为了检测人群中携带病毒的患者，可以将若干人的血清混合在一起检测。假设每个人的血清中含有病毒的概率为 0.4%，混合 100 个人的血清，求此血清含有病毒的概率。

解　以 A_i $(i = 1, 2, \cdots, 100)$ 表示第 i 个人的血清含有病毒这一事件，可以认为它们相互独立，所求概率为

$$P(A_1 \bigcup \cdots \bigcup A_{100}) = 1 - P(\overline{A}_1)\cdots P(\overline{A}_{100}) = 1 - 0.996^{100} \approx 0.33.$$

▶ **例题 2.2.7** (系统元件可靠性之一)　如果构成系统的每个元件 (共 $2n$ 个) 的可靠性均为 r $(0 < r < 1)$，且各元件能否正常工作是相互独立的，试求先将 n 个元件串联，再将串

联的两部分并联起来的通路系统的可靠性。

解　每条通路正常工作当且仅当该通路上各元件正常工作, 故可靠性为

$$R_C = r^n$$

即通路发生故障的概率为 $1 - r^n$。由于系统是由两通路并联而成, 两通路同时发生故障的概率为 $(1 - r^n)^2$, 因此附加通路系统的可靠性为

$$R_S = 1 - (1 - r^n)^2 = r^n(2 - r^n) = R_C(2 - R_C)$$

由于 $R_C < 1$, 故 $R_S > R_C$, 所以附加通路能使系统的可靠性增加。

▶ **例题 2.2.8** (系统元件可靠性之二)　在上一个例子中, 若元件的连接方式变为两两并联后串联, 则可靠性如何？

解　每对并联元件的可靠性为:

$$R' = 1 - (1 - r)^2 = r(2 - r)$$

系统由各对并联元件串联而成, 其可靠性为:

$$R'_S = (R')^n = r^n(2 - r)^n$$

显然 $R'_S > R_C$。因此用两两并联后串联的方法也可增加系统的可靠性。

利用归纳法可证明, 当 $n \geq 2$ 时, $(2 - r)^n > 2 - r^n$, 即 $R'_S > R_S$。同样使用 $2n$ 个元件, 第二种构成方式的可靠性比第一种方式更高。

▶ **例题 2.2.9**　现有 n 种优惠券, 每次随机地获得一张, 以概率 p_i 获得第 i 种优惠券, $\sum\limits_{i=1}^{n} p_i = 1$。假设独立地收集了 k 张, 用 A_i 表示第 i 种优惠券至少被收集到一张的事件, 对于 $i \neq j$, 求:

(1) $P(A_i)$。

(2) $P(A_i \bigcup A_j)$。

(3) $P(A_i | A_j)$。

解　(1) 直接计算 $P(A_i)$ 较困难, 可以计算它的对立事件, 由独立性可知

$$P(A_i) = 1 - P(A_i^c)$$

$$= 1 - (1 - p_i)^k$$

(2) 类似地,

$$P(A_i \bigcup A_j) = 1 - P((A_i \bigcup A_j)^c)$$

$$= 1 - (1 - p_i - p_j)^k$$

(3) 若要计算 $P(A_i | A_j)$, 就需要计算 $P(A_i A_j)$, 不方便直接计算, 此处我们需要用到一个技巧——通过概率的加法公式倒推。

$$P(A_i A_j) = P(A_i) + P(A_j) - P(A_i \bigcup A_j)$$

代入本题的条件，可得

$$P(A_iA_j) = 1 - (1-p_i)^k + 1 - (1-p_j)^k - [1 - (1-p_i-p_j)^k]$$

$$= 1 - (1-p_i)^k - (1-p_j)^k + (1-p_i-p_j)^k$$

$$P(A_i|A_j) = \frac{P(A_iA_j)}{P(A_j)} = \frac{1 - (1-p_i)^k - (1-p_j)^k + (1-p_i-p_j)^k}{1 - (1-p_j)^k}$$

▶ **例题 2.2.10** 假设独立地做一个试验，每次试验成功的概率为 p，失败的概率是 $1-p$。求 m 次失败之前出现 n 次成功的概率。

解一(帕斯卡的解法) 用 $P_{n,m}$ 表示在 m 次失败之前出现了 n 次成功的概率。条件于第一次的成功或失败，使用全概率公式，我们有

$$P_{n,m} = pP_{n-1,m} + (1-p)P_{n,m-1}, \ n \geqslant 1, \ m \geqslant 1$$

加上边界条件 $P_{n,0} = 0, P_{0,m} = 1$，经过较为复杂的推导，可以得出结论。从解二中，可以用归纳法证明通解的形式。

解二(费马的解法) 由条件，至多经过 $m+n-1$ 次试验，即可成功。而成功次数 k 从 n 到 $m+n-1$ 次的所有可能即为答案。

$$P_{n,m} = \sum_{k=n}^{m+n-1} \binom{m+n-1}{k} p^k(1-p)^{m+n-1-k} \tag{1}$$

注一 这个问题就是著名的帕斯卡与费马通信讨论的由于赌博游戏意外中断，如何分配赌金的问题。原问题是这样的：赌徒梅雷与侍卫官赌掷骰子，约定先投出 3 次 6 点时梅雷赢得全部赌金，先投出 3 次 4 点时侍卫官赢得全部赌金。可是由于国王卫队的到来，当投出了 2 次 6 点和 1 次 4 点时游戏不得不中断，问该如何分配赌金？

解 (注一) 若将得到 6 点或者 4 点算作有效抛掷，那么该有效抛掷的概率为 $p = 1/2$，而根据当前的结果，梅雷只需要 $n = 1$ 次掷得 6 点就能赢，侍卫官需要 $m = 2$ 次掷得 4 点才能赢，因此根据上题的结论，梅雷赢得全部赌金的概率是

$$P_{1,2} = \sum_{k=1}^{1+2-1} \binom{1+2-1}{k} \left(\frac{1}{2}\right)^k \left(\frac{1}{2}\right)^{1+2-1-k} = \frac{3}{4}$$

即应该按 $3:1$ 的比例分配赌资。

注二 这个问题如果从帕斯卡分布的角度还可以有两种解法。

第一个角度：在胜利了 n 次之前，失败的次数小于等于 $m-1$，那么题设情形的概率为：

$$P_{n,m} = \sum_{k=0}^{m-1} \binom{n+k-1}{k} p^n(1-p)^k \tag{2}$$

第二个角度：在失败了 m 次之前胜利至少 n 次

$$P_{n,m} = \sum_{k=n}^{\infty} \binom{m+k-1}{k} p^k(1-p)^m \tag{3}$$

令人惊讶的是式 (1)、式 (2) 和式 (3) 三个解是相等的。

▶ **例题 2.2.11** (直线上的随机游走与赌徒破产问题) 甲、乙两人连续进行赌博，通过抛一枚硬币，正面朝上时甲获得 1 元，乙来支付，反面朝上时，乙获得 1 元，甲来支付。如果一开始甲带了 a 元，乙带了 b 元，假设硬币以概率 p 正面朝上，每次试验是相互独立的。求甲最终胜出 (将乙的赌资全部赢光) 的概率。

解 在正式解这个问题之前，我们先介绍一个一般的框架。

直线上的随机游走: 考虑数轴 x 上的一个质点，假定它只能位于整数点，在时刻 $t = 0$ 时，它处于初始位置 a，以后每一步分别以概率 p 及概率 $1 - p$ 向正的或负的方向移动一个单位。我们关心质点在时刻 $t = n$ 时的位置，这种方式描述的质点运动称为"随机游走"(random walk)。

无限制随机游走: 假定质点从点 a 出发，以 S_n 表示它在时刻 $t = n$ 时的位置。为了使质点在时刻 $t = n$ 时位于 k，当且仅当质点在前 n 次游走中向右游走的次数比向左游走的次数多 $k - a$ 次，若记 x 为它在前 n 次游走中向右游走的次数，y 为向左游走的次数，则

$$\begin{cases} x + y = n \\ x - y = k - a \end{cases}$$

$$\{S_n = k\} = \left\{ 前 n 次游走中有 \frac{n + k - a}{2} 次向右，\frac{n - k + a}{2} 次向左 \right\}$$

$$P(S_n = k) = \binom{n}{\frac{n + k - a}{2}} (1 - p)^{\frac{n - k + a}{2}} p^{\frac{n + k - a}{2}}$$

这里要求 n 与 $k - a$ 的奇偶性相同，否则概率为零。

原问题的甲赢光乙全部赌资的事件，对应于下列问题。

两端带有吸收壁的随机游走: 假定在 $t = 0$ 时刻，质点位于 a，而在位置 0 及位置 $x = a + b$ 处各有一个吸收壁，我们来求质点在位置 0 被吸收或者在位置 $a + b$ 被吸收的概率。若以 q_n 表示质点的初始位置为 n 而最终在位置 $a + b$ 被吸收的概率，即甲赢光乙的赌资的概率为 q_{a+b}，则

$$q_0 = 0, q_{a+b} = 1$$

一般地，分析某时刻质点位于位置 $n (1 \leqslant n \leqslant a + b - 1)$，则它要在位置 $a + b$ 被吸收，将第一步分别向左走、向右走作为一个完备事件组，由全概率公式有

$$q_n = pq_{n+1} + (1 - p)q_{n-1}, \quad n = 1, 2, \cdots, a + b - 1$$

下面来解 q_n，将该二阶差分方程改写成

$$c_n = rc_{n-1}$$

这里 $c_n = q_{n+1} - q_n, r = \dfrac{1 - p}{p}, n = 1, 2, \cdots, a + b - 1$。分两种情况:

● $r = 1$，即 $p = 1 - p = \dfrac{1}{2}$，则

$$q_n = q_0 + nd$$

由边界条件 $q_0 = 0, q_{a+b} = 1$ 知 $q_a = \dfrac{a}{a+b}$。说明在完全随机的情况下，最终赢光对方赌资的概率与初始的赌资成正比。

- $r \neq 1$，即 $p \neq 1-p$，这时

$$c_n = rc_{n-1} = r^2 c_{n-2} = \cdots = r^n c_0$$

从而

$$q_n - q_0 = \sum_{k=0}^{n-1} (q_{k+1} - q_k) = \sum_{k=0}^{n-1} c_k = \frac{1-r^n}{1-r} c_0$$

由边界条件 $q_0 = 0, q_{a+b} = 1$ 有

$$\frac{1-r^{a+b}}{1-r} c_0 = 1$$

因此

$$q_n = \frac{1-r^n}{1-r^{a+b}}$$

特别地，

$$q_a = \frac{1 - \left(\dfrac{1-p}{p}\right)^a}{1 - \left(\dfrac{1-p}{p}\right)^{a+b}}$$

即甲赢光对方赌资的概率由上式给出。假设一开始甲带了 $a = 20$ 元，乙带了 $b = 10$ 元，则当硬币均匀 $(p = 1/2)$ 时，甲赢光乙的赌资的概率是 2/3，如果硬币有偏，比如 $p = 3/4$，那么甲赢光乙的赌资的概率上升到 0.998 7。

若记 p_n 为质点自 n 出发而在位置 0 被吸收的概率——乙赢光甲的赌资的概率，同样有差分方程

$$p_n = p p_{n+1} + (1-p) p_{n-1}, \quad n = 1, 2, \cdots, a+b-1$$

边界条件为

$$p_0 = 1, \ p_{a+b} = 0$$

类似地有，当 $p = 1-p = \dfrac{1}{2}$ 时，$p_a = \dfrac{b}{a+b}$；当 $p \neq 1-p$ 时，

$$p_a = \frac{1 - \left(\dfrac{p}{1-p}\right)^b}{1 - \left(\dfrac{p}{1-p}\right)^{a+b}} = \frac{\left(\dfrac{1-p}{p}\right)^a - \left(\dfrac{1-p}{p}\right)^{a+b}}{1 - \left(\dfrac{1-p}{p}\right)^{a+b}}$$

即总有

$$p_a + q_a = 1$$

最终总有一个人会赢得另一方的所有赌资，而另一方会破产。

▶ **例题 2.2.12** (图中边的着色问题) 考虑在一个有 n 个节点的完全图 (图中任意一对点都有一条边相连) 上对所有的 $\binom{n}{2}$ 条边着色，颜色是红色和蓝色。对于某个给定的整数 k，试问是否存在一种着色方法，使得图中没有任何 k-元子图的所有 $\binom{k}{2}$ 条边都是同一种颜色？

解 当 k 不太大且满足一定条件时，答案是肯定的。下面我们使用概率方法来证明它。假设将每条边以 $1/2$ 的概率独立、随机地涂上蓝色或红色。将所有的 $\binom{n}{k}$ 个 k-元子集编号 i $\left(i = 1, 2, \cdots, \binom{n}{k}\right)$，记随机事件 E_i 为

$$E_i = \{\text{第 } i \text{ 个 } k\text{-元子图所有边着色相同}\}$$

由于有两种颜色可以选择，于是

$$P(E_i) = 2\left(\frac{1}{2}\right)^{k(k-1)/2}$$

因此，由概率的布尔不等式 (次可加性)

$$P\left(\bigcup_i E_i\right) \leqslant \sum_i P(E_i)$$

上式右边代入值，即得

$$P\left(\bigcup_i E_i\right) \leqslant \binom{n}{k}\left(\frac{1}{2}\right)^{k(k-1)/2-1}$$

所以，当 k 不大，满足要求

$$\binom{n}{k}\left(\frac{1}{2}\right)^{k(k-1)/2-1} < 1$$

时或者等价地，当 k 满足 $\binom{n}{k} < 2^{k(k-1)/2-1}$ 时，$\binom{n}{k}$ 个中至少一个 k-元子图的所有边都涂为相同颜色的概率小于 1。因此存在一种涂色方式使得没有任何 k-元子图的所有边为同色。

2.2.4 独立重复试验的样本空间

设试验 E_i 的样本空间是 $\Omega_i = \{\omega^{(i)}\}$, $i = 1, 2, \cdots, n$。为描述这 n 次实验，构造复合试验 E，其样本点为

$$\omega = (\omega^{(1)}, \omega^{(2)}, \cdots, \omega^{(n)})$$

样本空间为复合空间

$$\Omega = \Omega_1 \times \Omega_2 \times \cdots \times \Omega_n$$

我们引进"与第 k 次试验有关的事件"的概念,这种事件发生与否仅与第 k 次试验的结果有关,即为了判断某一样本点是否属于这个事件,只需查看它的第 k 个分量。

若记 $\mathcal{A}_k$ 为与第 k 次试验有关的事件全体,则可以如下定义试验的独立性。

> **试验的相互独立**
>
> 符号如上文定义,若对于任意的
> $$A^{(1)} \in \mathcal{A}_1, A^{(2)} \in \mathcal{A}_2, \cdots, A^{(n)} \in \mathcal{A}_n$$
> 均有
> $$P(A^{(1)} A^{(2)} \cdots A^{(n)}) = P(A^{(1)}) P(A^{(2)}) \cdots P(A^{(n)})$$
> 则称实验 E_1, E_2, $\cdots$, E_n 是相互独立的。

推论　若 n 个试验相互独立,则其中的 $m\,(2 \leqslant m < n)$ 个试验也是相互独立的。

特别重要的一类试验是**独立重复试验**,这时 $\Omega_1 = \Omega_2 = \cdots = \Omega_n$,有关事件的概率保持不变,而且各次试验是相互独立的。重复独立试验是作为"在同样条件下重复试验"的数学模型出现的,在概率论中地位很高,因为随机现象的统计规律性只有在大量重复试验中才会显现出来。

2.3　与条件概率有关的陷阱与悖论

下面的材料选自 Blitzstein and Hwang(2015),主要涉及三个问题:
- 检察官谬误 (prosecutor's fallacy);
- 辩护律师悖论 (defense attorney's fallacy);
- 辛普森悖论 (Simpson's paradox)。

2.3.1　检察官谬误

1998 年,Sally Clark 被指控谋杀她两个刚出生的孩子。专家称实验证明,新生儿因婴儿猝死综合征 (SIDS) 而死亡的概率为 $\dfrac{1}{8\,500}$,所以同一家庭的两个孩子出现 SIDS 的概率为 $\dfrac{1}{8\,500^2}$,大约七千三百万分之一。所以 Clark 是清白的概率为七千三百万分之一。

这个论断至少有两点是存在问题的。首先,$\dfrac{1}{8\,500^2}$ 是基于一个家庭中新生儿死亡是独立事件,但是,无法保证是不是家庭中存在的某些特定因素导致了某些特定家庭的新生儿出现 SIDS 的风险上升。其次,专家混淆了两个有用的条件概率:$P(\text{innocence}|\text{evidence})$ 与 $P(\text{evidence}|\text{innocence})$。如果被告人是无辜的,那么出现两个新生儿死亡的概率是很低的,也就是 $P(\text{evidence}|\text{innocence})$ 很低。但我们关注的是 $P(\text{innocence}|\text{evidence})$,由贝叶斯公式:

$$P(\text{innocence}|\text{evidence}) = \frac{P(\text{evidence}|\text{innocence})P(\text{innocence})}{P(\text{evidence})}$$

要计算右侧的概率，我们要考虑 $P(\text{innocence})$，即她是无辜的先验概率。这个概率是极高的：虽然两个婴儿连续死亡的概率很低，但是她连杀两个婴儿的概率同样很低。所以无辜的后验概率是 $P(\text{evidence}|\text{innocence})$ 和 $P(\text{innocence})$ 的平衡。

2.3.2　辩护律师谬误

一位女士被谋杀，她的丈夫被指控杀妻。证据是丈夫有虐待妻子的历史。被告律师称，虐待史应该作为无关紧要的理由被排除，因为虐待妻子的人中只有万分之一会谋杀妻子。法官应该承认律师的观点从而把这个证据排除在外吗？

假设 $\frac{1}{10\,000}$ 是正确的，并假设如下事实：$\frac{1}{10}$ 的男士有虐待妻子的行为，$\frac{1}{5}$ 的被杀的已婚女士死于丈夫的谋杀，$\frac{1}{2}$ 的谋杀妻子的丈夫有虐待妻子的行为。

设 A 表示丈夫虐待妻子，G 表示丈夫有罪，则 $P(G|A) = \frac{1}{10\,000}$。但事实上，有个重要事实被忽略了，那就是把妻子被谋杀设为事件 M，所以实际上我们需要求的是 $P(G|A, M)$。由贝叶斯公式：

$$\begin{aligned} P(G|AM) &= \frac{P(G|M)P(A|GM)}{P(G|M)P(A|GM) + P(\overline{G}|M)P(A|\overline{G}M)} \\ &= \frac{0.2 \times 0.5}{0.2 \times 0.5 + 0.8 \times 0.1} \\ &= \frac{5}{9} \end{aligned}$$

所以虐待妻子使得丈夫有罪的概率从 0.2 上升到超过 0.5。这个计算中没有用到 $P(G|A)$，事实上这是无关条件，因为它没有考虑妻子被谋杀的事实。这提示我们要考虑到所有条件。

2.3.3　辛普森悖论

两个医生 Dr. Hibbert 和 Dr. Nick 分别负责两种手术：心脏手术 (heart surgery) 和绷带移除手术 (band-aid removal)。每次手术只有成功和失败两种结果。两个医生相应的手术记录如图2.5所示。

Dr. Hibbert	Heart	Band-Aid		Dr. Nick	Heart	Band-Aid
Success	70	10		Success	2	81
Failure	20	0		Failure	8	9

图 2.5　辛普森悖论示意图

资料来源：Blitzstein and Hwang(2015).

图2.6用点阵来表示两位医生手术成功和失败的情况，其中白点表示成功，黑点表示失败。

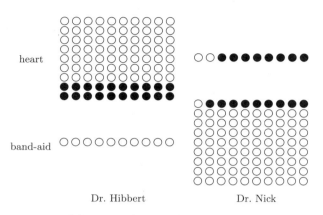

图 2.6　两位医生手术成功情况

资料来源：Blitzstein and Hwang(2015).

在每种手术中，**Dr. Hibbert** 的成功率都更高，但是，对于总体成功率，**Dr. Nick** 却高于 **Dr. Hibbert**。

用 A 表示手术成功，B 表示手术医生是 **Dr. Nick**，C 表示这个手术是心脏手术。则辛普森悖论表示为

$$P(A|BC) < P(A|\overline{B}C)$$

$$P(A|B\overline{C}) < P(A|\overline{B}\overline{C})$$

但是却有

$$P(A|B) > P(A|\overline{B})$$

用概率论和不等式的知识来分析这个问题：

$$P(A|B) = P(A|BC)P(C|B) + P(A|\overline{C}B)P(\overline{C}|B)$$

$$P(A|\overline{B}) = P(A|\overline{B}C)P(C|\overline{B}) + P(A|\overline{C}\,\overline{B})P(\overline{C}|\overline{B})$$

虽然有

$$P(A|BC) < P(A|\overline{B}C)$$

$$P(A|B\overline{C}) < P(A|\overline{B}\overline{C})$$

但是权重 $P(\overline{C}|B)$ 远大于 $P(\overline{C}|\overline{B})$，即 **Dr. Nick** 更可能做绷带移除这一成功率高的手术，因此造成 $P(A|B) > P(A|\overline{B})$。

2.4　本章小结

- 本章介绍了随机事件的条件概率、全概率公式、贝叶斯公式等重要概念。
- 给出了随机事件相互独立的定义。这是概率论、统计学研究的核心性质。
- 在独立性下，许多概率的计算变得可行、可化简。
- 熟悉 Polya 坛子、随机游走等一些常见的基于条件概率的模型。
- 在条件概率的框架下，认识、熟悉日常生活中的概率陷阱。

2.5　练习二

2.1 口袋中有 a 个白球、b 个黑球和 n 个红球，先从中逐个不放回地取球，试证白球比黑球出现得早的概率为 $\dfrac{a}{a+b}$，与 n 无关。

2.2 甲、乙两袋中都有一个白球和一个黑球，从两个袋中各取一个球相互交换并放入另一个袋中，这样进行了若干次。p_n, q_n, r_n 分别表示在第 n 次交换后甲袋中有两个白球、一个白球和一个黑球的概率。试写出 $p_{n+1}, q_{n+1}, r_{n+1}$ 用 p_n, q_n, r_n 表示的表达式，并讨论 $n \to \infty$ 的情况。

2.3 若 $0 < P(B) < 1$，试证:

　(1) $P(A|B) = P(A|\bar{B})$

　(2) $P(A|B) + P(\bar{A}|\bar{B}) = 1$

均为 A 与 B 相互独立的充要条件。

2.4 6 对夫妇坐一圈，计算所有妻子都不坐在丈夫身边的概率。

2.5 大一新生中有 36 人会踢足球，38 人会打篮球，18 人会打羽毛球，22 人既会踢足球又会打篮球，12 人既会打篮球又会打羽毛球，9 人既会踢足球又会打羽毛球，4 人会三种球。求至少会一种球的人数。

2.6 一副 52 张的牌随机地分成 4 堆，每堆 13 张，计算每堆正好有一张 A 的概率。

2.7 麦当劳有 n 种类型的优惠券，某人收集到第 i 种优惠券的概率为 p_i，$\sum_i p_i = 1$。假定各种券的收集相互独立。假设这个人收集了 k 张优惠券，令 A_i 表示事件 "其中至少有一张第 i 种优惠券"，对于 $i \neq j$，计算: (1) $P(A_i)$; (2) $P(A_i \bigcup A_j)$; (3) $P(A_i|A_j)$。

2.8 在某刑事调查中，调查员有 60% 的把握认为嫌疑人确实犯有此事。假定现在得到了一份新的证据，表明了罪犯的某个身体特征 (左撇子、光头或者棕色头发等)。如果有 20% 的人有这种特征，那么在嫌疑人具有这种特征的条件下，检查官认为他确实犯有此罪的把握有多大?

2.9　某大学中有52%的学生是女生，5%的学生是计算机科学专业，2%的学生是计算机科学专业的女生。如果随机抽取一名学生，求下列条件概率：

(1) 给定一名学生主修计算机的条件下，这名学生为女生的概率。

(2) 给定一名学生为女生的条件下，这名学生主修计算机的概率。

2.10　在某个村子里，有36%的家庭养狗，22%的家庭既有狗又有猫，30%的家庭有猫，请计算：

(1) 随机抽一个家庭，既有猫又有狗的概率。

(2) 已知抽取到的家庭养了猫，则家庭还有狗的概率。

2.11　一个盒子里有3枚硬币。第一种硬币是两面都是正面 (head)，第二种是普通硬币，第三种是有偏的硬币，有75%的情况出现正面。当随机选择3枚硬币之一并将其随机翻转时，它显示正面朝上。则这由两面都是正面的硬币得到的概率是多少？

2.12　下面的方法用于估计一个已知人数是 100 000 人的小镇中年龄大于 50 岁的人数：当你在街上行走时，持续记录遇到的大于 50 岁的人的比例，这样做几天，最终将你得到的比例乘以 100 000 作为小镇里大于 50 岁的人的数量估计。评价这个方法的好坏。

2.13　考虑一个有 m 个家庭的社区，其中，家里有 i 个孩子的家庭个数记作 $n_i, i = 1, 2, \cdots, k$，$\sum_{i=1}^{k} n_i = m$。考虑下列两种抽取一个孩子的方法：

(1) 随机从 m 个家庭中抽取一个家庭，再从这个家庭中随机抽取一个孩子。

(2) 随机从所有 $\sum_{i=1}^{k} in_i$ 个孩子中抽取一个孩子。

证明：第一种方法相比于第二种方法，更容易使得选中的孩子是长子。

2.14　如图2.7所示，接通第 i 个继电器的概率是 $p_i (i = 1, 2, 3, 4, 5)$。如果所有继电器是独立工作的，那么各个电路在 A 和 B 之间流过电流的概率是多少？

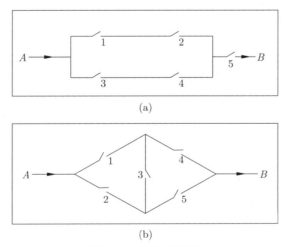

图 2.7　电路示意图

2.15 考虑两个盒子，每个盒子中都有白色和黑色的球。从第一个和第二个盒子中抽出白球的概率分别为 p 和 p'。按如下顺序依次有放回地抽取球：

(1) 初始状态，以概率 α 从第一个盒子中抽取一个球，以概率 $1 - \alpha$ 从第二个盒子中抽取一个球。

(2) 根据以下规则进行后续选择：每当抽出 (有放回) 一个白球时，下一个球便从同一盒中抽取，若抽出一个黑球，下一个球则从另一盒中抽取。

令 α_n 表示第 n 个球从第一个盒子中抽出的概率。证明：

$$\alpha_{n+1} = \alpha_n(p + p' - 1) + 1 - p', \quad n \geqslant 1$$

并且证明

$$\alpha_n = \frac{1 - p'}{2 - p - p'} + \left(\alpha - \frac{1 - p'}{2 - p - p'}\right)(p + p' - 1)^{n-1}$$

设 P_n 为第 n 个抽出的球是白球的概率，求 P_n，并计算极限 $\lim\limits_{n \to \infty} \alpha_n, \lim\limits_{n \to \infty} P_n$。

2.16 假设 E 和 F 是互斥事件。证明在独立重复试验中，E 比 F 先出现的概率是 $P(E)/[P(E) + P(F)]$。

2.17 现有 n 种不同的奖券，现在每次抽奖时抽到第 i 种奖券的概率为 $p_i, \sum\limits_{i=1}^{n} p_i = 1$，每次抽奖独立。

(1) 独立重复抽 n 次奖，则每种奖券都抽中一次的概率是多少？

(2) 假设 $p_1 = p_2 = \cdots = p_n = \dfrac{1}{n}$，独立重复抽 n 次奖，E_i 表示第 i 种奖券没有被抽到，求 $P(\bigcup\limits_i E_i)$，即至少有一张奖券没有被抽中的概率，并证明恒等式：

$$n! = \sum_{k=0}^{n} (-1)^k \binom{n}{k} (n - k)^n$$

2.18 证明：对于任意事件 E, F，有

$$P(E \mid E\bigcup F) \geqslant P(E \mid F)$$

2.6　数据科学扩展——概率问题的数值模拟

R 和 Python 是统计学和数据科学常用的软件工具，各有特色。这里先介绍在 R 中调用 Python 的方法。这样可以既有 Python 对接的数据科学场景，又能充分利用 R 中丰富的 package 资源。

```
library(reticulate) ##### 在R中调用python
use_python('D:\\ProgramFiles\\Anaconda3\\python.exe')
```

问题　三个人 A，B，C 进行一项两两之间的竞赛，每轮竞赛结束后输掉的人被第三个人替换上场，三个人之间比赛的胜率由 P_{ab} 表示，其中 P_{ab} 表示 a 战胜 b 的概率，假设有

$P_{ab} + P_{ba} = 1(a, b \in \{A, B, C\})$。现在考虑一个问题：定义每个人都能赢另外两个人至少一次是一种大家都满意的状态，从任意一场竞赛开始直到这种状态，需要的时间 (多少场) 的期望是多少?

解答 这个问题可以看成马尔可夫链的首达时间问题。考虑以下 6 种状态 (依次序记为 $1 \sim 6$)：1. A 战胜 B(接下来是 A、C 竞赛)；2. A 战胜 C；3. B 战胜 A；4. C 战胜 B；5. C 战胜 A；6. B 战胜 C。通过三个人之间比赛的胜率，可以构建转移概率矩阵：

$$P = \begin{pmatrix} 0 & P_{AC} & 0 & 0 & P_{CA} & 0 \\ P_{AB} & 0 & P_{BA} & 0 & 0 & 0 \\ 0 & 0 & 0 & P_{CB} & 0 & P_{BC} \\ 0 & P_{AC} & 0 & 0 & P_{CA} & 0 \\ 0 & 0 & 0 & P_{CB} & 0 & P_{BC} \\ P_{AB} & 0 & P_{BA} & 0 & 0 & 0 \end{pmatrix}$$

用 $E_{x,a,b,c}$ 表示从 x 出发首次遍历完集合 $\{a, b, c\}$ 的期望时间 (步数)。假设从状态 x 转移出状态 y_1，y_2，那么利用一步转移概率计算首达时间的期望：

$$E_{x,a,b,c} = P_{x \to y_1} E_{y_1,a,b,c \setminus \{y_1\}} + P_{x \to y_2} E_{y_2,a,b,c \setminus \{y_2\}} + 1$$

这样，求上式左侧期望的问题转化为求右侧两个期望的问题。当然，这里的状态 y_1, y_2 可能存在于集合 $\{a, b, c\}$ 中，也可能不存在集合中。当转移出去的状态 y 在集合 $\{a, b, c\}$ 中时，对应的首达期望涉及的状态就会减少。按照上面的迭代过程，利用一步转移概率，将之前方程等式右侧出现的首达期望分解为两个可能涉及状态更少的首达期望。依此类推，将每个首达期望看成方程的未知数，构建方程组，当右侧所有未知数都出现在左侧时，则可以构建方程组解出所求的首达期望。

具体算法如下：设定方程涉及的未知数构成的 list1，将所求 $E_{x,A}$ (表示从状态 x 出发首次遍历集合 A 的期望步数) 加入 list1；再构建空的 list，命名为 list2，用于存储每个方程左侧出现的未知数。将 i 从 1 开始循环：

(1) 从 list1 中取出第 i 个元素，将其加入 list2；

(2) 设第 i 个元素为 $E_{y,B}$，假设状态 y 有两个可转移出的状态 y_1，y_2，列出方程：

$$E_{y,B} = P_{x \to y_1} E_{y_1,B \setminus \{y_1\}} + P_{x \to y_2} E_{y_2,B \setminus \{y_2\}} + 1$$

(3) 检查 $E_{y_1,B \setminus \{y_1\}}$，$E_{y_1,B \setminus \{y_1\}}$ 是否出现在 list1 中，将没有出现在 list1 中的对象加入 list1；

(4) 检查 list1 和 list2 的长度，如果两个 list 的长度相同，则停止循环，否则重复这个循环过程。

将第 (2) 步所列的所有方程联立，即可求出 $E_{x,A}$。

下面是 Python 的代码实现：

```
import numpy as np
import scipy as sp
from scipy import sparse
```

```
from scipy.sparse import csr_matrix
from scipy import linalg
trans_matrix = np.array([[0,1,0,0,1,0],
                         [1,0,1,0,0,0],
                         [0,0,0,1,0,1],
                         [0,1,0,0,1,0],
                         [0,0,0,1,0,1],
                         [1,0,1,0,0,0]])*0.5


V = {'start':1,'target':{2,3,4,5,6}}
def trans_step(step,trans_matrix):
    start = step.get('start')
    target = step.get('target')
    if type(target) == set and target != {}:
        trans = trans_matrix[start-1,]
        target_list = list(np.where(trans!=0)[0]+1)
        next_step = []
        for t in target_list:
            if t in target :
                if target != {t}:
                    next_step.append({'start':t,'target':target-{t}})
            elif t not in target:
                next_step.append({'start':t,'target':target})
        return next_step


left_hand = [V]
right_hand = []
row = []
col = []
data = []
for i in range(1000):
    if i0:
        left_hand.append(right_hand[i-1])
    row.append(i)
    col.append(i)
    data.append(1)
    step = left_hand[i]
    next_step = trans_step(step,trans_matrix)
    for j in next_step:
        if j in right_hand:
            row.append(i)
            col.append(right_hand.index(j)+1)
            data.append(-trans_matrix[step.get(start)-1,j.get(start)-1])
        else:
            right_hand.append(j)
            row.append(i)
```

```
            col.append(right_hand.index(j)+1)
            data.append(-trans_matrix[step.get('start')-1,j.get('start')-1])
    if len(right_hand)len(left_hand):
        break
print(left_hand[i],next_step) ### 每次随机游走的初始状态和可能到达的状态
```

运行结果如下:

```
## {'start': 1, 'target': {2, 3, 4, 5, 6}} [{'start': 2, 'target': {3, 4, 5,
   6}}, {'start': 5, 'target': {2, 3, 4, 6}}]
## {'start': 2, 'target': {3, 4, 5, 6}} [{'start': 1, 'target': {3, 4, 5, 6}},
   {'start': 3, 'target': {4, 5, 6}}]
## {'start': 5, 'target': {2, 3, 4, 6}} [{'start': 4, 'target': {2, 3, 6}},
   {'start': 6, 'target': {2, 3, 4}}]
## {'start': 1, 'target': {3, 4, 5, 6}} [{'start': 2, 'target': {3, 4, 5, 6}},
   {'start': 5, 'target': {3, 4, 6}}]
## {'start': 3, 'target': {4, 5, 6}} [{'start': 4, 'target': {5, 6}},{'start':
   6, 'target': {4, 5}}]
## {'start': 4, 'target': {2, 3, 6}} [{'start': 2, 'target': {3, 6}}, {'start
   ': 5, 'target': {2, 3, 6}}]
## {'start': 6, 'target': {2, 3, 4}} [{'start': 1, 'target': {2, 3, 4}},
   {'start': 3, 'target': {2, 4}}]
## {'start': 5, 'target': {3, 4, 6}} [{'start': 4, 'target': {3, 6}}, {'start
   ': 6, 'target': {3, 4}}]
## {'start': 4, 'target': {5, 6}} [{'start': 2, 'target': {5, 6}}, {'start':
   5, 'target': {6}}]
## {'start': 6, 'target': {4, 5}} [{'start': 1, 'target': {4, 5}}, {'start':
   3, 'target': {4, 5}}]
## {'start': 2, 'target': {3, 6}} [{'start': 1, 'target': {3, 6}}, {'start':
   3, 'target': {6}}]
## {'start': 5, 'target': {2, 3, 6}} [{'start': 4, 'target': {2, 3, 6}},
   {'start': 6, 'target': {2, 3}}]
## {'start': 1, 'target': {2, 3, 4}} [{'start': 2, 'target': {3, 4}},
   {'start': 5, 'target': {2, 3, 4}}]
## {'start': 3, 'target': {2, 4}} [{'start': 4, 'target': {2}}, {'start':
   6, 'target': {2, 4}}]
## {'start': 4, 'target': {3, 6}} [{'start': 2, 'target': {3, 6}}, {'start':
   5, 'target': {3, 6}}]
## {'start': 6, 'target': {3, 4}} [{'start': 1, 'target': {3, 4}}, {'start':
   3, 'target': {4}}]
## {'start': 2, 'target': {5, 6}} [{'start': 1, 'target': {5, 6}}, {'start':
   3, 'target': {5, 6}}]
## {'start': 5, 'target': {6}} [{'start': 4, 'target': {6}}]
## {'start': 1, 'target': {4, 5}} [{'start': 2, 'target': {4, 5}}, {'start':
   5, 'target': {4}}]
## {'start': 3, 'target': {4, 5}} [{'start': 4, 'target': {5}}, {'start':
   6, 'target': {4, 5}}]
```

```
## {'start': 1, 'target': {3, 6}} [{'start': 2, 'target': {3, 6}}, {'start':
    5, 'target': {3, 6}}]
## {'start': 3, 'target': {6}} [{'start': 4, 'target': {6}}]
## {'start': 6, 'target': {2, 3}} [{'start': 1, 'target': {2, 3}}, {'start':
    3, 'target': {2}}]
## {'start': 2, 'target': {3, 4}} [{'start': 1, 'target': {3, 4}}, {'start':
    3, 'target': {4}}]
## {'start': 5, 'target': {2, 3, 4}} [{'start': 4, 'target': {2, 3}},
    {'start': 6, 'target': {2, 3, 4}}]
## {'start': 4, 'target': {2}} [{'start': 5, 'target': {2}}]
## {'start': 6, 'target': {2, 4}} [{'start': 1, 'target': {2, 4}}, {'start':
    3, 'target': {2, 4}}]
## {'start': 5, 'target': {3, 6}} [{'start': 4, 'target': {3, 6}}, {'start':
    6, 'target': {3}}]
## {'start': 1, 'target': {3, 4}} [{'start': 2, 'target': {3, 4}}, {'start':
    5, 'target': {3, 4}}]
## {'start': 3, 'target': {4}} [{'start': 6, 'target': {4}}]
## {'start': 1, 'target': {5, 6}} [{'start': 2, 'target': {5, 6}}, {'start':
    5, 'target': {6}}]
## {'start': 3, 'target': {5, 6}} [{'start': 4, 'target': {5, 6}}, {'start':
    6, 'target': {5}}]
## {'start': 4, 'target': {6}} [{'start': 2, 'target': {6}}, {'start': 5,
    'target': {6}}]
## {'start': 2, 'target': {4, 5}} [{'start': 1, 'target': {4, 5}}, {'start':
    3, 'target': {4, 5}}]
## {'start': 5, 'target': {4}} [{'start': 6, 'target': {4}}]
## {'start': 4, 'target': {5}} [{'start': 2, 'target': {5}}]
## {'start': 1, 'target': {2, 3}} [{'start': 2, 'target': {3}}, {'start': 5,
    'target': {2, 3}}]
## {'start': 3, 'target': {2}} [{'start': 4, 'target': {2}}, {'start': 6,
    'target': {2}}]
## {'start': 4, 'target': {2, 3}} [{'start': 2, 'target': {3}}, {'start': 5,
    'target': {2, 3}}]
## {'start': 5, 'target': {2}} [{'start': 4, 'target': {2}}, {'start': 6,
    'target': {2}}]
## {'start': 1, 'target': {2, 4}} [{'start': 2, 'target': {4}}, {'start': 5,
    'target': {2, 4}}]
## {'start': 6, 'target': {3}} [{'start': 1, 'target': {3}}]
## {'start': 5, 'target': {3, 4}} [{'start': 4, 'target': {3}}, {'start': 6,
    'target': {3, 4}}]
## {'start': 6, 'target': {4}} [{'start': 1, 'target': {4}}, {'start': 3,
    'target': {4}}]
## {'start': 6, 'target': {5}} [{'start': 1, 'target': {5}}, {'start': 3,
    'target': {5}}]
## {'start': 2, 'target': {6}} [{'start': 1, 'target': {6}}, {'start': 3,
    'target': {6}}]
```

```
## {'start': 2, 'target': {5}} [{'start': 1, 'target': {5}}, {'start': 3,
    'target': {5}}]
## {'start': 2, 'target': {3}} [{'start': 1, 'target': {3}}]
## {'start': 5, 'target': {2, 3}} [{'start': 4, 'target': {2, 3}}, {'start':
    6, 'target': {2, 3}}]
## {'start': 6, 'target': {2}} [{'start': 1, 'target': {2}}, {'start': 3,
    'target': {2}}]
## {'start': 2, 'target': {4}} [{'start': 1, 'target': {4}}, {'start': 3,
    'target': {4}}]
## {'start': 5, 'target': {2, 4}} [{'start': 4, 'target': {2}}, {'start': 6,
    'target': {2, 4}}]
## {'start': 1, 'target': {3}} [{'start': 2, 'target': {3}}, {'start': 5,
    'target': {3}}]
## {'start': 4, 'target': {3}} [{'start': 2, 'target': {3}}, {'start': 5,
    'target': {3}}]
## {'start': 1, 'target': {4}} [{'start': 2, 'target': {4}}, {'start': 5,
    'target': {4}}]
## {'start': 1, 'target': {5}} [{'start': 2, 'target': {5}}]
## {'start': 3, 'target': {5}} [{'start': 4, 'target': {5}}, {'start': 6,
    'target': {5}}]
## {'start': 1, 'target': {6}} [{'start': 2, 'target': {6}}, {'start': 5,
    'target': {6}}]
## {'start': 1, 'target': {2}} [{'start': 5, 'target': {2}}]
```

在 Python 里查看结果：

```
row = np.array(row)
col = np.array(col)
data = np.array(data)
a = csr_matrix((data, (row, col))).toarray()
b = np.ones((len(right_hand)+1,1))
x = linalg.solve(a,b)
print(x[0])
```

比赛场数的期望为：

```
## [11.4]
```

第 *3* 章
随机变量、随机向量及其概率分布

本章导读

前两章给随机现象一个空间——概率空间，里面有每次试验的输出结果——样本空间中的样本点、在空间里由可以度量其可能性的事件组成的事件域，也给出了事件发生可能性的概率度量。后面我们讨论了概率的性质、条件于一个事件求另一个事件的概率，以及独立性等性质。但所有这些都仅仅是事件级别的度量，对象是事件。从本章起，我们将每一个样本点映射到实数轴上的一个数，这样就将研究的领域转移到数轴上，于是有很多数学工具可以使用，结果和性质会变得丰富起来。其实在面对不确定性现象的时候，很多科学技术领域面对的是直接测量出的数值，比如在粒子物理中，随机现象是以光度值、能量强度值、盖革计数器的读数等被记录下来的，物理学家要透过这些随机值去反推粒子打中原子核的概率。遗传学家、生物学家通过计数试验田里的不同外表类型的豌豆株数去反推基因的显性、隐性的配比。即使在股市、金融市场里，人们关心的也是资产、收益的增减变化（虽然这背后是随机事件在影响这一切）。这些都是一个个数字，也正是本章研究的对象——随机变量。

3.1　随机变量及其分布规律

本节给出随机变量的定义，其分布规律全部隐藏在其分布函数里。分布函数在离散型和连续型随机变量下分别对应着概率质量函数和概率密度函数。

3.1.1　随机变量的定义

如果直观地对随机变量下个定义，那么它就是从样本空间到实数轴的一个映射：

$$X(\omega): \Omega \mapsto \mathbb{R}$$

映射是提前定义好的，没有任何随机性，被称为"随机变量"。$X(\omega)$ 的随机性来自哪里？

问题出在样本点 ω 上。在现实世界中，每次试验以不确定的方式出现某一个结果 $\omega \in \Omega$，出现一个特定样本点 $\omega^* \in \Omega$，然后 $X(\cdot)$ 作为一个固定的映射，把样本点 ω^* 映射到一个实数 $r^* = X(\omega^*)$。从 X 的取值来看，它这次取值 r^*，下次试验出现了样本点 ω^{**} 时它又取值 s^* 了，呈现出一种随机性。这样，我们将随机性的研究引到了数轴上。现在的问题是，$X = r^*$ 的概率有多大？那就要看能有多少样本点 ω^* 被 $X(\cdot)$ 映射到 r^*，即样本点组成的集合 $A = \{\omega^* : X(\omega^*) = r^*\}$ 的概率有多大了。从第 1 章我们知道，并非所有样本点组成的集合我们都可以研究，可以赋以概率大小，而只能研究事件域中的事件，即要求 $A \in \mathcal{F}$ 才可以。从随机变量 X 的值域看，分三种类型：

- 离散型：有限个或可列个。
- 连续型：$\mathbb{R}$ 上不可列个值，如区间。
- 混合型：既有离散取值，又有连续取值 (除了连续取值之外，以正概率在离散点上取值)。

下面是随机变量的正式定义。

随机变量

　　给定概率空间 $(\Omega, \mathcal{F}, P)$，设 $\xi(\omega)$ 是定义在样本空间 Ω 上的单值实函数，如果对于实数集 $\mathbb{R}$ 上任一博雷尔 (Borel) 点集 $B \in \mathcal{B}(\mathbb{R})$，有

$$\{\omega : \xi(\omega) \in B\} \in \mathcal{F}$$

则称 $\xi(\omega)$ 为**随机变量** (random variable，r.v.)，$P(\xi(\omega) \in B)$ 称为随机变量 $\xi(\omega)$ 的**概率分布**。

　　上述定义中的博雷尔点集 $B \in \mathcal{B}(\mathbb{R})$ 在实际中不好检查，可以寻找一个 $\mathbb{R}$ 上的基础集合系，使得它的 σ 域恰好是博雷尔 σ 域。我们有下面的随机变量的等价定义。

　　等价定义　对于任意实数 $x \in \mathbb{R}$，

$$\{\omega : \xi(\omega) \leqslant x\} \in \mathcal{F}$$

则称 $\xi(\omega)$ 为随机变量。

　　思考　第 1 章末提到的 $\mathbb{R}^1$ 上的博雷尔集的性质。(提示：$\sigma(\{(-\infty, x] : x \in \mathbb{R}\}) = \mathcal{B}(\mathbb{R})$.)

　　▶ **例题 3.1.1**　对于任意的 $A \in \mathcal{F}$，函数 $I_A(\omega) = \begin{cases} 1, & \omega \in A \\ 0, & \omega \notin A \end{cases}$ 是一个随机变量。

　　思考　什么样的函数从样本空间映射到实数轴时不满足随机变量的要求？

3.1.2　分布函数的定义与性质

　　在等价定义下随机变量的所有性质、规律都隐藏在它所引起的随机事件 $\{\omega : \xi(\omega) \leqslant x\}$(对于任意的 $x \in \mathbb{R}$) 中。只要研究清楚这些事件的概率，这个关于 x 的函数的分布规律就全部掌握了。下面我们正式定义这个函数。

分布函数

称

$$F(x) = P(\xi(\omega) \leqslant x), \quad -\infty < x < +\infty$$

为随机变量 $\xi(\omega)$ 的**分布函数** (distribution function，df)，又叫作**累积分布函数** (cumulative distribution function，cdf)。写为 $\xi(\omega) \sim F(x)$，读作 ξ 服从 F 分布。

由定义，得

$$P(a < \xi(\omega) \leqslant b) = F(b) - F(a)$$

定理 3.1.1 分布函数的性质

定义在 $\mathbb{R}$ 上的分布函数 $F(x)$ 具有下列性质：

(1) 若 $x < y$, 则 $F(x) \leqslant F(y)$

(2) $\lim\limits_{x \to -\infty} F(x) = 0$, $\lim\limits_{x \to +\infty} F(x) = 1$

(3) $\lim\limits_{h \to 0^+} F(x+h) = F(x)$

(4) $\lim\limits_{h \to 0^+} F(x-h) \equiv F(x-) = F(x) - P(X=x) = P(\xi < x)$

对比 概率的三条性质：

- 非负性
- 规范性
- 可列可加性(以及它蕴含的推论，概率的上、下连续性)

证明 因为 $F(y) - F(x) = P(\xi \leqslant y) - P(\xi \leqslant x) = P(x < \xi \leqslant y) \geqslant 0$, 性质 (1) 得证。

任取一列发散到 $+\infty$ 的数列 a_n, $n = 1, 2, \cdots$, 定义 $A_n = \{\xi \leqslant a_n\}$。则 $P(A_n) = F(a_n)$, 且 $A_1 \subset A_2 \subset \cdots \subset \bigcup\limits_{n=1}^{\infty} A_n = \{\xi < \infty\}$。由概率函数的下连续性，有

$$\lim_{n \to \infty} F(a_n) = \lim_{n \to \infty} P(A_n) = P(\xi < +\infty) = 1$$

类似地构造发散到 $-\infty$ 的数列 $b_n, n = 1, 2, \cdots$, 可以用概率的上连续性得到 $\lim\limits_{n \to -\infty} F(b_n) = \lim\limits_{n \to -\infty} P(\xi \leqslant b_n) = P(\xi < -\infty) = 0$, 于是性质 (2) 得证。

取一列单调递减到 0 的正数列 $a_1 \geqslant a_2 \geqslant \cdots \geqslant a_n \to 0$, 令 $A_n = \{\xi \leqslant x + a_n\}$, $B_n = \{\xi \leqslant x - a_n\}$ 以及 $C_n = \{x - a_n < \xi \leqslant x\}$, 则 A_n 是单调递减事件列，$\bigcap\limits_{n=1}^{\infty} A_n = \{\xi \leqslant x\}$。由概率的上连续性，有

$$\lim_{n \to \infty} F(x + a_n) = P(\xi \leqslant x) = F(x)$$

得到性质 (3)。

最后，因为 $F(x) = P(B_n) + P(C_n)$ $(C_1 \supset C_2 \supset \cdots \supset C_n)$ 以及 $\bigcap\limits_{n=1}^{\infty} C_n = \{\xi = x\}$, 由概率的上连续性，有

$$F(x) = \lim_{n \to \infty} F(x - a_n) + \lim_{n \to \infty} P(C_n) = F(x-) + P(\xi = x)$$

性质 (4) 得证。

有了随机变量的分布函数, 随机变量引起的许多随机事件的概率就很容易计算了:

- $P(\xi(\omega) = a) = F(a) - F(a-)$
- $P(\xi(\omega) < a) = F(a-)$
- $P(\xi(\omega) > a) = 1 - F(a)$
- $P(\xi(\omega) \geqslant a) = 1 - F(a-)$

3.2　离散型随机变量

通常来说, 离散型随机变量的取值一般是整数值, 但也可以取小数, 只要是可数个。与之对应地, 连续型随机变量的取值是区间上的实数。下面是离散型随机变量的定义。

> **离散型随机变量**
>
> 　一个随机变量如果只取有限个值 x_1, x_2, $\cdots$, x_n 或者可数个 (可列个) 值 x_1, x_2, $\cdots$, $P(\xi = x_j \text{ for some } j) = 1$, 则称此随机变量为**离散型随机变量** (discrete random variable)。这些有限或可数个值 $x_i (i \geqslant 1)$ 称为随机变量 ξ 的支撑集。

为了度量离散型随机变量的不确定性, 我们需要给出下面的定义。

> **概率质量函数**
>
> 　设 $\{x_i\}$ 为离散型随机变量 ξ 的所有可能取值, 记
> $$P(\xi = x_i) = p(x_i), \quad i = 1, 2, 3, \cdots$$
> $\{p(x_i), i = 1, 2, 3, \cdots\}$ 称为随机变量 ξ 的**概率质量函数** (probability mass function, pmf), 或者称**概率分布**, 应有性质
> $$p(x_i) \geqslant 0, \quad i = 1, 2, 3, \cdots$$
> $$\sum_{i=1}^{\infty} p(x_i) = 1$$

对于离散型随机变量, 可以用分布列的方式表示概率质量函数, 示意图见图3.1。

$$\begin{pmatrix} x_1 & x_2 & \cdots & x_n & \cdots \\ p(x_1) & p(x_2) & \cdots & p(x_n) & \cdots \end{pmatrix}$$

有了分布列, 可以得到离散型随机变量的累积分布函数, 示意图见图3.1。

$$F(x) = P(\xi \leqslant x) = \sum_{x_k \leqslant x} p(x_k)$$

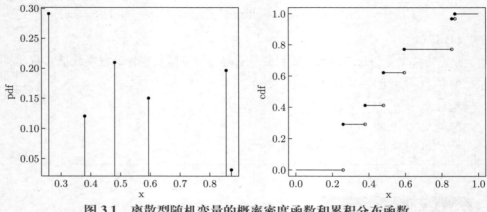

图 3.1 离散型随机变量的概率密度函数和累积分布函数

3.2.1 典型的离散型随机变量

典型的、常见的离散型随机变量有单点 (退化) 分布、离散均匀分布、伯努利场合的随机变量等。

> **单点分布**
>
> 若一个随机变量以概率 1 取某一特定常数，即 $P(\xi = c) = 1$，则称其服从**单点分布** (one-point distribution, unitary distribution)。对应的分布函数是：
> $$F_\xi(x) = \begin{cases} 0, & x < c \\ 1, & x \geqslant c \end{cases}$$

单点分布看似简单，甚至被称为 "退化分布"，很多单点分布合在一起非常有用，比如把许多单点分布组合在一起，就能形成下面列举的离散均匀分布。

> **离散均匀分布**
>
> 给定一个有限点集 $C = \{c_1, c_2, \cdots, c_k\}$，用 $|C|$ 表述集合 C 中的元素个数。若随机变量 X 在 C 上等可能地取各个值，则称 X 服从 C 上的**离散均匀分布** (discrete uniform distribution)，记作 $X \sim \mathrm{DUnif}(C)$。其分布列可写作
> $$P(X = c_i) = \frac{1}{k} = \frac{1}{|C|}, \quad i = 1, 2, \cdots, k$$
> $$P(X = x) = 0, \quad x \notin C$$
>
> 很明显，若 $A \subseteq C$, 则
> $$P(X \in A) = \frac{|A|}{|C|}$$

▶ **例题 3.2.1**　掷一颗骰子，则正面朝上的点数作为随机变量，服从 $\{1,2,3,4,5,6\}$ 上的离散均匀分布。

▶ **例题 3.2.2**　在古典概型下，若将 n 个有限结果对应于 n 个数字 $\{x_1, x_2, \cdots, x_n\}$，则取值为 $\{x_1, x_2, \cdots, x_n\}$ 的离散型随机变量服从离散均匀分布。

3.2.2　伯努利场合的随机变量

有这样一种随机分布，由两个样本点 $\omega_1 = A$，$\omega_2 = A^c$（即 A 事件的发生与否）构成样本空间 $\Omega = \{\omega_1 = A, \omega_2 = A^c\}$。这时事件域由四个事件组成，$\mathcal{F} = \{\varnothing, A, A^c, \Omega\}$，其中非平凡事件（非必然事件）也恰好是 A 和 A^c。这类试验场景通常叫作伯努利场合。通常的例子有试验的成功或者失败、比赛的输或赢、股票的涨或跌、收成的多或少、分数线的高或低、录取结果的是与否、检测结果的阴或阳，等等。

> **伯努利分布 (二点分布)**
>
> 　　记试验中随机事件 A 发生的概率为 p，记 ξ 为事件 A 是否出现的示性变量 $\xi = I(A)$，则称随机变量 ξ 服从**伯努利分布 (二点分布)**(Bernoulli distribution, two-point distribution)，记为 $\xi \sim \mathrm{Ber}(1, p)$，其分布列可写作
>
> $$\begin{cases} b_0 = P(\xi = 0) = 1 - p \\ b_1 = P(\xi = 1) = p \end{cases}$$

注　任何随机事件都天然地与一个伯努利分布的随机变量相联系。

思考　请验证伯努利随机变量 ξ 满足随机变量的定义。

第 2 章我们建立了试验的独立性，如果伯努利试验独立地进行很多次，那么会有更丰富的随机变量随之产生。

> **二项分布**
>
> 　　记伯努利试验中随机事件 A 发生的概率为 p，μ 为 n 重伯努利试验中 A 出现的次数，即 $\mu = 0, 1, \cdots, n$，称该随机变量服从的分布为**二项分布**(binomial distribution)，记为 $\mu \sim \mathrm{Bin}(n, p)$。它的分布列为
>
> $$\mathrm{Bin}(k; n, p) = P(\mu = k) = \binom{n}{k} p^k q^{n-k}$$
>
> $$k = 0, 1, 2, \cdots, n$$

思考　若 $X \sim \mathrm{Bin}(n, p)$，则 $n - X \sim \mathrm{Bin}(n, q)$，$q = 1 - p$。

二项分布的例子　生活中的二项分布比比皆是：

- 独立地抛硬币 n 次，其中正面朝上的次数。
- 某种疾病的发病率为 p，在 5 万人的社区内发病的人数。

- 在机票、火车票或者门票的场景下通常有人会购票后不来，假设这种情况的比例为 α，在买了 n 张票的群体中，购票后不来的人数。
- 有放回地从一批产品 (n 件) 中抽取 m 件进行质检，m 件产品中含有的不合格产品的件数。
- 两个等体积容器分别盛有氧气和氮气，连通两个容器，经过充分长时间的混合之后，原盛氧气的容器内氧气分子的数目。

▶ **例题 3.2.3**　若 N 件产品中有 M 件有瑕疵，现进行 n 次有放回的抽样检查，问共抽得 k 件有瑕疵产品的概率是多少？

解　令 A 表示抽样的产品有瑕疵，则

$$p = P(A) = \frac{M}{N}$$

所求概率为

$$\mathrm{Bin}(k; n, \frac{M}{N}) = \binom{n}{k} \left(\frac{M}{N}\right)^k \left(1 - \frac{M}{N}\right)^{n-k}$$

超几何分布

　　设 N 件产品中有 M 件次品，无放回地从 N 件中随机抽取 n 件，称其中次品的件数 ν ($\nu = 0, 1, \cdots, n$) 服从**超几何分布** (hypergeometric distribution)，记为 $\nu \sim \mathrm{HGeom}(N, M, n)$,

$$\mathrm{HGeom}(k; N, M, n) = P(\nu = k) = \frac{\binom{M}{k}\binom{N-M}{n-k}}{\binom{N}{n}}$$

$$k = 0, 1, 2, \cdots, n$$

思考　$\mathrm{HGeom}(N, M, n) = \mathrm{HGeom}(N, n, M)$。（提示："被抽中"与"次品"是对 N 件产品打的两种标签而已。可交换顺序看同时具有两个属性的产品。）

注　有的书也将 $\mathrm{HGeom}(N, M, n)$ 记作 $\mathrm{HGeom}(M, N-M, n)$，可以根据上下文理解相应的记号。

▶ **例题 3.2.4**　帽子中有 100 张纸条，每张纸条分别写上 $1, 2, \cdots, 100$，所有数字出现一次。现在从帽子中抽 5 张纸条，每次抽一张。考虑有放回地抽，每张纸条被抽中都是等概率的。问：

(1) 抽中的纸条中出现大于等于 80 的纸条数服从什么分布？

(2) 第 j ($1 \leqslant j \leqslant 5$) 次抽到的纸条上的号码服从什么分布？

(3) 编号 100 被抽中至少一次的概率是多少？

现在考虑不放回地抽纸条：

(4) 抽中的纸条中出现大于等于 80 的纸条数服从什么分布？

(5) 第 j ($1 \leqslant j \leqslant 5$) 次抽到的纸条上的号码服从什么分布？

(6) 编号 100 被抽中至少一次的概率是多少？

解

(1) 服从伯努利分布 Bin(5, 0.21)。

(2) 设 X_j 是第 j 次抽到的纸条号码，则 X_j 服从 1~100 的离散均匀分布：$X_j \sim \mathrm{DUnif}(1, 2, \cdots, 100)$

(3) $P(100\ \text{至少出现一次}) = 1 - (99/100)^5 \approx 0.049$。思考一下为什么有

$$P(X_1 \neq 100, X_2 \neq 100, \cdots, X_5 \neq 100) = P(X_1 \neq 100)P(X_2 \neq 100) \cdots P(X_n \neq 100)$$

(4) 由超几何分布的定义，分布为：$\mathrm{HGeom}(100, 21, 5)$。

(5) 设 Y_j 是第 j 次抽到的纸条上的号码，则由对称性，服从 $1 \sim 100$ 的离散均匀分布：$Y_j \sim \mathrm{DUnif}(1, 2, \cdots, 100)$。

(6) 在无放回抽取中，$Y_1 = 100, Y_2 = 100, \cdots, Y_5 = 100$ 是互斥事件，则

$$P(100\ \text{至少出现一次}) = P(Y_1 = 100) + P(Y_2 = 100) + \cdots + P(Y_5 = 100)$$
$$= 0.01 \times 5 = 0.05$$

相当于从 100 张白纸中抽 5 张，再从 $1 \sim 100$ 的数中随机选 5 个写在这 5 张纸上，则 100 被写到的概率为 5/100。

注　如果问题 (3) 的答案比问题 (6) 的答案大，那就十分诡异了。事实上，不放回地抽取显然使得找到 100 更加容易。同样的道理，在寻找某个丢失的物品的时候，不重复地选择地点寻找是更合理的。但是问题 (6) 的答案只比问题 (3) 的答案大一点点，这是因为在这种情境下，某张卡片被抽到超过一次的概率很小。

几何分布

若记 η 为成功概率是 p 的伯努利场合下的事件 A 首次出现时的试验次数，则

$$g(k, p) = P(\eta = k) = q^{k-1}p, \quad k = 1, 2, \cdots$$

称 η 服从**几何分布** (geometric distribution)，记为 $\eta \sim G(p)$。

▶ **例题 3.2.5**　一个人要开门，他共有 n 把钥匙，其中仅有一把能开这门。他随机地选取一把钥匙开门（假定他不记每次结果，如果开不了门，该把钥匙仍有可能被继续选到；如果有记忆，每次只用未试错过的呢？），即在每次试开时每把钥匙都以概率 $\dfrac{1}{n}$ 被使用。该人在第 s 次试开时才首次成功的概率是多少？

解　这是一个伯努利试验，$p = \dfrac{1}{n}$，所求概率属于几何分布：

$$g\left(s; \frac{1}{n}\right) = \left(\frac{n-1}{n}\right)^{s-1} \frac{1}{n}$$

几何分布的无记忆性：假定在伯努利试验中首次成功的时间 η 服从几何分布，现在假定在前 m 次试验中没有成功，再需要等待的时间 η' 亦服从几何分布。

若 η 是取正整数值的离散型随机变量，并且在已知 $\eta > k$ 的条件下，$\eta = k+1$ 的概率与 k 无关，那么它服从几何分布。

帕斯卡分布

若以 ζ 记成功概率为 p 的伯努利场合下第 r 次成功出现时的试验次数，则

$$P(\zeta = k) = \binom{k-1}{r-1} p^r q^{k-r}, \quad k = r, r+1, \cdots$$

称 ζ 服从**帕斯卡分布**(Pascal distribution)，记为 $\zeta \sim \mathrm{Pa}(r,p)$。

显然

$$\zeta = \eta_1 + \cdots + \eta_r$$

其中 η_i 为从第 $i-1$ 次成功之后至第 i 次成功所进行的试验次数，并且 $\eta_i \sim G(p)$。

注 当 $r = 1$ 时即为几何分布。

▶ **例题 3.2.6** (分赌注问题) 甲、乙两赌徒按某种方式下赌，约定先胜 t 局者将赢得全部赌资，但进行到甲胜 r 局、乙胜 s 局 $(r < t, s < t)$ 时不得不中止，试问如何分配这些赌资才公平合理？

解 若记 $n = t - r$ 及 $m = t - s$ 分别为甲、乙取得最后胜利所需再胜的局数，记 p 为甲在每局中取胜的概率，则问题转化为：在伯努利试验中，求在出现 m 次 $\overline{A}$ 之前出现 n 次 A 的概率。下面三种解法分别从这个事件的不同角度来计算，结果是一致的。

$$p_{甲胜} = \sum_{k=0}^{m-1} \binom{n+k-1}{k} p^n q^k$$

$$p_{甲胜} = \sum_{k=n}^{\infty} \binom{m+k-1}{k} p^k q^m$$

$$p_{甲胜} = \sum_{k=n}^{n+m-1} \binom{n+m-1}{k} p^k q^{n+m-1-k}$$

计算出甲胜的概率，然后按照取胜的概率来分配赌资即可。

负二项分布

若记 $\bar{\zeta} = \zeta - r$ 为等待第 r 次成功所经历的失败次数，则

$$P(\bar{\zeta} = l) = P(\zeta = r + l) = \binom{r+l-1}{r-1} p^r q^{r+l-r}$$

$$= \binom{r+l-1}{l} p^r q^l = \binom{-r}{l} p^r (-q)^l, \quad l = 0, 1, 2, \cdots$$

称 $\bar{\zeta}$ 服从**负二项分布**(negative binomial distribution)，记作 $\bar{\zeta} \sim \mathrm{NB}(r,p)$。

注 负二项分布和帕斯卡分布仅相差一个常数 r，帕斯卡分布计数的是等待得到 r 次成功时所需要的试验总数，而负二项分布计数的是等待得到 r 次成功所经历的失败次数。

因此有很多书把这里的帕斯卡分布叫作负二项分布。它们本质上除了一个常数之差外，并无差别。

负超几何分布

设 N 件产品中有 M 件次品，无放回地从 N 件中随机抽取若干件，若记 ξ 为抽出的产品中恰好含有 $r\,(r < M)$ 件次品所抽取的件数，则 $\xi = x$ 的概率为

$$P(\xi = x) = \frac{\dbinom{M}{r-1}\dbinom{N-M}{x-r}}{\dbinom{N}{x-1}}\left(\frac{M-(r-1)}{N-(x-1)}\right)$$

$$= \frac{\dbinom{x-1}{r-1}\dbinom{N-x}{M-r}}{\dbinom{N}{M}}$$

其中 $x = r,\ r+1,\ \cdots,\ N-M+r$。则称 ξ 服从**负超几何分布**(negative hypergeometric distribution)，记为 $\xi \sim \mathrm{NHG}(N, M, r)$。

注 1　$\xi = x$ 事件对应在前 $x-1$ 件抽出的产品中有 $r-1$ 件次品，无放回地抽取，因此服从超几何分布。然后以概率 $[M-(r-1)]/[N-(x-1)]$ 在最后一次抽中次品。

注 2　注意 ξ 的取值范围为 $r,\ r+1,\ \cdots,\ N-M+r$。而 r 的取值范围是 $1 \leqslant r \leqslant M$。

▶ **例题 3.2.7**　假设我们要估计一个池塘里某一种鱼的数量，该如何估计？(最好不要把池塘里的鱼全部捞出来数一下。) 可以考虑生物统计学里常用的一种估算种群数量的方法——捕获再捕获方法。假设这个种群的总数是 N，第一次捕获了 M 条并打上标记，然后放回鱼塘中。假设第二次捕获时，为使被捕获的鱼中打标记的数目达到 r 条，所需捕获的条数 X 就服从负超几何分布。

思考 1　若第二次捕获的数量固定，其中打上标记的鱼的数目服从超几何分布。

思考 2　统计上，如果观测到 $X = x$ (设 M, r 已知)，如何估计种群总数 N？

▶ **例题 3.2.8** (二项分布、帕斯卡分布、超几何分布、负超几何分布之间的关系)　目前在伯努利场合下，二项分布、帕斯卡分布、超几何分布与负超几何分布之间是有联系的。四种分布的定义场景如图3.2所示。它们之间的关系见图3.3。

	固定试验次数中的成功数	达到特定成功数所需的试验次数
有放回	二项分布	帕斯卡分布
无放回	超几何分布	负超几何分布

（左侧纵向标注：抽样）

图 3.2　二项分布、帕斯卡分布、超几何分布与负超几何分布的定义场景

注：这里的"成功"定义为"抽到次品"。

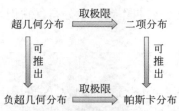

图 3.3　二项分布、帕斯卡分布、超几何分布与负超几何分布之间的关系

试证明图3.3中的结论。

▶ **例题 3.2.9** (推广的伯努利试验与多项分布)　做了 n 次重复独立试验且每次试验可能有若干（$\geqslant 2$）个结果，把每次试验的可能结果记为 $A_1, A_2, \cdots, A_r$，而 $P(A_i) = p_i$, $i = 1$, 2, $\cdots$, r，且

$$p_1 + p_2 + \cdots + p_r = 1, \quad p_i \geqslant 0$$

当 $r = 2$ 时，即为伯努利试验。

$$P(A_1\text{出现}k_1\text{次}, A_2\text{出现}k_2\text{次}, \cdots, A_r\text{出现}k_r\text{次}) = \frac{n!}{k_1! k_2! \cdots k_r!} p_1^{k_1} p_2^{k_2} \cdots p_r^{k_r}$$

这里 $k_i \geqslant 0$，且 $k_1 + k_2 + \cdots + k_r = n$。该式称为多项分布，它是 $(p_1 + p_2 + \cdots + p_r)^n$ 的展开式的一般项，易验证

$$\sum_{\substack{k_i \geqslant 0 \\ k_1 + k_2 + \cdots + k_r = n}} \frac{n!}{k_1! k_2! \cdots k_r!} p_1^{k_1} p_2^{k_2} \cdots p_r^{k_r} = 1$$

3.2.3　无穷取值离散型随机变量

下面我们研究可以有无穷个 (可列个) 取值的离散型随机变量。

泊松分布

若随机变量 ξ 可取一切非负整数值，且

$$P(\xi = k) = \frac{\lambda^k}{k!} e^{-\lambda}, \quad k = 0, 1, 2, \cdots$$

其中 $\lambda > 0$，则称 ξ 服从**泊松分布** (Poisson distribution)，记作 $\xi \sim \text{Poi}(\lambda)$。

▶ **例题 3.2.10** (生活中的泊松分布)　生活中有很多场合可以看到泊松分布的影子：

- 固定长度的时间窗宽内呼叫台接收到的电话次数。
- 一本小说每页上出现印刷错误的数目。
- 气象条件良好的夜空中固定形状观察区域内星星的数目。
- 宿舍楼下小卖部每天卖出的太平梳打饼干的包数。
- 单位质量的某种放射性物质每分钟放射的 α 粒子的数目。

从上面的例子可以看出，泊松分布是在非负整数取值上建立的随机变量的分布，它有下面两条性质：

(1) 与二项分布密切相关，当二项分布的成功的概率随着试验次数成比例缩小时，极限是泊松分布。

(2) 泊松范式："弱"相关的随机变量列的前 n 项部分和可以用泊松分布近似。我们在第 6 章会用斯泰因-陈 (Stein-Chen) 方法证明这个结论。

下面来证明第 (1) 条性质。

定理 3.2.1　二项分布的泊松逼近

在独立试验中，以 p_n 代表事件 A 在试验中出现的概率，它与试验总数 n 有关，如果 $np_n \to \lambda$，则当 $n \to \infty$ 时，

$$\text{Bin}(k; n, p_n) \to \frac{\lambda^k}{k!} e^{-\lambda} = \text{Poi}(k; \lambda)$$

证明　记 $\lambda_n = np_n$，则

$$\text{Bin}(k; n, p) = \binom{n}{k} p_n^k (1 - p_n)^{n-k}$$

$$= \frac{n(n-1)\cdots(n-k+1)}{k!} \left(\frac{\lambda_n}{n}\right)^k \left(1 - \frac{\lambda_n}{n}\right)^{n-k}$$

$$= \frac{\lambda_n^k}{k!} \left(1 - \frac{1}{n}\right)\left(1 - \frac{2}{n}\right)\cdots\left(1 - \frac{k-1}{n}\right)\left(1 - \frac{\lambda_n}{n}\right)^{n-k}$$

对于固定的 k

$$\lim_{n \to \infty} \lambda_n^k = \lambda^k$$

$$\lim_{n \to \infty} \left(1 - \frac{\lambda_n}{n}\right)^{n-k} = e^{-\lambda}$$

$$\lim_{n \to \infty} \left(1 - \frac{1}{n}\right)\left(1 - \frac{2}{n}\right)\cdots\left(1 - \frac{k-1}{n}\right) = 1$$

故

$$\lim_{n \to \infty} \text{Bin}(k; n, p) = \frac{\lambda^k}{k!} e^{-\lambda}$$

3.2.4　泊松分布的生成

泊松分布是如何得到的呢？它不是人们凭空想象出来的。前面讲到二项分布的极限 (当成功的概率随着试验次数发散成比例地缩小) 可以是泊松分布，泊松分布还可以从下面的基本假设出发，推导得到。我们先看一个引理。

引理 3.2.1　柯西引理

若 $f(x)$ 是连续函数 (或单调函数)，且对一切 x, y (或一切 $x \geqslant 0, y \geqslant 0$)，有

$$f(x)f(y) = f(x + y)$$

则
$$f(x) = a^x$$

其中 $a \geqslant 0$ 是某一常数。 ♡

证明 令 $x = y$，则有 $f(2x) = f(x + x) = f^2(x)$，用数学归纳法可以得到 (下面的 m, n 均表示非负整数)

$$f(nx) = f(\underbrace{x + x + \cdots + x}_{n\text{个}}) = f(\underbrace{x + x + \cdots + x}_{n-1\text{个}} + x)$$

$$= f((n-1)x)f(x) = f^{n-1}(x)f(x) = f^n(x) \tag{3.1}$$

上式对于任意 $x \geqslant 0$ 均成立。取 $x = 1$，得到 $f(n) = f^n(1)$。在式 (3.1) 中再取 $x = 1/n$，得到 $f(1/n) = f^{1/n}(1)$。再在式 (3.1) 中取 $x = 1/m$，得 $f(n/m) = f^n(1/m) = f^{n/m}(1)$。这样我们就得到结论对于任意非负有理数成立，再利用 $f(\cdot)$ 的连续性，不妨取 $a = f(1)$，可得结论。

为了推导泊松分布，我们需要先介绍一下泊松过程：假设有一系列随机变量可以用一个另外的参数索引，比如时间 t，那么这些随机变量的全体就构成了一个随机过程。用 $X(\omega, t)$ 表示 (也简写成 $X(t)$)，这里的每个样本点 ω 表示 t 在其取值范围 $T(t \in T)$ 上的一条样本轨迹。下面考虑一个非负整数取值的随机过程 (即 $X(\omega, t) \in \mathbb{Z}^+ \bigcup \{0\}$)。如果它有下列性质：

C1 平稳性： 在 $[t_0, t_0 + t]$ 中的取值只与时间间隔的长度 t 有关，而与时间起点 t_0 无关。记 $P_k(t)$ 为长度是 t 的区间 $\{X(t) = k\}$ 的概率。显然对任意 $t > 0$，

$$\sum_{k=0}^{\infty} P_k(t) = 1$$

C2 独立增量性（无后效性）： 不相交的时间段内发生的事件相互独立。

C3 普通性： 在充分小的时间间隔内，最多有一个计数。若记

$$\Psi(t) = \sum_{k=2}^{\infty} P_k(t) = 1 - P_0(t) - P_1(t)$$

应有

$$\Psi(t) = o(t)$$

则能推出 $X(w, t)$ 服从特定的分布

命题 3.2.1

在满足条件 C1 至 C3 的随机过程中，对于固定的 t，$P(t)$ 服从泊松分布。 ♠

证明 由独立增量性和全概率公式：

$$P_k(t + \Delta t) = P_k(t)P_0(\Delta t) + P_{k-1}(t)P_1(\Delta t) + \cdots + P_0(t)P_k(\Delta t) \tag{3.2}$$

上式中考虑 $k = 0$ 的情形，由柯西引理得到 $P_0(t) = a^t$；并确定 $0 < a < 1$ 为不平凡情形。于是存在 $\lambda > 0, P_0(t) = \mathrm{e}^{-\lambda t}$。

再由上式和普通性将 $P_0(\Delta t)$ 和 $P_1(\Delta t)$ 展开到以 $o(\Delta t)$ 为余项，即

$$P_0(\Delta t) = \mathrm{e}^{-\lambda \Delta t} = 1 - \lambda \Delta t + o(\Delta t)$$

$$P_1(\Delta t) = 1 - P_0(\Delta t) - \Psi(\Delta t) = \lambda \Delta t + o(\Delta t)$$

于是式 (3.2) 中的

$$\sum_{l=2}^{\infty} P_{k-l}(t) P_l(\Delta t) = o(\Delta t)$$

从而得到

$$P_k(t + \Delta t) = P_k(t)(1 - \lambda \Delta t) + P_{k-1}(t) \cdot \lambda \Delta t + o(\Delta t)$$

进而得到常微分方程

$$P_k'(t) = \lambda[P_{k-1}(t) - P_k(t)], \quad k \geqslant 1$$

解之得

$$P_k(t) = \frac{(\lambda t)^k}{k!} \mathrm{e}^{-\lambda t}, \quad k = 0, 1, 2, \cdots$$

3.3　连续型随机变量

前面介绍的离散型随机变量的取值或者是有限个，或者是无限可数个，当随机变量 ξ 的取值在某个区间 $[c, d]$ 或 $(-\infty, +\infty)$ 时，分布函数 $F(x)$ 是绝对连续函数 (测度论术语)，即存在非负可积函数 $p(x)$，使得

$$F(x) = \int_{-\infty}^{x} p(y)\mathrm{d}y \tag{3.3}$$

这时称随机变量 ξ 是一个连续型随机变量。称 $p(x)$ 为 ξ 的（分布）**概率密度函数** (probability density function, pdf, 有时也称为密度)。显然有

$$p(x) = F'(x)$$

由分布函数的性质，对 $p(x)$ 应有

$$p(x) \geqslant 0 \tag{3.4}$$

$$\int_{-\infty}^{+\infty} p(x)\mathrm{d}x = 1 \tag{3.5}$$

反之，对于 $(-\infty, +\infty)$ 上的可积函数 $p(x)$，若满足式 (3.4) 和式 (3.5)，则式 (3.3) 定义的函数 $F(x)$ 是一个分布函数。（如何验证？）

区分离散型随机变量和连续型随机变量的一个重要方法是，对于连续型随机变量 ξ 的任意的单点取值 x, $P(\xi = x) = 0$，也就是说，从分布函数的图像来看，离散型分布函数的图像有跳跃点，而连续型分布函数的图像没有跳跃点。对于连续型随机变量，研究分布函数或者密度函数是等价的。从式 (3.3) 以及黎曼积分的性质，改变 $p(x)$ 的可数个点处的取

值，积分值并不改变。而可数个实数点的勒贝格测度是 0，因此在"几乎处处"$p(x)$ 对于连续型随机变量是唯一确定的。

由定义，得

$$P(a < \xi \leqslant b) = F(b) - F(a) = \int_a^b p(x)\mathrm{d}x$$

进一步，对任意博雷尔集 B，有

$$P(\xi \in B) = \int_B p(x)\mathrm{d}x$$

对任意实数 c，有

$$P(\xi = c) \leqslant P(c \leqslant \xi \leqslant c + h) = \int_c^{c+h} p(x)\mathrm{d}x$$

因此

$$0 \leqslant P(\xi = c) \leqslant \lim_{h \to 0} \int_c^{c+h} p(x)\mathrm{d}x = 0$$

于是

$$P(\xi = c) = 0$$

这直接导出下列推论：

(1) "一个事件概率为 0，该事件并不一定是不可能事件"。

(2) "一个事件概率为 1，该事件不一定是必然事件"。

最后，对于密度函数来说，它并不是概率！（对于分布函数来说，它是不是？）

$$p(x)\Delta x \approx \int_x^{x+\Delta x} p(y)\mathrm{d}y = F(x + \Delta x) - F(x)$$

它反映了 x 处概率的"密度"大小，它的"量纲"是 x 处单位长度的概率。

下面介绍几个典型的连续型随机变量。

均匀分布

若 a, b 为有限数，且 $a < b$，由下列密度函数定义的分布称为 $[a, b]$ 上的**均匀分布** (uniform distribution)：

$$p(x) = \begin{cases} \dfrac{1}{b-a}, & a \leqslant x \leqslant b \\ 0, & x < a \text{ 或 } x > b \end{cases}$$

相应的分布函数为：

$$F(x) = \begin{cases} 0, & x \leqslant a \\ \dfrac{x-a}{b-a}, & a < x < b \\ 1, & x \geqslant b \end{cases}$$

简记为 $\xi \sim U[a, b]$。

均匀分布的密度函数和分布函数的示意图如图3.4所示。

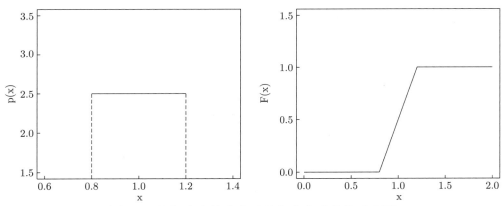

图 3.4 均匀分布的密度函数与分布函数的示意图

命题 3.3.1

设 $U \sim U(a,b)$，(c,d) 是 (a,b) 的子区间，即 $(c,d) \subseteq (a,b)$，那么给定 $U \in (c,d)$ 时，U 的条件分布是 $U(c,d)$。 ♠

证明 由题设条件，对于 $u \in (c,d)$，有

$$P(U \leqslant u | U \in (c,d)) = \frac{P(U \leqslant u, c < U < d)}{P(U \in (c,d))} = \frac{P(U \in (c,u])}{P(U \in (c,d))} = \frac{u-c}{d-c}$$

当 $u \leqslant c$ 时，条件累计分布函数为 0；当 $u \geqslant d$ 时，条件累计分布函数为 1。命题得证。

注 后面研究到随机变量的函数的分布时，我们会再次回到均匀分布，因为它有一个神奇的性质：从均匀分布 $U(0,1)$ 出发，对于任意累积分布函数之逆有解析表达式的分布，可以构造出服从该分布的随机变量；反之，从任意连续型随机变量及其分布函数出发，可以构造一个 $U(0,1)$ 的随机变量。这也是计算机生成随机数的理论基础。

下面来看最常见、最重要的连续型随机变量——正态分布。

正态分布

若连续型随机变量 Z 的密度函数为

$$p(x) = \frac{1}{\sqrt{2\pi}\sigma} \mathrm{e}^{-\frac{(x-\mu)^2}{2\sigma^2}}, \quad -\infty < x < +\infty$$

其中 $\sigma > 0$，μ 与 σ 均为常数，则称 Z 服从**正态分布** (normal distribution，又称高斯分布，Gaussian distribution)，记为 $Z \sim N(\mu, \sigma^2)$(均值为 μ，方差为 σ^2 的正态分布)。Z 的累积分布函数为：

$$F(x) = \frac{1}{\sqrt{2\pi}\sigma} \int_{-\infty}^{x} \mathrm{e}^{-\frac{(y-\mu)^2}{2\sigma^2}} \,\mathrm{d}y, \quad -\infty < x < +\infty$$

验证 密度函数在 $\mathbb{R}^1$ 上积分为 1。

正态分布的概率密度函数和累积分布函数如图3.5所示。

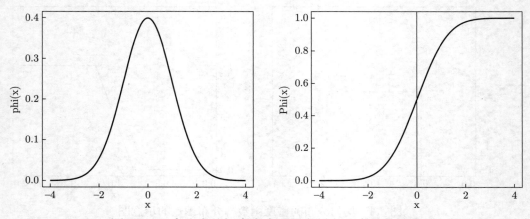

图 3.5   正态分布的概率密度函数和累积分布函数图像

标准正态分布   当 $\mu = 0, \sigma = 1$ 时称为标准正态分布，记为 $N(0,1)$，相应的密度和分布分别为：

$$\phi(x) = \frac{1}{\sqrt{2\pi}} e^{-\frac{x^2}{2}}, \quad -\infty < x < +\infty$$

$$\Phi(x) = \frac{1}{\sqrt{2\pi}} \int_{-\infty}^{x} e^{-\frac{y^2}{2}} \, \mathrm{d}y, \quad -\infty < x < +\infty$$

其概率密度函数和累积分布函数图像分别如图3.6和图3.7所示。

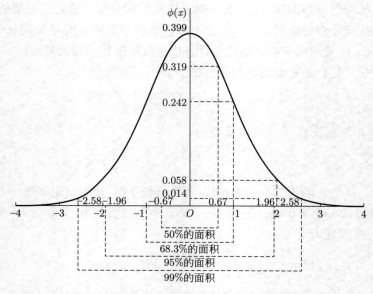

图 3.6   标准正态分布的概率密度函数图像

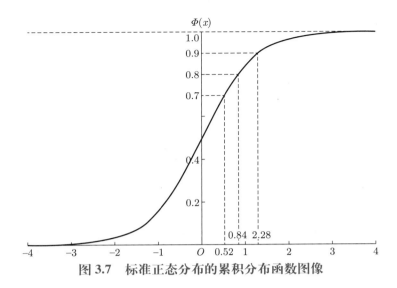

图 3.7 标准正态分布的累积分布函数图像

经过对图形的观察和从函数角度的分析, 不难看出标准正态分布概率密度和分布函数的一些特征。

- 密度函数是偶函数, 即

$$\phi(x) = \phi(-x)$$

对任意 $x \in \mathbb{R}$ 成立。

- 在累积分布函数上, 对于任意的 $z \in \mathbb{R}$,

$$\Phi(z) = 1 - \Phi(-z)$$

- 若 $Z \sim N(0,1)$, 则 $-Z \sim N(0,1)$。
- 正态分布概率密度函数随 σ 变化的图形见图3.8。

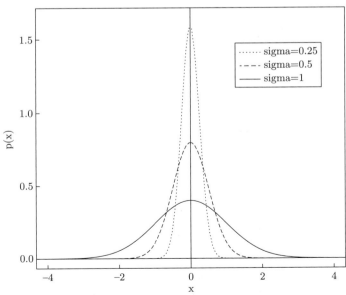

图 3.8 不同 σ 值对应的正态分布概率密度函数图形的变化

- 正态分布的不同分位数的大小: 若 $\xi \sim N(\mu, \sigma)$, 则

$$P(|\xi - \mu| < \sigma) \approx 68.27\%$$

$$P(|\xi - \mu| < 2\sigma) \approx 95.45\%$$

$$P(|\xi - \mu| < 3\sigma) \approx 99.73\%$$

▶ **例题 3.3.1** (正态分布的概率计算)　若随机变量 $\xi \sim N(\mu, \sigma^2)$, 则随机变量

$$\zeta = \frac{\xi - \mu}{\sigma} \sim N(0, 1)$$

有了这个性质, 下面的计算可以化作标准正态分布函数的计算。

假定 $\xi \sim N(\mu, \sigma^2)$, 则

$$P(a < \xi \leqslant b) = P\left(\frac{a - \mu}{\sigma} < \frac{\xi - \mu}{\sigma} \leqslant \frac{b - \mu}{\sigma}\right)$$

$$= \Phi\left(\frac{b - \mu}{\sigma}\right) - \Phi\left(\frac{a - \mu}{\sigma}\right)$$

于是 $F(x)$, $P(|\xi - \mu| \leqslant$ (或者 $>$)$k\sigma)$ 等的计算都可以转化成标准正态分布函数的运算。

▶ **例题 3.3.2** (正态分布对二项分布的近似)　前面在介绍泊松分布时, 对于二项分布 $\mathrm{Bin}(n, p_n)$, 当 $np_n \to \lambda$ 时, 二项分布 $\mathrm{Bin}(n, p_n)$ 趋向于泊松分布 $\mathrm{Poi}(\lambda)$。下面我们来看当 p_n 固定为常值 p 时它的形态变化 (见图3.9)。

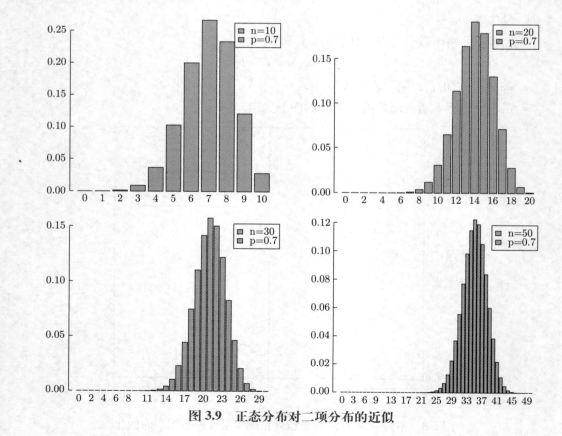

图 3.9　正态分布对二项分布的近似

从图上可以看出，随着 n 增大，最高峰出现的位置向右偏移，其高度在降低，但整个图形变得越来越对称，越来越像一个倒扣的钟形——像一个正态分布的密度函数。第 5 章的极限定理会告诉我们，这不是偶然现象，这是概率论里最重要的结论之一——中心极限定理。下面是极限定理的一种。

棣莫弗-拉普拉斯极限定理 (DeMoive-Laplace Limit Theorem)　假定 S_n 是 n 重伯努利试验（独立重复）的成功次数（因此它服从二项分布），设每次试验成功的概率为 p，则对于任意的 $a < b$ 有

$$P\left\{ a \leqslant \frac{S_n - np}{\sqrt{np(1-p)}} \leqslant b \right\} \to \Phi(b) - \Phi(a)$$

此即中心极限定理中的局部极限定理。

▶ **例题 3.3.3** (正态分布的生成 *) 从棣莫弗-拉普拉斯定理可以看出，独立的伯努利变量之和经过"标准化"后的极限可以趋向于一个正态分布。这是一种得到正态分布的方法。下面我们再考察几种合理的假定，在这些假定下都能自然而然地得到正态分布：

(I) 向靶心投掷飞镖 (Herschel's Hypothesis)：考虑 (X, Y) 是一个随机向量，用来刻画偏离二维平面上目标点的位移。我们假定下述三个性质：

　(1) X，Y 是连续型随机变量，有边际密度 $p(x)$，$p(y)$，

　(2) 联合密度在 (x, y) 点处的概率仅依赖于该点距离目标点（原点）的距离 $r = (x^2 + y^2)^{1/2}$，

　(3) x，y 两个方向的误差是独立的，

　则沿着 (投影) 任意给定方向的偏差 Z 有密度

$$\frac{1}{\sigma\sqrt{2\pi}} e^{-z^2/2\sigma^2}$$

(II) 麦克斯韦的假设 (Maxwell's Hypothesis)：考虑分子的速度的分布，如果假定如下三条：

　(1) 在一个垂直正交坐标系中速度的三个分量 u，v，w 的分布相互独立，

　(2) u、v、w 三个分量的边际分布相同，

　(3) 相空间各向同性 (isotropic)，即速度任意一个分量的密度是整体速度的函数，与方向无关，

$$f(u)f(v)f(w) = g(V), \quad V^2 = u^2 + v^2 + w^2$$

则每个分量的速度服从正态分布。

(III) 信息准则下的最优解：给定均值、方差下具有最大熵的分布

$$\max \int -p(x)\log p(x)\mathrm{d}x$$

$$s.t. \begin{cases} \int p(x)\mathrm{d}x = 1 \\ \int xp(x)\mathrm{d}x = \mu \\ \int (x-\mu)^2 p(x)\mathrm{d}x = \sigma^2 \end{cases}$$

其中 μ，σ^2 是给定常数，则 $p(x)$ 是正态分布概率密度。

(IV) 误差理论 (⇒ 中心极限定理):

(1) 误差是大量的可忽略的小误差之和，强度相同，由不同原因引起，

(2) 这些小误差分量相互独立，

(3) 每一项误差的正负符号有相等的概率

$$Z = \varepsilon_1 + \varepsilon_2 + \cdots + \varepsilon_n$$

$$\varepsilon_i = \pm\varepsilon \quad (\text{以相等概率})$$

则这个误差极限具有正态分布概率密度。

下面我们来看一类密度函数非对称的随机变量，先补充一点关于伽马函数的知识。定义伽马函数为：

$$\Gamma(x) = \int_0^{+\infty} e^{-y} y^{x-1} dy$$

则有性质：

- $\Gamma(x+1) = x\Gamma(x)$
- $\Gamma(1-z)\Gamma(z) = \dfrac{\pi}{\sin \pi z}$ ——欧拉反射公式 (Euler's reflection formula)
- $\Gamma(1) = 1$
- $\Gamma(n) = (n-1)!$

指数分布

若随机变量 ξ 的概率密度函数为

$$p(x) = \begin{cases} \lambda e^{-\lambda x}, & x \geqslant 0 \\ 0, & x < 0 \end{cases}$$

则 ξ 的累积分布函数为

$$F(x) = \begin{cases} 1 - e^{-\lambda x}, & x \geqslant 0 \\ 0, & x < 0 \end{cases}$$

这里 $\lambda > 0$ 是参数，称 ξ 服从**指数分布** (exponential distribution)，记为 $\xi \sim \text{Exp}(\lambda)$。

更常见的形式：对于 $x > 0$

$$P(\xi > x) = e^{-\lambda x}$$

常见的服从指数分布的随机变量有：电子元件的寿命、一通电话的通话时间、随机服务系统中的服务时间等。

命题 3.3.2　指数分布的无记忆性

设随机变量服从指数分布 $\xi \sim \text{Exp}(\lambda)$，则对任意的 $s > 0$，$t > 0$，有

$$P(\xi \geqslant s+t | \xi \geqslant s) = \frac{P(\xi \geqslant s+t)}{P(\xi \geqslant s)} = \frac{e^{-\lambda(s+t)}}{e^{-\lambda s}} = e^{-\lambda t}$$

也就是

$$P(\xi \geqslant s + t | \xi \geqslant s) = P(\xi \geqslant t) \tag{3.6}$$ ♠

因此，指数分布也被称为 "永远年轻" 的分布。

反之，指数分布是唯一具有性质式 (3.6) 的连续型分布。

命题 3.3.3

若 ξ 满足式 (3.6)，则存在 $\lambda > 0$，$\xi \sim \text{Exp}(\lambda)$。 ♠

证明　定义 $G(s) = P(\xi \geqslant s)$，由条件得到函数方程

$$G(s + t) = G(s)G(t)$$

再用柯西引理，得 $G(x) = a^x$，又由于 $G(s)$ 是概率，得证。

注　对比另一个无记忆性的分布——几何分布，它们有什么不同之处？

▶ **例题 3.3.4** (指数分布与泊松分布的关系)　若记 $\xi(t)$ 是参数为 λt 的泊松过程，以 τ_1 记它第一个跳跃发生的时刻，则

$$P(\tau_1 \geqslant t) = P(\xi(t) = 0)$$

因此

$$P(\tau_1 \geqslant t) = \mathrm{e}^{-\lambda t}$$

于是 τ_1 服从指数分布。

▶ **例题 3.3.5** (伽马分布)　若给定两个正值参数 α，λ (α 称为形状参数，λ 称为尺度参数)，随机变量的密度函数可以写成

$$p(x; \alpha, \lambda) = \frac{\lambda^{\alpha}}{\Gamma(\alpha)} x^{\alpha-1} \mathrm{e}^{-\lambda x}, \quad x > 0$$

则称该随机变量服从伽马分布 (gamma distribution)，记为 $\text{Ga}(\alpha, \lambda)$。当形状参数和尺度参数变化时，伽马分布可以取很多形式，构成了一族分布——伽马分布族。

由定义，指数分布就是 $\alpha = 1$ 的伽马分布。

注　3.5 节定义的卡方分布是伽马分布 ($= \text{Ga}(n/2, 1/2)$)。

3.4　其他分类下的典型随机变量

如果跳出随机变量取值离散或者连续的分类，那么对于随机变量族还有如下分类方法。我们下面简要介绍，更详细的内容可以参考相关文献。

指数族随机变量　从概率密度函数的形式看，如果模型参数与数据交叉的部分在指数函数中以分离变量的函数之积的形式存在，那么这类随机变量称为指数族随机变量。有一大类随机变量都可以归入指数族分布。这里又分单参数、向量参数等情形。

- 单参数指数族

$$p_\xi(x;\theta) = h(x)\exp[c(\theta)T(x) - A(\theta)]$$

这里的 θ 是一个参数。伯努利分布、二项分布、泊松分布、指数分布都可以归入单参数指数分布这一类。

- 向量参数指数族

$$p_\xi(x;\theta) = h(x)\exp\left[\sum_{i=1}^{d} c_i(\theta)T_i(x) - A(\theta)\right]$$

这里的 θ 是一个参数向量。正态分布、伽马分布等可归入向量参数指数族。

▶ **例题 3.4.1** 常见的支撑集不包含未知参数的随机变量的分布都属于指数族，如伯努利分布、二项分布、多项分布、泊松分布、正态分布、指数分布、伽马分布等。

解 将各个分布的表达式适当变形可得结论。

幂律 (power law) 族随机变量 如果一个分布的密度函数 (对离散情形，考虑概率分布列) 具有如下形式

$$p(x) \propto L(x)x^{-\alpha}$$

其中 $\alpha > 1$，$L(x)$ 是一个缓变函数，即

$$\forall t > 0, \lim_{x\to\infty} \frac{L(tx)}{L(x)} = 1$$

则称此分布为幂律分布。

帕累托、柯西分布等都是幂律分布。该类分布在尾部衰减比较慢，在复杂网络、图论以及金融中有比较重要的应用。

3.5 随机变量的函数

前面介绍的随机变量的分布是直接定义好的。还有一种情况是随机变量的函数，是不是也构成随机变量呢? 如果也是随机变量，那么它的分布规律是什么? 比如，粒子的速度是一个随机变量，其动能应该也是随机变量，该如何表达? 我们先考虑单个随机变量的函数的分布规律。一个随机变量的函数是否仍为随机变量呢? 这个需要满足"可测性"要求。我们先来熟悉一个概念。

> **一元博雷尔可测函数**
> 设 $y = g(x)$ 是从 $\mathbb{R}^1$ 到 $\mathbb{R}^1$ 上的一个映射，若对于一切 $\mathbb{R}^1$ 中的博雷尔点集 B_1 均有
> $$g^{-1}(B_1) = \{x : g(x) \in B_1\} \in \mathscr{B}_1$$
> 其中 $\mathscr{B}_1$ 为 $\mathbb{R}^1$ 上的博雷尔 σ 域，则称 $g(x)$ 是**一元博雷尔可测函数** (univariate Borel measurable function)。

注　博雷尔可测函数是一类很广泛的函数，大部分函数都属于此类。特别地，已知所有连续函数及单调函数都是博雷尔可测函数。

命题 3.5.1

　　若 ξ 是概率空间 $(\Omega, \mathscr{F}, P)$ 上的随机变量，$g(x)$ 是一元博雷尔可测函数，则 $g(\xi)$ 是 $(\Omega, \mathscr{F}, P)$ 上的随机变量。　♣

证明　对于任给的 $\mathbb{R}^1$ 中的博雷尔点集 B_1，因为

$$\{\omega : g(\xi(\omega)) \in B_1\} = \{\omega : \xi(\omega) \in g^{-1}(B_1)\} \in \mathscr{F}$$

其中

$$g^{-1}(B_1) = \{x : g(x) \in B_1\}$$

所以 $g(\xi)$ 是随机变量。

3.5.1　离散型随机变量的函数

　　离散型随机变量的函数的取值至多是可列个，那么它的任意函数的取值也仍是至多可列个，因此仍是离散型随机变量。

　　若 ξ 的分布列为

ξ	x_1	x_2	$\cdots$	x_n	$\cdots$
P	p_1	p_2	$\cdots$	p_n	$\cdots$

则 $g(\xi)$ 的分布列为

ξ	$g(x_1)$	$g(x_2)$	$\cdots$	$g(x_n)$	$\cdots$
P	p_1	p_2	$\cdots$	p_n	$\cdots$

若某些 $g(x_i)$ 相等，则把它们适当合并即可。

3.5.2　连续型随机变量的函数

　　已知随机变量 ξ 的累积分布函数 $F(x)$ 或概率密度函数 $p(x)$，求 $\eta = g(\xi)$ 的累积分布函数 $G(y)$ 或概率密度函数 $q(y)$。

$$G(y) = P(\eta \leqslant y) = P(g(\xi) \leqslant y) = \int_{g(x) \leqslant y} p(x)\mathrm{d}x$$

积分的困难来自两方面：
- $p(x)$ 的形式复杂；
- 被积区域 $\{x : g(x) \leqslant y\}$ 形状不规则。

处理方案如下：

- 直接法——把 $\{g(\xi)\leqslant y\}$ 化为关于 ξ 的等价事件。
- 变换法——得到密度函数的一般公式。

定理 3.5.1 当 $g(x)$ 单调时

令 ξ 表示一个连续型随机变量，其概率密度函数为 $p(x)$，令 $\eta=g(\xi)$，g 是可微且严格递增 (或严格递减) 的函数。则 η 的概率密度函数为：

$$q(y)=p(g^{-1}(x))\left|\frac{\mathrm{d}x}{\mathrm{d}y}\right|$$

其中 η 的支撑集是所有 $g(x)$ 组成的集合，当 x 取遍 ξ 的支撑集时。$|\mathrm{d}x/\mathrm{d}y|$ 表示 $x=g^{-1}(y)$ 的导函数，也记作 $(g^{-1})'(y)$。

证明

$$G(y)=P(\eta\leqslant y)=P(g(\xi)\leqslant y)$$
$$=P(\xi\leqslant g^{-1}(y))=F(g^{-1}(y))$$
$$q(y)=p(g^{-1}(y))(g^{-1})'(y)$$

则 $q(y)$ 即为 η 的密度函数。

▶ **例题 3.5.1** (对数正态分布) 若 $\xi\sim N(\mu,\sigma^2)$，求 $\eta=\mathrm{e}^\xi$ 的密度函数。

解

$$P(\eta\leqslant y)=P(\mathrm{e}^\xi\leqslant y)=P(\xi\leqslant\ln y)$$
$$=\int_{-\infty}^{\ln y}\frac{1}{\sqrt{2\pi}\sigma}\mathrm{e}^{-\frac{(x-\mu)^2}{2\sigma^2}}\mathrm{d}x$$

η 的密度函数为

$$q(y)=\frac{1}{\sqrt{2\pi}\sigma y}\mathrm{e}^{-\frac{(\ln y-\mu)^2}{2\sigma^2}},\quad y>0$$

因 $\ln\eta=\xi$，故称 η 所服从的分布为对数正态分布。

▶ **例题 3.5.2** (位置-尺度变换下的随机变量) 若 X 的概率密度函数为 f_X，且 $Y=aX+b$，其中 $a\neq0$。再令 $y=ax+b$，于是可以得到 $\frac{\mathrm{d}y}{\mathrm{d}x}=a$，因此 Y 的概率密度函数为

$$f_Y(y)=f_X(x)\left|\frac{\mathrm{d}x}{\mathrm{d}y}\right|=f_X\left(\frac{y-b}{a}\right)\frac{1}{|a|}$$

▶ **例题 3.5.3** (由均匀分布变换得到柯西分布) 若 θ 服从 $\left[\frac{-\pi}{2},\frac{\pi}{2}\right]$ 上的均匀分布，$\psi=\tan\theta$，试求 ψ 的密度函数 $q(y)$。

解 记 $y=\tan x$，则 $x=\arctan y,\frac{\mathrm{d}x}{\mathrm{d}y}=\frac{1}{1+y^2}$，因此

$$q(y)=\frac{1}{\pi}\frac{1}{1+y^2},\quad-\infty<x<+\infty$$

由上式定义的分布称为柯西分布。

定理 3.5.2 当 $g(x)$ 分段单调时

若 $g(x)$ 在不重叠的区间 I_1，I_2，$\cdots$ 上逐段严格单调，其反函数分别为 $h_1(y)$，$h_2(y)$，$\cdots$，而且 $h'_i(y)$ 均为连续函数，那么 $\eta = g(\xi)$ 是连续型随机变量，其密度函数为

$$p\big(h_1(y)\big)\big|h'_1(y)\big| + p\big(h_2(y)\big)\big|h'_2(y)\big| + \cdots$$

证明 记 $E_i(a)$ 为 I_i 中使 $g(x) < a$ 成立的 x 的集合。

$$P(\eta \leqslant a) = P(g(\xi) \leqslant a) = P\Big(\xi \in \sum_i E_i(a)\Big)$$

$$= \sum_i \int_{E_i(a)} p(x)\mathrm{d}x = \sum_i \int_{-\infty}^a p\big(h_i(y)\big)\big|h'_i(y)\big|\mathrm{d}y$$

$$= \int_{-\infty}^a \sum_i p\big(h_i(y)\big)\big|h'_i(y)\big|\mathrm{d}y$$

则结论成立。 ♡

▶ **例题 3.5.4** (由正态分布变换得到 χ^2 分布) 若 $\zeta \sim N(0,1)$，求 $\eta = \zeta^2$ 的密度函数。

解 当 $y \leqslant 0$ 时，$G(y) = P(\eta < y) = 0$，此时 $q(y) = 0$。当 $y > 0$ 时，

$$G(y) = P(\eta \leqslant y) = P(\zeta^2 \leqslant y) = P(-\sqrt{y} \leqslant \zeta \leqslant \sqrt{y})$$

$$= \int_{-\sqrt{y}}^{\sqrt{y}} \frac{1}{\sqrt{2\pi}}\mathrm{e}^{-\frac{x^2}{2}}\mathrm{d}x = 2\int_0^{\sqrt{y}} \frac{1}{\sqrt{2\pi}}\mathrm{e}^{-\frac{x^2}{2}}\mathrm{d}x$$

因此 $\eta = \zeta^2$ 的密度函数为

$$q(y) = \frac{1}{\sqrt{2\pi}} y^{-\frac{1}{2}}\mathrm{e}^{-\frac{y}{2}}, \quad y > 0$$

它恰好是下述分布在 $n = 1$ 时的特例。

卡方分布

密度函数为

$$p(x) = \frac{1}{2^{n/2}\Gamma\left(\frac{n}{2}\right)} x^{\frac{n}{2}-1}\mathrm{e}^{-\frac{x}{2}}, \quad x > 0$$

的分布称为具有自由度 n 的**卡方分布** (Chi-squared distribution，又称 χ^2 分布)。

注 1 卡方分布属于伽马分布族，是 $\Gamma(n/2, 1/2)$ 分布。

注 2 在第 4 章我们会用数字特征的工具，证明服从自由度为 n 的卡方分布的随机变量等于 n 个相互独立的标准正态分布随机变量的平方和。

▶ **例题 3.5.5** (均匀分布的特殊地位) 若随机变量 ξ 的分布函数为 $F(x)$，因为 $F(x)$ 是

非减函数，则对任意 $0 \leqslant y \leqslant 1$，可定义

$$F^{-1}(y) = \inf\{x : F(x) > y\}$$

作为 $F(x)$ 的反函数。

- 一方面，看 $\theta = F(\xi)$ 的分布，

$$P(\theta < x) = P(F(\xi) < x) = P(\xi < F^{-1}(x)) = F(F^{-1}(x)) = x$$

即 $\theta = F(\xi)$ 服从 $[0, 1]$ 上的均匀分布。

- 另一方面，若 $\theta \sim U[0,1]$，对于任意的分布函数 $F(x)$，令 $\xi = F^{-1}(\theta)$，则

$$P(\xi < x) = P(F^{-1}(\theta) < x) = P(\theta < F(x)) = F(x)$$

因此 ξ 是分布函数为 $F(x)$ 的随机变量。

3.6　随机向量及其概率分布

在有些随机现象中，每次试验的结果不能只用一个数，而是要用几个数来描述。对于每个样本点 ω，试验结果是一个向量 $(\xi_1(\omega), \xi_2(\omega), \cdots, \xi_n(\omega))$。若随机变量 $\xi_1(\omega)$，$\xi_2(\omega)$，$\cdots$，$\xi_n(\omega)$ 定义在同一概率空间 $(\Omega, \mathcal{F}, P)$ 上，则称

$$\xi(\omega) = \big(\xi_1(\omega), \xi_2(\omega), \cdots, \xi_n(\omega)\big)$$

构成一个 n 维随机向量。

在现实生活中，随机向量也就是若干个随机变量需要一起考虑的情况比比皆是：

- 对于单个随机变量的研究，最复杂的也就到其函数为止。只有多个随机变量一起考虑时，内容才会变得丰富、有趣起来。可以研究它们的联合分布、边际分布、条件于一些分量时剩余分量的条件分布，等等。

- 在医学诊断中，若干特征变量（如年龄、性别、身高、体重、血液理化指标等）的测量值对于每个病人来说可看作随机变量，是否患某种病是响应随机变量，无论诊断模型采用多么复杂的形式，它们最根本、底层的关系是联合分布，即作为随机向量来研究的分布规律。有时忽略了这个底层认识，比如用同样的数据先做了一些变量选择，然后继续求一些概率值，这时一定要条件于前面的操作才正确。在统计中，人们越来越意识到这种条件推理的重要性。

- 在股票或金融产品的价格预测问题中，若把某只股票在固定时间点的价格看作随机变量，那么过去很多时间点的股价和未来一些时间点的股价就构成一个随机向量。无论多么复杂的时序模型、函数型数据模型，都以此作为最底层的基本假设。

- 在上面提到的股票或金融产品的价格预测问题中，如果不是固定时间，时间也是随机变量，那么研究时随机向量再增加一个维度。

- 在空间统计问题中，不同地点的某些变量可以看作随机变量，所研究的区域内若干点的联合也构成一个随机向量。

下面我们给出随机向量的正式定义。

> **随机向量**
>
> 对于任意的 n 个实数 $x_1,\ x_2,\ \cdots,\ x_n$，有
> $$\{\xi_1(\omega) \leqslant x_1, \xi_2(\omega) \leqslant x_2, \cdots, \xi_n(\omega) \leqslant x_n\} = \bigcap_{i=1}^{n} \{\xi_i(\omega) \leqslant x_i\} \in \mathcal{F}$$
> 等价地，若 B_n 为 $\mathbb{R}^n$ 上任一博雷尔点集，也有
> $$\{\xi(\omega) \in B_n\} \in \mathcal{F}$$
> 则称 ξ 是一个**随机向量** (random vector)。

3.6.1 随机向量的分布函数与密度函数

> **随机向量的联合累积分布函数**
>
> 称 n 元函数
> $$F(x_1, x_2, \cdots, x_n) = P\{\xi_1(\omega) \leqslant x_1, \xi_2(\omega) \leqslant x_2, \cdots, \xi_n(\omega) \leqslant x_n\}$$
> 为随机向量 $\xi(\omega) = (\xi_1(\omega), \xi_2(\omega), \cdots, \xi_n(\omega))$ 的**联合累积分布函数** (joint cumulative distribution function，joint cdf)，简称**联合分布函数**，又称**多元分布函数**。

▶ **例题 3.6.1** 计算事件 $\{a_1 < \xi_1 \leqslant b_1, a_2 < \xi_2 \leqslant b_2\}$ 的概率，当 $n = 2$ 时
$$P\Big(a_1 < \xi_1 \leqslant b_1, a_2 < \xi_2 \leqslant b_2\Big) = F(b_1, b_2) - F(a_1, b_2) - F(b_1, a_2) + F(a_1, a_2)$$

练习 用联合分布函数表示
$$P\Big(a_1 < \xi_1 \leqslant b_1, a_2 < \xi_2 \leqslant b_2, a_3 < \xi_3 \leqslant b_3\Big)$$
与一、二维比较一下，有什么规律？

> **命题 3.6.1 多元分布函数 $F(x_1, x_2, \cdots, x_n)$ 的性质**
>
> 多元分布函数 $F(x_1, x_2, \cdots, x_n)$ 有下列性质：
>
> (i) 单调性：关于每个变元是单调不减函数。
>
> (ii) $F(x_1, x_2, \cdots, -\infty, \cdots, x_n) = 0$，$F(+\infty, +\infty, \cdots, +\infty) = 1$。
>
> (iii) 关于每个变元右连续。
>
> 特别地，当 $n = 2$ 时，还要求
>
> (iv) 对任意的 $a_1 < b_1, a_2 < b_2$，都有
> $$F(b_1, b_2) - F(a_1, b_2) - F(b_1, a_2) + F(a_1, a_2) \geqslant 0$$
> 在一般的 $\mathbb{R}^n$ 空间中的矩体，用联合累积分布函数 $F(\cdot, \cdots, \cdot)$ 表示的随机向量落入其中的概率是非负的。

- (iv) ⇒ 单调性;
- 单调性 ⇏ (iv)。

反过来可以证明，满足 (ii)(iii)(iv) 这三条性质的二元函数是某二维随机变量的分布函数。

与以上类似的结论对于 n 元场合也相应地成立。

3.6.2　常见的离散型随机向量

常见的离散型随机向量有多项分布、多元超几何分布等。

▶ 例题 3.6.2 (多项分布) 在试验中，若每次试验的可能结果为 $A_1, A_2, \cdots, A_r$, $P(A_i) = p_i$, $i = 1, 2, \cdots, r$, 且 $p_1 + p_2 + \cdots + p_r = 1$. 若 ξ_j 表示 A_j 出现的次数，则

$$P(\xi_1 = k_1, \xi_2 = k_2, \cdots, \xi_r = k_r) = \frac{n!}{k_1! k_2! \cdots k_r!} p_1^{k_1} p_2^{k_2} \cdots p_r^{k_r}$$

这里 $k_i \geqslant 0$, 且 $k_1 + k_2 + \cdots + k_r = n$。

▶ 例题 3.6.3 (多元超几何分布) 袋中装 N_i 只 i 号球, $i = 1, 2, \cdots, r$, $N_1 + N_2 + \cdots + N_r = N$, 从中随机地摸出 n 只, 若以 ξ_1, ξ_2, $\cdots$, ξ_r 分别记 1, 2, $\cdots$, r 号球的出现数, 则

$$P(\xi_1 = n_1, \xi_2 = n_2, \cdots, \xi_r = n_r) = \frac{\binom{N_1}{n_1} \binom{N_2}{n_2} \cdots \binom{N_r}{n_r}}{\binom{N}{n}}$$

这里要求 $n_i \geqslant 0$, 且仅当 $n_1 + n_2 + \cdots + n_r = n$ 时上式才成立, 否则为 0。

3.6.3　常见的连续型随机向量

在连续型场合, 存在非负函数 $p(x_1, x_2, \cdots, x_n)$ 使得

$$F(x_1, x_2, \cdots, x_n) = \int_{-\infty}^{x_1} \int_{-\infty}^{x_2} \cdots \int_{-\infty}^{x_n} p(y_1, y_2, \cdots, y_n) \mathrm{d}y_1 \, \mathrm{d}y_2 \cdots dy_n$$

这里的 $p(x_1, x_2, \cdots, x_n)$ 称为多元分布的概率密度函数, 它满足以下两个条件:

$$p(x_1, x_2, \cdots, x_n) \geqslant 0$$

$$\int_{-\infty}^{+\infty} \int_{-\infty}^{+\infty} \cdots \int_{-\infty}^{+\infty} p(x_1, x_2, \cdots, x_n) \mathrm{d}x_1 \, \mathrm{d}x_2 \cdots \mathrm{d}x_n = 1$$

注　连续型随机向量的概率密度函数和联合累积分布函数之间有如下关系:

$$p(x_1, x_2, \cdots, x_n) = \frac{\partial^n}{\partial x_1 \partial x_2 \cdots \partial x_n} F(x_1, x_2, \cdots, x_n)$$

▶ **例题 3.6.4** (多元正态分布) 若 $\Sigma = (\sigma_{ij})$ 是 n 阶正定对称矩阵, 以 $\Sigma^{-1} = (\gamma_{ij})$ 表示 Σ 的逆阵; $\det \Sigma$ 表示 Σ 的行列式的值。$\mu = (\mu_1, \mu_2, \cdots, \mu_n)'$ 是任意的实值列向量, 则由密度函数

$$p(x_1, x_2, \cdots, x_n) = \frac{1}{(2\pi)^{\frac{n}{2}} (\det \Sigma)^{\frac{1}{2}}} \exp \left\{ -\frac{1}{2} (x - \mu)' \Sigma^{-1} (x - \mu) \right\}$$

$$= \frac{1}{(2\pi)^{\frac{n}{2}} (\det \Sigma)^{\frac{1}{2}}} \exp \left\{ -\frac{1}{2} \sum_{i,j=1}^{n} \gamma_{ij} (x_i - \mu_i)(x_j - \mu_j) \right\}$$

定义的分布称为 n 元正态分布, 记作 $N(\mu, \Sigma)$。

3.6.4　边际分布与条件分布

随机向量有联合分布函数和联合概率密度函数, 随机向量的每个元素是随机变量, 所以有边际分布函数和边际概率密度函数。

> **边际分布函数**
>
> 以二维为例, 若 (ξ, η) 是二维随机向量, 分布函数为 $F(x, y)$, 则
>
> $$F_\xi(x) = P(\xi \leqslant x) = P(\xi \leqslant x, \eta \leqslant +\infty) = F(x, +\infty)$$
> $$F_\eta(y) = P(\eta \leqslant y) = F(+\infty, y)$$
>
> $F_\xi(x)$ 及 $F_\eta(y)$ 称为 $F(x, y)$ 的**边际分布函数** (marginal cumulative distribution function, marginal cdf)。

连续型随机向量存在边际概率密度函数。下面以二维随机向量为例。

> **边际概率密度函数**
>
> 以二维为例, 若 $F(x, y)$ 是连续型分布函数, 有密度函数 $p(x, y)$, 那么
>
> $$F_\xi(x) = \int_{-\infty}^{x} \int_{-\infty}^{+\infty} p(u, y) \mathrm{d}u \mathrm{d}y$$
> $$= \int_{-\infty}^{x} \left(\int_{-\infty}^{+\infty} p(u, y) \mathrm{d}y \right) \mathrm{d}u$$
>
> 因此 $F_\xi(x)$ 是连续型分布函数, 其密度函数为
>
> $$p_\xi(x) = \int_{-\infty}^{+\infty} p(x, y) \mathrm{d}y$$
>
> 同样地, $F_\eta(y)$ 也是连续型分布函数, 其密度函数为
>
> $$p_\eta(y) = \int_{-\infty}^{+\infty} p(x, y) \mathrm{d}x$$
>
> $p_\xi(x), p_\eta(y)$ 称为 $p(x, y)$ 的**边际概率密度函数** (marginal probability density function, marginal pdf)。

边际概率质量函数

在离散场合，考虑二维随机向量 (ξ, η)，设 ξ 取值 x_1，x_2，$\cdots$；η 取值 y_1，y_2，$\cdots$。记

$$P(\xi = x_i, \eta = y_j) = p(x_i, y_j), \quad i, j = 1, 2, \cdots$$

$$P(\xi = x_i) = p_\xi(x_i), \quad i = 1, 2, \cdots$$

$$P(\eta = y_j) = p_\eta(y_j), \quad j = 1, 2, \cdots$$

显然

$$p(x_i, y_j) \geqslant 0, \sum_{i,j} p(x_i, y_j) = 1$$

对于固定的 i，有

$$\sum_j p(x_i, y_j) = P(\xi = x_i) = p_\xi(x_i)$$

对于固定的 j，有

$$\sum_i p(x_i, y_j) = P(\eta = y_j) = p_\eta(y_j)$$

这里 $\{p_\xi(x_i), i = 1, 2, \cdots\}$ 与 $\{p_\eta(y_j), j = 1, 2, \cdots\}$ 称为 $\{p(x_i, y_j), i, j = 1, 2, \cdots\}$ 的**边际概率质量函数** (marginal probability mass function，marginal pmf)。

给定两个随机事件中的一个，另一个的概率就是条件概率。类似地，如果给定一个随机变量，另一个随机变量的分布就是**条件分布** (conditional distribution)。

条件分布

对于离散型随机向量，若已知 $p_\xi(x_i) > 0$，则事件 $\{\eta = y_j\}$ 的条件概率为

$$P(\eta = y_j | \xi = x_i) = \frac{P(\xi = x_i, \eta = y_j)}{P(\xi = x_i)} = \frac{p(x_i, y_j)}{p_\xi(x_i)}$$

对于连续型随机向量，在给定 $\xi = x$ 的条件下，η 的条件概率密度函数为

$$p_{\eta|\xi}(y | \xi = x) = \frac{p(x, y)}{p_\xi(x)}$$

推导 对于连续型随机向量，若想求 η 在给定 $\xi = x$ 下的条件概率密度，只需要求出一个非负可积函数 $f_x(y)$，使得

$$\lim_{\Delta x \to 0} P(y \leqslant \eta < y + \Delta y | x \leqslant \xi < x + \Delta x) = \int_y^{y + \Delta y} f_x(y) \mathrm{d}y$$

这里 Δy 可以是有限长度。而

$$P(y \leqslant \eta < y + \Delta y | x \leqslant \xi < x + \Delta x) = \frac{P(x \leqslant \xi < x + \Delta x, y \leqslant \eta < y + \Delta y)}{P(x \leqslant \xi < x + \Delta x)}$$

$$= \frac{\int_x^{x+\Delta x} \int_y^{y+\Delta y} p(x,y) \mathrm{d}x \mathrm{d}y}{\int_x^{x+\Delta x} p_\xi(x) \mathrm{d}x}$$

即

$$\lim_{\Delta x \to 0} P(y \leqslant \eta < y + \Delta y | x \leqslant \xi < x + \Delta x) = \int_y^{y+\Delta y} \frac{p(x,y)}{p_\xi(x)} \mathrm{d}y$$

η 在给定 $\xi = x$ 下的条件概率密度为 $p(x,y)/p_\xi(x)$。

▶ **例题 3.6.5** (二元正态分布) 取 $\mu = (\mu_1, \mu_2)'$,

$$\Sigma = \begin{pmatrix} \sigma_1^2 & \rho\sigma_1\sigma_2 \\ \rho\sigma_1\sigma_2 & \sigma_2^2 \end{pmatrix}$$

这里 $\sigma_1 > 0$, $\sigma_2 > 0$, $|\rho| < 1$, μ_1, μ_2 为任意实数。则

$$|\Sigma| = \sigma_1^2 \sigma_2^2 (1 - \rho^2)$$

$$\Sigma^{-1} = \frac{1}{\sigma_1^2 \sigma_2^2 (1 - \rho^2)} \begin{pmatrix} \sigma_2^2 & -\rho\sigma_1\sigma_2 \\ -\rho\sigma_1\sigma_2 & \sigma_1^2 \end{pmatrix}$$

代入正态向量密度公式

$$p(x_1, x_2, \cdots, x_n) = \frac{1}{(2\pi)^{\frac{n}{2}} (\det\Sigma)^{\frac{1}{2}}} \exp\left\{-\frac{1}{2}(x - \mu)' \Sigma^{-1} (x - \mu)\right\}$$

经整理得二元正态分布的密度函数:

$$p(x,y) = \frac{1}{2\pi\sigma_1\sigma_2\sqrt{1-\rho^2}} \exp\left\{-\frac{1}{2(1-\rho^2)}\right.$$

$$\left. \times \left[\frac{(x-\mu_1)^2}{\sigma_1^2} - 2\rho\frac{(x-\mu_1)(y-\mu_2)}{\sigma_1\sigma_2} + \frac{(y-\mu_2)^2}{\sigma_2^2}\right]\right\}$$

▶ **例题 3.6.6** (二元正态密度的典型分解)

$$p(x,y) = p(x)p(y|x) = p(y)p(x|y)$$

即 (记 $\mu = (\mu_1, \mu_2)'$)

$$N(\mu, \Sigma) = N(\mu_1, \sigma_1^2) \times N(\mu_2 + \rho\frac{\sigma_2}{\sigma_1}(x - \mu_1), \sigma_2^2(1 - \rho^2))$$

对称地,有另外一个表达式。

二元正态分布的边际密度 若 $(\xi, \eta) \sim N(\mu, \Sigma)$,这里 $\mu = (\mu_1, \mu_2)'$,Σ 如前定义。则

$$p_\xi(x) \sim N(\mu_1, \sigma_1^2)$$

$$p_\eta(y) \sim N(\mu_2, \sigma_2^2)$$

对于 n 维场合，存在 $n-1$，$n-2$，$\cdots$，1 维边际分布。

二元正态分布的条件密度

$$p(y|x) = \frac{p(x,y)}{p_\xi(x)} = \frac{1}{\sqrt{2\pi}\sigma_2\sqrt{1-\rho^2}} \exp\left\{ -\frac{[y - (\mu_2 + \rho\frac{\sigma_2}{\sigma_1}(x-\mu_1))]^2}{2\sigma_2^2(1-\rho^2)} \right\}$$

即二元正态分布的条件分布仍然是正态分布，也就是

$$N(\mu_2 + \rho\frac{\sigma_2}{\sigma_1}(x-\mu_1), \sigma_2^2(1-\rho^2))$$

满足

$$p(x,y) = p_\xi(x)p(y|x)$$

3.7 随机变量的独立性

第 2 章定义了随机事件之间的独立性。从随机变量的角度看，若它们引起的随机事件之间总是独立的，则随机变量之间就是独立的。下面是一个正式定义。

> **随机变量间的独立**
>
> 设 ξ_1，$\cdots$，ξ_n 是 n 个随机变量，若对任意的 x_1，$\cdots$，x_n，有
> $$P(\xi_1 \leqslant x_1, \cdots, \xi_n \leqslant x_n) = P(\xi_1 \leqslant x_1) \cdots P(\xi_n \leqslant x_n)$$
> 则称 ξ_1，$\cdots$，ξ_n 是相互独立的，即
> $$F(x_1, \cdots, x_n) = F_1(x_1) \cdots F_n(x_n)$$
> 对于离散型随机变量
> $$P(\xi_1 = x_1, \cdots, \xi_n = x_n) = P(\xi_1 = x_1) \cdots P(\xi_n = x_n)$$
> 对于连续型随机变量
> $$p(x_1, \cdots, x_n) = p_1(x_1) \cdots p_n(x_n)$$
> 对于 x_1，$\cdots$，x_n 几乎处处成立。

等价表示 独立性 $\Leftrightarrow$ 条件分布 = 边际分布
$$\xi \perp\!\!\!\perp \eta \Leftrightarrow F_{\eta|\xi}(y|x) = F_\eta(y)$$

- 离散型：$P(\eta = x_1 | \xi = x_2) = P(\eta = x_1)$
- 连续型：$p(y|x) = p(y)$

▶ **例题 3.7.1** (二元正态分布分量的独立)

$$p_1(x)p_2(y) = \frac{1}{2\pi\sigma_1\sigma_2} \exp\left\{ -\frac{(x-\mu_1)^2}{2\sigma_1^2} - \frac{(y-\mu_2)^2}{2\sigma_2^2} \right\}$$

比较

$$p(x,y) = \frac{1}{2\pi\sigma_1\sigma_2\sqrt{1-\rho^2}} \exp\left\{ -\frac{1}{2(1-\rho^2)} \times \left[\frac{(x-\mu_1)^2}{\sigma_1^2} - 2\rho\frac{(x-\mu_1)(y-\mu_2)}{\sigma_1\sigma_2} + \frac{(y-\mu_2)^2}{\sigma_2^2} \right] \right\}$$

得知二元正态分布中两分量相互独立的充要条件是

$$\rho = 0$$

这时

$$p(y|x) = \frac{1}{\sqrt{2\pi}\sigma_2} e^{-\frac{(y-\mu_2)^2}{2\sigma_2^2}} = p_2(y)$$

与前面一致。

▶ **例题 3.7.2** (均匀分布的随机向量分量的独立)　若 (ξ,η) 服从 $G = \{(x,y) : a \leqslant x \leqslant b, c \leqslant y \leqslant d\}$ 上的均匀分布，其联合密度为

$$p(x,y) = \begin{cases} \dfrac{1}{(b-a)(d-c)}, & a \leqslant x \leqslant b, c \leqslant y \leqslant d \\ 0, & \text{其他} \end{cases}$$

则 $\xi \sim U[a,b]$，$\eta \sim U[c,d]$，且它们相互独立。

命题 3.7.1　随机向量独立的一般结论

随机变量 ξ_1，ξ_2，$\cdots$，ξ_n 相互独立的一个充要条件是，对任意给定的 $\mathbb{R}^1$ 上的博雷尔点集 A_1，A_2，$\cdots$，A_n，有

$$P(\xi_1 \in A_1, \xi_2 \in A_2, \cdots, \xi_n \in A_n) = P(\xi_1 \in A_1)P(\xi_2 \in A_2)\cdots P(\xi_n \in A_n)$$

另外，n 维随机向量 ξ 与 m 维随机向量 η 相互独立要求

$$P(\xi \in A, \eta \in B) = P(\xi \in A)P(\eta \in B)$$

A, B 分别是任意的 n 维和 m 维博雷尔点集。

若 $\xi \perp\!\!\!\perp \eta$，则 ξ 与 η 的任意子向量是相互独立的。 ♠

上述命题的证明超出了本书范围，感兴趣的读者可以参阅测度论的书籍。

3.8　随机向量的函数

类似于一元情形，在研究随机向量的函数时，我们先给出"好"的函数的一个规范。首先定义一下 n 元博雷尔可测函数。

> **n 元博雷尔可测函数**
>
> 　　设 $y = g(x_1, \cdots, x_n)$ 是从 $\mathbb{R}^n$ 到 $\mathbb{R}^1$ 的一个映射，若对一切 $\mathbb{R}^1$ 中的博雷尔点集 B_1 均有
>
> $$g^{-1}(B_1) = \{(x_1, \cdots, x_n) : g(x_1, \cdots, x_n) \in B_1\} \in \mathscr{B}_n$$
>
> 其中 $\mathscr{B}_n$ 为 $\mathbb{R}^n$ 上的博雷尔 σ 域，则称 $g(x_1, \cdots, x_n)$ 为 **n 元博雷尔可测函数** (n-variate Borel measurable function)。

　　注　随机向量的 n 元博雷尔可测函数作为随机向量的数值函数，能保证得到的函数是一个随机变量。

> **定理 3.8.1　随机向量的 n 元博雷尔可测函数是随机变量**
>
> 　　若 $(\xi_1, \cdots, \xi_n)$ 是 $(\Omega, \mathscr{F}, P)$ 上的随机向量，$g(x_1, \cdots, x_n)$ 是 n 元博雷尔可测函数 (从 $\mathbb{R}^n$ 到 $\mathbb{R}^1$)，则 $g(\xi_1, \cdots, \xi_n)$ 是 $(\Omega, \mathscr{F}, P)$ 上的随机变量。
>
> **证明**　因为
>
> $$\{\omega : g(\xi_1(\omega), \cdots, \xi_n(\omega)) \in B_1\} = \{\omega : (\xi_1(\omega), \cdots, \xi_n(\omega)) \in g^{-1}(B_1)\} \in \mathscr{F}$$
>
> 其中由 n 元博雷尔可测函数定义知，$g^{-1}(B_1)$ 是 $\mathbb{R}^n$ 上的博雷尔可测集。再由随机向量、随机变量的定义，结论成立。
>
> $\heartsuit$

　　下面研究随机向量函数的分布律。若 $\eta = g(\xi_1, \cdots, \xi_n)$，而 $(\xi_1, \cdots, \xi_n)$ 的密度函数为 $p(x_1, \cdots, x_n)$，则有

$$G(y) = P(\eta \leqslant y) = \int \cdots \int_{g(x_1, \cdots, x_n) \leqslant y} p(x_1, \cdots, x_n) \mathrm{d}x_1 \cdots \mathrm{d}x_n$$

　　对于两个随机变量的和 (差等价于加 -1 倍) 和商，下面三个例子给出了一个今后可以直接使用的结果。

　　▶ **例题 3.8.1** (卷积——求离散型随机变量之和的分布)　若 $\xi \perp\!\!\!\perp \eta$ 是相互独立的随机变量，它们都取非负整数值，其概率分布分别为 $\{a_k\}$ 和 $\{b_k\}$，则 $\zeta = \xi + \eta$ 的分布列可以如下计算：由于

$$\{\zeta = r\} = \{\xi = 0, \eta = r\} + \{\xi = 1, \eta = r - 1\} + \cdots + \{\xi = r, \eta = 0\}$$

则

$$c_r = P(\zeta = r) = a_0 b_r + a_1 b_{r-1} + \cdots + a_r b_0, \quad r = 0, 1, 2, \cdots$$

　　注意，第二步的计算用到了独立性。

　　▶ **例题 3.8.2** (卷积——求连续型随机变量和的分布)　若 $\eta = \xi_1 + \xi_2$，而 (ξ_1, ξ_2) 的密度函数为 $p(x_1, x_2)$，则

$$G(y) = P(\eta \leqslant y) = \iint_{x_1+x_2 \leqslant y} p(x_1, x_2)\mathrm{d}x_1\mathrm{d}x_2$$

$$= \int_{-\infty}^{+\infty} \int_{-\infty}^{y-x_1} p(x_1, x_2)\mathrm{d}x_1\mathrm{d}x_2$$

当 $\xi_1 \perp\!\!\!\perp \xi_2$ 时, $p(x_1, x_2) = p_\xi(x_1)p_\eta(x_2)$, 则

$$G(y) = \int \Big(\int_{-\infty}^{y-x_1} p_\xi(x_1)p_\eta(x_2)\mathrm{d}x_2 \Big)\mathrm{d}x_1$$

$$= \int_{-\infty}^{+\infty} \Big(\int_{-\infty}^{y} p_\xi(x_1)p_\eta(z - x_1)\mathrm{d}z \Big)\mathrm{d}x_1$$

$$= \int_{-\infty}^{y} \Big(\int_{-\infty}^{+\infty} p_\xi(x_1)p_\eta(z - x_1)\mathrm{d}x_1 \Big)\mathrm{d}z$$

因此 η 的密度为

$$q(y) = \int_{-\infty}^{+\infty} p_\xi(u)p_\eta(y - u)\mathrm{d}u$$

对称地可以写为

$$q(y) = \int_{-\infty}^{+\infty} p_\xi(y - u)p_\eta(u)\mathrm{d}u$$

▶ **例题 3.8.3**(商的分布) 若 $\eta = \dfrac{\xi_1}{\xi_2}$, 而 (ξ_1, ξ_2) 的密度函数为 $p(x_1, x_2)$, 则

$$G(x) = P(\eta \leqslant x) = P\Big(\frac{\xi_1}{\xi_2} \leqslant x\Big) = \iint_{x_1/x_2 \leqslant x} p(x_1, x_2)\mathrm{d}x_1\mathrm{d}x_2$$

$$= \int_{0}^{+\infty} \Big(\int_{-\infty}^{zx} p(y, z)\mathrm{d}y \Big)\mathrm{d}z + \int_{-\infty}^{0} \Big(\int_{zx}^{+\infty} p(y, z)\mathrm{d}y \Big)\mathrm{d}z$$

于是 η 的密度函数为

$$q(x) = \int_{0}^{+\infty} p(zx, z)z\mathrm{d}z - \int_{-\infty}^{0} p(zx, z)z\mathrm{d}z$$

$$= \int_{-\infty}^{+\infty} |z|p(zx, z)\mathrm{d}z$$

在随机向量的单值函数的基础上, 可以研究随机向量的向量值函数。即研究 n 维随机向量 $(\xi_1, \cdots, \xi_n)$ 的 m 个函数 $g_1(\xi_1, \cdots, \xi_n)$, $\cdots$, $g_m(\xi_1, \cdots, \xi_n)$, 它们构成了一个 m 维随机向量, 只要这些函数都是 n 元博雷尔可测函数。

命题 3.8.1 变换法——求随机向量的向量值函数之分布

若 $(\xi_1, \cdots, \xi_n)$ 的密度函数为 $p(x_1, \cdots, x_n)$, 则 $\eta_1 = g_1(\xi_1, \cdots, \xi_n)$, $\cdots$, $\eta_m = g_m(\xi_1, \cdots, \xi_n)$ 的分布为

$$G(y_1, \cdots, y_m) = P(\eta_1 \leqslant y_1, \cdots, \eta_m \leqslant y_m)$$

$$= \int \cdots \int_{\substack{g_1(x_1, \cdots, x_n) \leqslant y_1 \\ \vdots \\ g_m(x_1, \cdots, x_n) \leqslant y_m}} p(x_1, \cdots, x_n) \mathrm{d}x_1 \cdots \mathrm{d}x_n$$

另一方面，当 $m = n$ 且 ξ 与 η 有一对应关系时，

$$G(y_1, \cdots, y_n) = \int \cdots \int_{\substack{u_1 \leqslant y_1 \\ \vdots \\ u_n \leqslant y_n}} q(u_1, \cdots, u_n) \mathrm{d}u_1 \cdots \mathrm{d}u_n$$

比较两个表达式，可知，当 y 在 $g(x)$ 的值域中时，

$$q(y_1, \cdots, y_n) = p(x_1(y), \cdots, x_n(y)) |J|$$

其中

$$J = \frac{\partial(x_1, \cdots, x_n)}{\partial(y_1, \cdots, y_n)} = \begin{vmatrix} \dfrac{\partial x_1}{\partial y_1} & \cdots & \dfrac{\partial x_1}{\partial y_n} \\ \vdots & \ddots & \vdots \\ \dfrac{\partial x_n}{\partial y_1} & \cdots & \dfrac{\partial x_n}{\partial y_n} \end{vmatrix}$$

▶ **例题 3.8.4** 若 ξ 与 η 相互独立，分别服从自由度为 m 和 n 的 χ^2 分布，试求 $\alpha = \xi + \eta$ 与 $\beta = \dfrac{\xi/m}{\eta/n}$ 的联合密度函数 $q(u, v)$。

解　由题意

$$p(x, y) = \frac{1}{2^{\frac{m+n}{2}} \Gamma\left(\frac{m}{2}\right) \Gamma\left(\frac{n}{2}\right)} x^{\frac{m}{2}-1} y^{\frac{n}{2}-1} \mathrm{e}^{-\frac{x+y}{2}}, \quad x > 0, y > 0$$

作变换 $u = x + y, v = \dfrac{x/m}{y/n}$，其逆为

$$x = \frac{muv}{n + mv}, y = \frac{nu}{n + mv}$$

可以具体算出来

$$|J| = \frac{m}{n} \frac{u}{\left(1 + \dfrac{m}{n}v\right)^2}$$

于是

$$q(u,v) = \frac{1}{2^{\frac{m+n}{2}}\Gamma\left(\frac{m}{2}\right)\Gamma\left(\frac{n}{2}\right)} e^{-\frac{u}{2}} \left(\frac{m}{n}\right)^{\frac{m}{2}-1} u^{\frac{m+n}{2}-2} \times \frac{v^{\frac{m}{2}-1}}{\left(1+\frac{m}{n}v\right)^{\frac{m+n}{2}-2}} \frac{m}{n} \frac{u}{\left(1+\frac{m}{n}v\right)^2}$$

$$= \frac{1}{2^{\frac{m+n}{2}}\Gamma\left(\frac{m+n}{2}\right)} u^{\frac{m+n}{2}-1} e^{-\frac{u}{2}} \times \frac{\Gamma\left(\frac{m+n}{2}\right)\left(\frac{m}{n}\right)^{\frac{m}{2}} v^{\frac{m}{2}-1}}{\Gamma\left(\frac{m}{2}\right)\Gamma\left(\frac{n}{2}\right)\left(1+\frac{m}{n}v\right)^{\frac{m+n}{2}}}$$

该例子的一些结论　$\Rightarrow \alpha \perp\!\!\!\perp \beta, \alpha \sim \chi^2_{m+n}$, 它可以总结为: 两个独立的 χ^2 分布的随机变量的和仍服从 χ^2 分布, 自由度等于两个变量自由度的和。

$$\chi^2_m \times \chi^2_n = \chi^2_{m+n}$$

随机变量 $\beta = \dfrac{\xi/m}{\eta/n}$ 的密度函数为

$$f(x;m,n) = \begin{cases} \dfrac{\Gamma\left(\frac{m+n}{2}\right)}{\Gamma\left(\frac{m}{2}\right)\Gamma\left(\frac{n}{2}\right)} \dfrac{\left(\frac{m}{n}\right)^{\frac{m}{2}} x^{\frac{m}{2}-1}}{\left(1+\frac{m}{n}x\right)^{\frac{m+n}{2}}}, & x > 0 \\ 0, & x \leqslant 0 \end{cases}$$

这是 F 分布。

如果 $m > n$, 则当 ξ 有密度函数时 η 没有密度, 当 $m < n$ 时 η 有密度, 可以在变换时先增加一些变量, 然后求边缘密度, 从而得到 η 的密度。

▶ **例题 3.8.5** (t 分布) 设 ξ, η 是两个独立随机变量, $\xi \sim N(0,1), \eta \sim \chi^2_n$, 令 $T = \xi\Big/\sqrt{\dfrac{\eta}{n}}$, 试求 T 的密度函数。

解　因 $\xi \perp\!\!\!\perp \eta$, 故它们的联合密度为

$$p(x,y) = \frac{1}{\sqrt{2\pi}} e^{-\frac{x^2}{2}} \frac{1}{2^{n/2}\Gamma\left(\frac{n}{2}\right)} y^{\frac{n}{2}-1} e^{-\frac{y}{2}}$$

作变换 $s = y, \ t = \dfrac{x}{\sqrt{y/n}}$, 其逆变换为 $x = t\left(\dfrac{s}{n}\right)^{1/2}, \ y = s$, 则可计算 $|J| = \left(\dfrac{s}{n}\right)^{\frac{1}{2}}$, 于是 (S,T) 的联合密度为

$$q(s,t) = p\left(t\left(\frac{s}{n}\right)^{\frac{1}{2}}, s\right)|J|$$

即

$$q(s,t) = \frac{1}{\sqrt{2\pi}} e^{-\frac{st^2}{2n}} \frac{1}{2^{\frac{n}{2}}\Gamma\left(\frac{n}{2}\right)} s^{\frac{n}{2}-1} e^{-\frac{s}{2}} \left(\frac{s}{n}\right)^{\frac{1}{2}}$$

因此 T 的密度函数为

$$p_T(t) = \int_0^{+\infty} q(s,t)\mathrm{d}s = \frac{1}{2^{\frac{n+1}{2}}\sqrt{n\pi}\Gamma\left(\frac{n}{2}\right)} \int_0^{+\infty} \mathrm{e}^{-\left(1+\frac{t^2}{n}\right)\frac{s}{2}} s^{\frac{n+1}{2}-1}\mathrm{d}s$$

$$= \frac{\left(1+\frac{t^2}{n}\right)^{-\frac{n+1}{2}}}{\sqrt{n\pi}\Gamma\left(\frac{n}{2}\right)} \int_0^{+\infty} \mathrm{e}^{-u} u^{\frac{n+1}{2}-1}\mathrm{d}u$$

$$= \frac{\Gamma\left(\frac{n+1}{2}\right)}{\sqrt{n\pi}\Gamma\left(\frac{n}{2}\right)} \left(1+\frac{t^2}{n}\right)^{-\frac{n+1}{2}}$$

这是自由度为 n 的 t 分布。

定理 3.8.2

若 $\xi_1, \xi_2, \cdots, \xi_n$ 是相互独立的随机变量，则 $f_1(\xi_1), f_2(\xi_2), \cdots, f_n(\xi_n)$ 也是相互独立的，只要 f_i 是一元博雷尔可测函数，$i = 1, 2, \cdots, n$。

证明 对于任给的 n 个 $\mathbb{R}^1$ 上的博雷尔集 B_1, B_2, $\cdots$, B_n,

$$P(f_1(\xi_1) \in B_1, f_2(\xi_2) \in B_2, \cdots, f_n(\xi_n) \in B_n)$$

$$= P(\xi_1 \in f_1^{-1}(B_1), \xi_2 \in f_2^{-1}(B_2), \cdots, \xi_n \in f_n^{-1}(B_n))$$

$$= P(\xi_1 \in f_1^{-1}(B_1))P(\xi_2 \in f_2^{-1}(B_2)) \cdots P(\xi_n \in f_n^{-1}(B_n))$$

$$= P(f_1(\xi_1) \in B_1)P(f_2(\xi_2) \in B_2) \cdots P(f_n(\xi_n) \in B_n)$$

对于第二个等号，因为 f_i 是博雷尔可测函数，且 ξ_i 相互独立，由命题 3.7.1 可得出。♡

▶ **例题 3.8.6** (正态向量的极坐标变换)   若 ξ 与 η 是相互独立的随机变量，均服从 $N(0,1)$，试证：化为极坐标后，$\rho = \sqrt{\xi^2 + \eta^2}$ 与 $\phi = \tan\left(\frac{\eta}{\xi}\right)$ 是相互独立的。

解 作极坐标变换 $x = r\cos\theta$, $y = r\sin\theta$, $J = r$, 于是

$$q(r,\theta) = \frac{1}{2\pi}\mathrm{e}^{-(x^2+y^2)/2}r = \frac{1}{2\pi}r\mathrm{e}^{-r^2/2}, \quad r \geqslant 0, 0 \leqslant \theta \leqslant 2\pi$$

即 $\rho = \sqrt{\xi^2 + \eta^2}$ 的密度为

$$R(r) = \begin{cases} r\mathrm{e}^{-r^2/2}, & r \geqslant 0 \\ 0, & r < 0 \end{cases}$$

这样我们得到了瑞利 (Rayleigh) 分布。

$\phi = \arctan\dfrac{\eta}{\xi}$ 服从 $[0, 2\pi]$ 上的均匀分布，并且 $\rho \perp\!\!\!\perp \phi$。

▶ **例题 3.8.7** (一个生成正态分布随机数的方法) 假设可以直接生成均匀分布的随机数，该如何得到正态分布的随机数？可以这样做：先产生相互独立的 $[0,1]$ 上的均匀分布的随机数 U_1, U_2, 然后

$$\xi = \sqrt{-2\ln U_1}\cos 2\pi U_2$$

$$\eta = \sqrt{-2\ln U_1}\sin 2\pi U_2$$

则 $\xi \perp\!\!\!\perp \eta$，且服从 $N(0,1)$。

思考　上述结论为什么成立？

3.9　本章小结

- 本章介绍了随机变量的定义及其分布函数、密度函数等重要概念。
- 列举了一些典型的离散型和连续型随机变量，部分研究了它们之间的转化关系。
- 对典型的随机变量如泊松分布、正态分布给出了它们的生成模型。
- 研究了随机变量的函数作为新的随机变量的条件，以及它们的分布律的求法。
- 研究了随机向量及其分布函数、密度函数。
- 给出了条件分布、条件密度的定义，引入了随机变量间的独立性。
- 研究了随机向量的函数的分布函数及密度函数。

3.10　练习三

3.1　设随机变量 X 服从 $(0,1)$ 上的均匀分布，试求以下 Y 的密度函数：

$$(1)\,Y = -2\ln X \qquad (2)\,Y = 3X + 1$$

$$(3)\,Y = \mathrm{e}^X \qquad\qquad (4)\,Y = |\ln X|$$

3.2　假设对一枚硬币，独立抛 n 次，每次正面朝上的概率为 p。证明出现偶数次正面朝上的概率为 $\frac{1}{2}(1 + (q-p)^n)$，其中 $q = 1 - p$，并通过这个结论证明恒等式：

$$\sum_{i=0}^{[n/2]}\binom{n}{2i}p^{2i}q^{n-2i} = \frac{1}{2}\left[(p+q)^n + (q-p)^n\right]$$

3.3　随机变量 X 服从参数为 λ 的泊松分布，证明：

$$P(X = 偶数) = \frac{1}{2}(1 + \mathrm{e}^{-2\lambda})$$

3.4　若 X 和 Y 是相互独立的随机变量，均服从泊松分布，参数分别是 λ_1 和 λ_2，试证明：

(1) $X + Y$ 服从泊松分布，参数是 $\lambda_1 + \lambda_2$；

(2) $P(X = k | X + Y = n) = \binom{n}{k}\left(\dfrac{\lambda_1}{\lambda_1 + \lambda_2}\right)^k\left(\dfrac{\lambda_2}{\lambda_1 + \lambda_2}\right)^{n-k}$。

3.5 证明如下恒等式：

$$\sum_{i=0}^{n} \frac{\lambda^i}{i!} e^{-\lambda} = \frac{1}{n!} \int_{\lambda}^{+\infty} x^n e^{-x} dx$$

3.6 处于平衡状态的均匀气体中的分子速度是一个随机变量，其概率密度函数由下式给出：

$$f(x) = \begin{cases} ax^2 e^{-bx^2}, & x \geqslant 0 \\ 0, & x < 0 \end{cases}$$

其中 $b = m/2KT$，并且 k, T, m 分别表示玻尔兹曼常数、气体的绝对温度、分子质量。试用 b 表示 a。

3.7 证明：

$$E[Y] = \int_0^{+\infty} P\{Y > y\} dy - \int_0^{+\infty} P\{Y < -y\} dy$$

3.8 令 X 是取值在 0 和 c 之间的随机变量，即 $P\{0 \leqslant X \leqslant c\} = 1$。证明：

$$\mathrm{Var}(X) \leqslant \frac{c^2}{4}$$

3.9 分布函数为 F 的连续随机变量中位数 m 满足 $F(m) = \frac{1}{2}$。寻找下面三个分布的中位数：

(1) $U(a, b)$；

(2) $N(\mu, \sigma^2)$；

(3) $\mathrm{Exp}(\lambda)$。

3.10 如果 X 服从均值为 $1/\lambda$ 的指数分布，证明：

$$E[X^k] = \frac{k!}{\lambda^k}, \quad k = 1, 2, 3, \dots$$

3.11 对于任意的实数 y，定义 y^+ 如下：

$$y^+ = \begin{cases} y, & y \geqslant 0 \\ 0, & y < 0 \end{cases}$$

令 c 是常数。

(1) 证明当 Z 是标准正态分布随机变量时有

$$E[(Z - c)^+] = \frac{1}{\sqrt{2\pi}} e^{-c^2/2} - c(1 - \Phi(c))$$

(2) 求 $E[(X - c)^+]$，$X \sim N(\mu, \sigma^2)$。

3.12 假设 X, Y 是整数取值的随机变量，令

$$p(i \mid j) = P(X = i \mid Y = j)$$
$$q(j \mid i) = P(Y = j \mid X = i)$$

证明：

$$P(X=i, Y=j) = \frac{p(i \mid j)}{\sum_i \dfrac{p(i \mid j)}{q(j \mid i)}}$$

3.13　$X_1, X_2, \cdots, X_n$ 为独立同分布且服从 $U(0,1)$ 的随机变量，它们的次序统计量记作 $X_{(1)} \leqslant X_{(2)} \leqslant \cdots \leqslant X_{(n)}$。证明：对于 $1 \leqslant k \leqslant n+1$，有

$$P\{X_{(k)} - X_{(k-1)} > t\} = (1-t)^n$$

其中 $X_{(0)} \equiv 0, X_{(n+1)} \equiv 1$。

3.14　设 X, Y 为两个独立的标准正态分布随机变量。求：

$$U = X, \quad V = \frac{X}{Y}$$

的联合分布，并证明 V 服从标准柯西分布。

3.15　设随机变量 X 和 Y 相互独立，$X \sim \mathrm{Bin}(n, p)$，而 Y 服从 $(0,1)$ 上的均匀分布，试求 $X + Y$ 的分布函数和密度函数。

3.16　某银行有两个柜台，假设张伟走进银行时，他发现两个柜台正在接待吕布和曾贤。张伟被告知一旦处理完吕布或者曾贤的事情，就开始接待他。如果每个柜台为每位顾客服务的时间都服从参数为 λ 的指数分布，那么三个人中，张伟是最后一个办完事情的概率是多大？

3.17　如果 X 服从 (a,b) 上的均匀分布，那么和 X 有线性关系且服从 $(0,1)$ 上的均匀分布的随机变量是什么？

3.18　设 X 服从参数为 λ 的指数分布，$Y = \begin{cases} X - K, & X \geqslant 1 \\ -X^2, & X < 1 \end{cases}$，当 K 的取值分别为 0，2，4 时，求 Y 的密度函数。

3.11　数据科学扩展——概率分布的数值模拟

3.11.1　泊松分布对二项分布的逼近模拟

对于二项分布，当 $np \to \lambda$，$n \to \infty$ 时，可以用二项分布近似泊松分布：

```
bin_poi<-function(n=10000,size=1000,lambda){
  p = lambda/size
  y = rbinom(n=n,size = size,prob = p)
  return(y)
}
```

与 R 中生成泊松分布随机数的函数 "rpois" 作对比：分别构造 $n = 10\,000$ 的两个样本，比较它们的直方图 (见图3.10)：

```
bin_pois<-bin_poi(n=10000,lambda=1)
pois_R<-rpois(n=10000,lambda=1)
data_pois<-data.frame("bin_pois" = bin_pois, "rpois" = pois_R)
library(reshape2)
library(ggplot2)
data_pois_melt<-melt(data_pois,variable.name="methods")
ggplot(data_pois_melt,aes(x = value,fill=methods))+
  geom_histogram(position="dodge",binwidth=0.5)
```

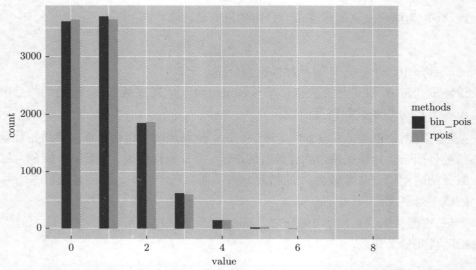

图 3.10 R 中泊松分布随机数 (由 **rpois** 生成) 与二项分布随机数的直方图

3.11.2 正态分布的生成

步骤如下:

(1) 生成独立的 [0,1] 上的均匀分布 U_1, U_2。

(2) 计算:

$$\xi = \sqrt{-2\ln U_1}\cos 2\pi U_2$$

$$\eta = \sqrt{-2\ln U_1}\sin 2\pi U_2$$

```
U1<-runif(10000)
U2<-runif(10000)
norm_generate<-function(u1,u2){
  xi = (-2*log(u1))^0.5 * cos(2*pi*u2)
  eta = (-2*log(u1))^0.5 * sin(2*pi*u2)
  return(data.frame("x" = xi,"y" = eta))
}
data_norm<-norm_generate(U1,U2)
```

下面以生成的 ξ 为例, 展示 $\xi \sim N(0,1)$(见图3.11):

```
funss<-function(x) 1/sqrt(2*pi)*
  exp(-1/2*x^2) ## normal dist density function
ggplot(data_norm,aes(x=x))+
  geom_histogram(aes(y=..density..))+
  stat_function(fun=funss,geom="line",colour="red")
```

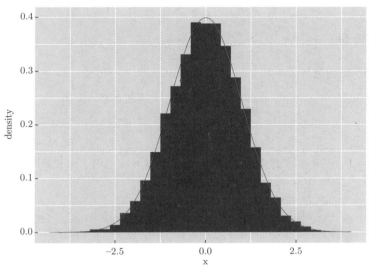

图 3.11　正态分布随机数的生成

下面展示这样生成的二维正态分布 (ξ, η) 的密度图 (见图3.12):

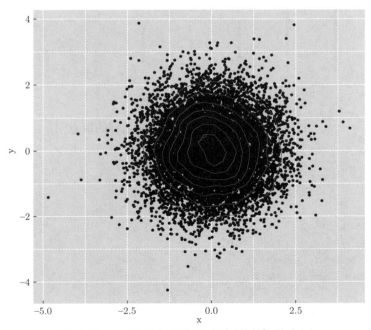

图 3.12　二维正态分布的密度轮廓与散点图

```
ggplot(data_norm, aes(x=x, y=y))+
  geom_point() + stat_density2d(n=30)+
  coord_equal() #### 设置坐标轴比例相同
```

3.11.3 几种常见分布的可视化

3.11.3.1 指数分布

指数分布密度函数:

$$p(x; \lambda) = \begin{cases} \lambda \mathrm{e}^{-\lambda x}, & x \geqslant 0 \\ 0, & 其他 \end{cases}$$

取随机数: 从不同参数的指数分布中分别抽取 n 个样本点 (见图3.13)。

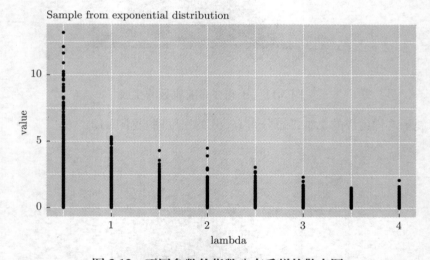

图 3.13 不同参数的指数分布采样的散点图

```
library(ggplot2)
lambda = c(0.5,1,1.5,2,2.5,3,3.5,4)
n = 1000
X = rep(lambda,each=n)
Y = c()
for (i in c(1:length(lambda))) {
  Y = c(Y,rexp(n,lambda[i]))
}
data = data.frame('lambda'=X,'value'=Y)
p<-ggplot(data, mapping=aes(x=lambda, y=value))
```

```
p + geom_point() +
  ggtitle("Sample from exponential distribution")
ggsave("Sample_from_exponential_distribution.eps",
      width=20,height=12,units="cm",dpi=400)
```

根据取出的随机数:

(1) 画直方图。

(2) 画拟合的密度曲线。

首先指定随机数的数量和指数分布的参数 λ:

```
n = 10000
lambda = 1
```

根据上面的参数来生成随机数并对抽样结果画直方图和拟合的密度曲线，与真实密度曲线做对比 (见图3.14)。

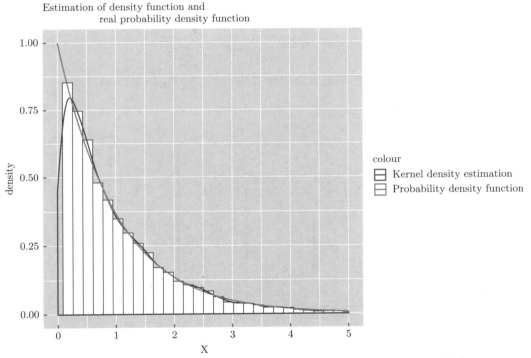

图 3.14　指数分布的概率密度函数、核密度估计曲线与采样点直方图

```
library('ggplot2')
X<-rep(lambda,n)
Y_sample<-rexp(n,lambda)
Y_pdf<-dexp(Y_sample,lambda)
Y_cdf<-pexp(Y_sample,lambda)
data<-data.frame('X'=Y_sample,'pdf'=Y_pdf,'cdf'=Y_cdf)
```

```
ggplot()+ xlim(0,5) +
  labs(x="X",y="density",
      title = "Estimation of density function and
               real probability density function") +
  geom_histogram(data, mapping = aes(x=X,y=..density..),
                 colour="black",fill="white",bins=30) +
  geom_density(data,mapping =
               aes(X,colour="Kernel density estimation"),
               size=2,alpha=.1,fill="#FF6666") +
  geom_line(data,mapping =
            aes(X,pdf,colour="Probability density function"))
ggsave("Estimation_exponential.eps", width = 20,
    height=15,units="cm",dpi=400)
```

3.11.3.2　正态分布

正态分布密度函数：

$$p(x;\mu,\sigma^2) = \frac{1}{\sqrt{2\pi\sigma^2}} \exp\left\{-\frac{(x-\mu)^2}{2\sigma^2}\right\}$$

取随机数：从不同参数的正态分布中分别抽取 n 个样本点 (见图3.15)。

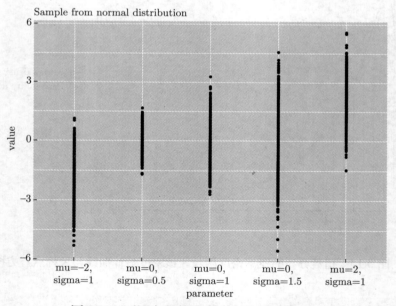

图 3.15　不同参数的正态分布的采样散点图

```
n = 1000
Mu <-c(0,0,0,-2,2)
Sigma <-c(1,0.5,1.5,1,1)
```

```
index <-c('mu=0,sigma=1','mu=0,sigma=0.5',
          'mu=0,sigma=1.5','mu=-2,sigma=1',
          'mu=2,sigma=1')
X = rep(index,each=n)
Y = c()
for (i in c(1:length(index))) {
  Y = c(Y,rnorm(n,Mu[i],Sigma[i]))
}
data = data.frame('parameter'=X,'value'=Y)
p <-ggplot(data,mapping=aes(x=parameter,y=value))
p + geom_point() +
  ggtitle("Sample from normal distribution")
ggsave("Sample_from_normal_distribution.eps",
       width=20,height=15,units="cm",dpi=400)
```

根据取出的随机数:

(1) 画直方图。

(2) 画拟合的密度曲线。

首先指定随机数的数量和正态分布的参数:

```
n = 10000
mu = 3
sigma = 2
```

根据上面的参数来生成随机数并对抽样结果画直方图和拟合的密度曲线, 与真实密度曲线做对比 (见图3.16)。

```
X=rnorm(n,mu,sigma)
X_pdf=dnorm(X,mu,sigma)
X_cdf=pnorm(X,mu,sigma)
data=data.frame('X'=X,'pdf'=X_pdf,'cdf'=X_cdf)
ggplot()+
  labs(x="X", y="density",
       title="Estimation of density function
       and probability density function") +
  geom_histogram(data, mapping = aes(x=X,y=..density..),
                 colour="black",fill="white",bins=30) +
  geom_density(data,mapping =
                 aes(X,colour="Kernel density estimation"),
               size=2,alpha=.1,fill="#FF6666") +
  geom_line(data,
            mapping=
              aes(X,pdf,
                  colour="Probability density function"))
    ggsave("Estimation_normal.eps",
       width=20,height=15,units="cm",dpi=400)
```

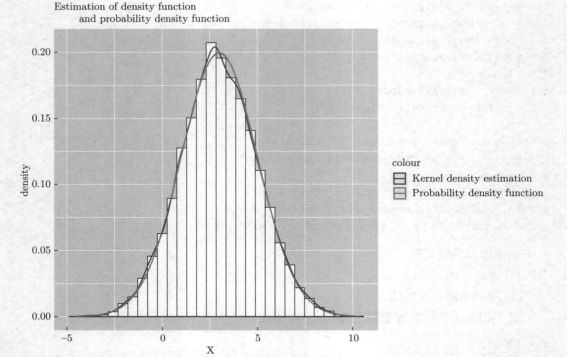

图 3.16　正态分布的概率密度函数曲线、核密度估计曲线与采样点直方图

3.11.3.3　t 分布

t 分布密度函数 (ν 是自由度):

$$p(x;\nu) = \frac{\Gamma\left(\dfrac{\nu+1}{2}\right)}{\sqrt{\nu\pi}\,\Gamma\left(\dfrac{\nu}{2}\right)}\left(1+\frac{t^2}{\nu}\right)^{-\frac{\nu+1}{2}}$$

取随机数: 从不同自由度的 t 分布中分别抽取 n 个样本点 (见图3.17)。

```
n=100
df<-c(1,2,3,4,5,6,7,8,9,10)
X=rep(df,each=n)
Y=c()
for (i in c(1:length(df))) {
  Y=c(Y,rt(n,df[i]))
}
data=data.frame('lambda'=X,'value'=Y)
p<-ggplot(data,mapping=aes(x=lambda,y=value)) +
  xlab('degree of freedom')
p+geom_point() +
  ggtitle("Sample from student's t{-distribution") +
```

```
ylim(-5,5)
ggsave("Sample_from_t_distribution.eps",
    width=20, height=15,units="cm",dpi=400)
```

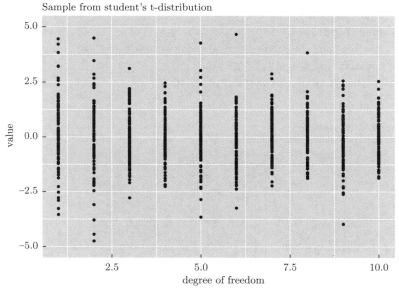

图 3.17　不同自由度的 t 分布采样散点图

根据取出的随机数:

(1) 画直方图。

(2) 画拟合的密度曲线。

首先指定随机数的数量和 t 分布的参数:

```
n = 10000
df = 3
```

根据上面的参数来生成随机数并对抽样结果画直方图和拟合的密度曲线,与真实密度曲线做对比 (见图3.18)。

```
X=rt(n,df)
X_=seq(-5,5,length.out=length(X))
X_pdf=dt(X,df)
X_cdf=pt(X,df)
data=data.frame('X'=X,'pdf'=X_pdf,'cdf'=X_cdf)
p<-ggplot()
p +
  xlim(-5,5) +
  labs(x="X", y="density",
      title="Estimation of density function
      and real probability density function") +
```

```
geom_histogram(data, mapping = aes(x=X,y=..density..),
            colour="black",fill="white",bins=30) +
geom_density(data,mapping =
            aes(X,colour="Kernel density estimation"),
         size = 2,alpha=.1,fill="#FF6666") +
geom_line(data,mapping =
         aes(X,pdf,
            colour="Probability density function"))
ggsave("Estimation_t.eps",
   width=20,height=15,units="cm",dpi=400)
```

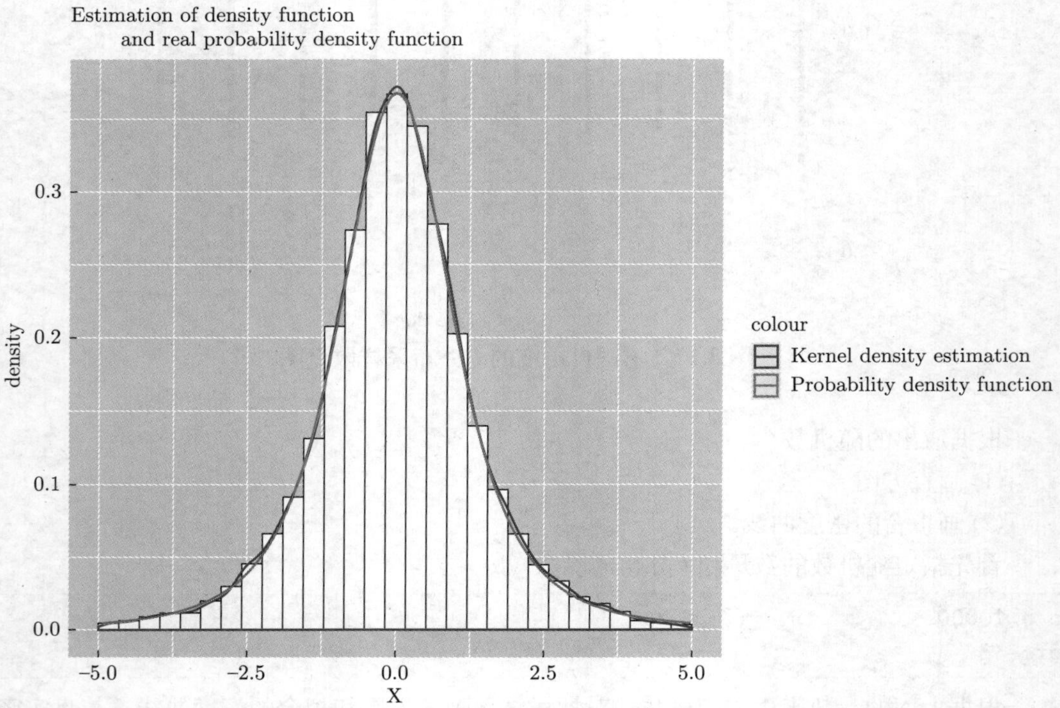

图 3.18　t 分布的概率密度函数曲线、核密度估计曲线与采样点直方图

3.11.3.4　卡方分布

χ^2 分布密度函数（k 是自由度）：

$$f(x;\,k) = \begin{cases} \dfrac{x^{\frac{k}{2}-1}\mathrm{e}^{-\frac{x}{2}}}{2^{\frac{k}{2}}\Gamma\left(\dfrac{k}{2}\right)}, & x \geqslant 0 \\[4mm] 0, & \text{其他} \end{cases}$$

取随机数：从不同自由度的 χ^2 分布中分别抽取 n 个样本点 (见图3.19)。

```
n = 100
df<-c(1,2,3,4,5,6,7,8,9,10)
X = rep(df,each = n)
Y = c()
for (i in c(1:length(df))) {
  Y = c(Y,rchisq(n,df[i]))
}
data = data.frame('lambda'=X,'value'=Y)
p<-ggplot(data,mapping=aes(x=lambda,y=value)) +
  xlab('degree of freedom')
p + geom_point() +
  ggtitle("Sample from chi{-squared distribution") +
  ylim(0,20)
  ggsave("Sample_from_chi_squared_distribution.eps",
      width=20,height=15,units="cm",dpi=400)
```

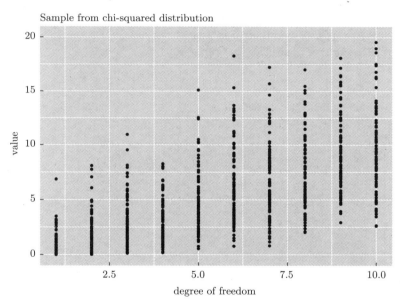

图 3.19   不同自由度的卡方分布的采样散点图

根据取出的随机数:

(1) 画直方图。

(2) 画拟合的密度曲线。

首先指定随机数的数量和 χ^2 分布的参数:

```
n = 10000
df = 3
```

　　根据上面的参数来生成随机数并对抽样结果画直方图和拟合的密度曲线，与真实密度曲线做对比 (见图3.20)。

```
X=rchisq(n,df)
X_pdf=dchisq(X,df)
X_cdf=pchisq(X,df)
data=data.frame('X'=X,'pdf'=X_pdf,'cdf'=X_cdf)
ggplot() +
  labs(x="X", y="density",
      title="Estimation of density function
      and real probability density function") +
  geom_histogram(data, mapping=aes(x=X,y=..density..),
            colour="black",fill="white",bins=30) +
  geom_density(data,mapping=
            aes(X,colour="Kernel density estimation"),
          size=2,alpha=.1,fill="#FF6666") +
  geom_line(data,mapping=
          aes(X,pdf,
            colour="Probability density function"))
ggsave("Estimation_chi_squared.eps",
    width=20,height=15,units="cm",dpi=400)
```

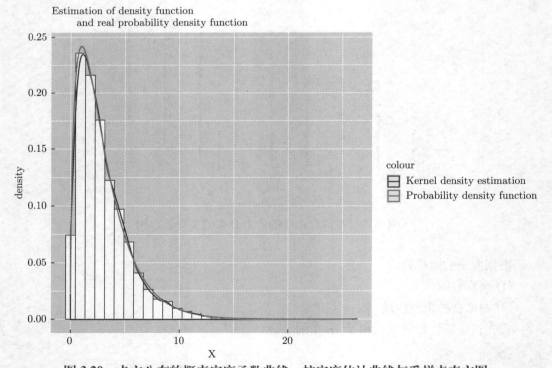

图 3.20　卡方分布的概率密度函数曲线、核密度估计曲线与采样点直方图

3.11.3.5 几何分布

几何分布密度函数，其中 $x \in \{1, 2, 3, \cdots\}$，$0 < p < 1$，为每次试验成功的概率。

$$p(x) = (1-p)^{x-1}p$$

取随机数：从参数 p 的几何分布中抽取 n 个样本点 (见图3.21)。

```
n=100
p<-c(0.1,0.2,0.3,0.4,0.5,0.6,0.7)
X=rep(p,each=n)
Y=c()
for (i in c(1:length(p))) {
  Y=c(Y,rgeom(n,p[i]))
}
data=data.frame('lambda'=X,'value'=Y)
p <- ggplot(data,mapping =
            aes(x=lambda,y=value)) + xlab('p')
p + geom_point() +
  ggtitle("Sample from geometric distribution") +
  ylim(0,100)
  ggsave("Sample_from_geometric_distribution.eps",
      width=20,height=12,units="cm",dpi=400)
```

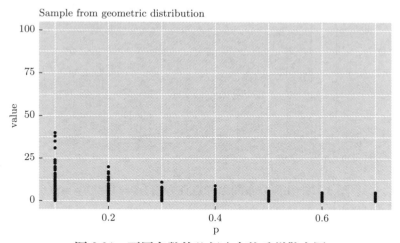

图 3.21 不同参数的几何分布的采样散点图

根据取出的随机数：

(1) 画直方图。

(2) 画拟合出的密度曲线。

首先指定随机数的数量和几何分布的参数：

```
n=1000
p=0.6
```

根据上面的参数来生成随机数并对抽样结果画直方图和拟合的分布曲线，并且和真实分布曲线做对比 (见图3.22和图3.23)。

```
library(ggplot2)
X=rgeom(n,p)
X_=seq(0,10,length.out=length(X))
X_pdf=dgeom(X,p)
X_cdf=pgeom(X_,p)
data=data.frame('X'=X,'pdf'=X_pdf,'cdf'=X_cdf)
ggplot() +
  labs(x="X",y="count",title="bar plot") +
  geom_bar(data,mapping=aes(x=X),
          colour="black",fill="white",width=0.5)
ggsave("Barplot_geometric.eps",
      width=20,height=12,units="cm",dpi=400)
```

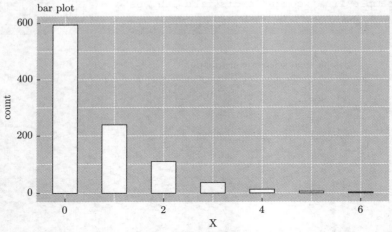

图 3.22 几何分布的采样点直方图 $(n = 1\,000, p = 0.6)$

```
ggplot() +
  labs(x="X",y="probability",
      title="Empirical cumulative distribution
      and cumulative distribution function") +
  geom_line(data,
          mapping=
            aes(X_,cdf,
                colour="cumulative distribution function"),
          size=2,aplha=.1) +
```

```
stat_ecdf(data,
        mapping =
          aes(x=X,
              colour='empirical cumulative distribution'),
        geom="step")
ggsave("Empirical_geometric.eps",
    width=20,height=12,units="cm",dpi=400)
```

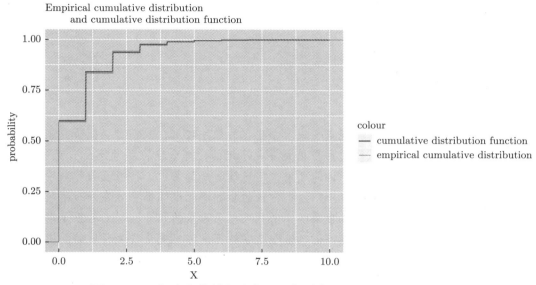

图 3.23　几何分布的累积分布函数与样本累积分布函数估计图

## 第 4 章

期望、信息熵、矩母函数、特征函数与数字特征

■ 本章导读

第 3 章用随机变量把随机现象变成一个变化的数字之后，我们可以把研究领域转到函数领域。随机变量在每次试验之后取值是变化不定的，那么这背后有什么不变的东西呢？本章就来研究这类问题。本章所讲的期望、信息熵、矩母函数、特征函数等数字特征都是确定的量，不再具有随机性。另外，随机变量的全部变化规律都隐藏在分布函数或者密度函数里，那么对它们求积分，或者乘以一个对已知函数求的积分，得到的正是期望、信息熵、矩母函数与特征函数等数字特征。这些数字特征是随机变量或者背后的随机现象的不变量，有时它们甚至可以反过来完全确定概率分布，进而确定随机变量本身，虽然只有一次试验结果之遥。由此看出，数字特征将更多数学工具引入对随机变量的研究中，能够得到更深刻的结果。后面章节中的大数定律、中心极限定理等结论正是通过数字特征得以证明的，而不等式、概率论中层出不穷的新方法本身都是使用数字特征来刻画的。

4.1　数学期望

正式介绍期望的概念之前，我们先来看两个例子。

▶ **例题 4.1.1**　一个班有 $n = 126$ 个学生，期末考试后有 n_j 个学生的成绩是 j 分 $(0 \leqslant j \leqslant 100)$。用 x_i 表示第 i 个学生的成绩，则全班学生的平均分是

$$\mu = \frac{1}{n}\sum_{i=1}^{n} x_i = \frac{1}{n}\sum_{j=0}^{100} j \cdot n_j = \sum_{j=0}^{100} j\frac{n_j}{n}$$

现在从班中任选一个学生，用 X 表示这个学生的期末成绩，则 X 有分布

$$p_j = P(X = j) = \frac{n_j}{n}, \quad 0 \leqslant j \leqslant 100$$

随机变量 X 的概率分布就是该班期中考试成绩的分布，所以 X 的数学期望应当定义成平均分 μ。

$$E(X) = \sum_{j=0}^{100} j \frac{n_j}{n} = \sum_{j=0}^{100} j p_j$$

本节给出随机变量的定义，其分布规律全部隐藏在其分布函数里。分布函数在离散型和连续型随机变量下分别对应着概率质量函数和概率密度函数。

▶ **例题 4.1.2**　设 X 有概率分布

X	100	200
P	0.01	0.99

作为可能值的平均数是 150，但是凭直觉，150 并不能真正体现 X 的取值的平均，这是错误地对 X 的可能值 100 与 200 一视同仁的结果。实际上，从分布上看，X 取 200 的机会比 X 取 100 的机会大得多。

4.1.1　期望的定义

对于离散型随机变量，给出其数学期望的定义。

离散型随机变量的数学期望

设 ξ 为一离散型随机变量，它取值 $x_1, x_2, \cdots$，对应的概率分别为 $p_1, p_2, \cdots$。如果级数

$$\sum_{i=1}^{\infty} x_i p_i$$

绝对收敛，则称它为 ξ 的**数学期望** (mathematical expectation)，简称**期望、期望值、均值** (mean)，记作 $(E\xi)$。

当 $\sum_{i=1}^{\infty} |x_i| p_i$ 发散时，称 ξ 的数学期望不存在。

▶ **例题 4.1.3** (伯努利分布的期望)　事件 A 发生的概率为 p，若以 1_A 记其示性函数，则

$$E(1_A) = 1 \times p + 0 \times (1-p) = p = P(A)$$

▶ **例题 4.1.4** (二项分布的期望)　设 X 服从二项分布，$X \sim p_k = \binom{n}{k} p^k q^{n-k}$，$k = 0, 1, 2, \cdots, n$，则

$$E(X) = \sum_{k=0}^{n} k p_k = \sum_{k=1}^{n} k \binom{n}{k} p^k q^{n-k} = np \sum_{k=1}^{n} \binom{n-1}{k-1} p^{k-1} q^{n-k}$$
$$= np(p+q)^{n-1} = np$$

▶ **例题 4.1.5** (泊松分布的期望) 设 X 服从泊松分布，$X \sim p_k = \dfrac{\lambda^k}{k!} \mathrm{e}^{-\lambda}$，$k = 0, 1, 2, \cdots$，则

$$E(X) = \sum_{k=0}^{\infty} k p_k = \sum_{k=1}^{\infty} k \frac{\lambda^k}{k!} \mathrm{e}^{-\lambda} = \lambda \mathrm{e}^{-\lambda} \sum_{k=1}^{\infty} \frac{\lambda^{k-1}}{(k-1)!} = \lambda \mathrm{e}^{-\lambda} \mathrm{e}^{\lambda} = \lambda$$

由此看出，泊松分布的参数 λ 就是它的期望值。

▶ **例题 4.1.6** (几何分布的期望) 设 X 服从几何分布，$X \sim p_k = q^{k-1}p$，$k = 1, 2, \cdots$，则

$$E(X) = \sum_{k=1}^{\infty} k p_k = \sum_{k=1}^{\infty} k q^{k-1} p$$

$$= p(1 + 2q + 3q^2 + \cdots) = p(q + q^2 + q^3 + \cdots)' = p \left(\frac{q}{1-q} \right)'$$

$$= p \frac{1}{(1-q)^2} = \frac{1}{p}$$

▶ **例题 4.1.7** (引申：猴子、打字机与莎士比亚) 假设莎翁的文本可以由一个 k 位长的二进制编码表示，猴子使用打字机成功敲出该字符串的概率是 2^{-k}，则第 $m+1$ 次首次成功敲出该字符串的概率

$$P(\text{第}m+1\text{次首次成功}) = (1 - 2^{-k})^m 2^{-k}$$

$$P(\text{猴子最终敲出莎翁的文本}) = \sum_{m=0}^{\infty} (1 - 2^{-k})^m 2^{-k} = 1$$

即猴子以概率 1 总能敲出莎翁全集。但是需要的平均等待时间为 (几何分布的期望)：

$$2^{-k} \sum_{m=1}^{\infty} m (1 - 2^{-k})^m = 2^k - 1$$

我们仅仅看这一句话"TO BE OR NOT TO BE" (5×18=90bits)，假定猴子需要 1 分钟做一次尝试，则我们需要等待 2.36×10^{21} 年，更不要说打出全集的文本。

▶ **例题 4.1.8** (期望不存在的情形) 随机变量 ξ 取值 $x_k = (-1)^k \dfrac{2^k}{k}$，$k = 1, 2, \cdots$，对应的概率为 $p_k = 1/2^k$。一方面，由于 $p_k \geqslant 0$，$\sum\limits_{k=1}^{\infty} p_k = 1$，因此它是概率分布，而且

$$\sum_{k=1}^{\infty} x_k p_k = \sum_{k=1}^{\infty} (-1)^k \frac{1}{k} = -\ln 2$$

但另一方面

$$\sum_{k=1}^{\infty} |x_k| p_k = \sum_{k=1}^{\infty} \frac{1}{k} = \infty$$

由定义，ξ 的数学期望不存在。

▶ **例题 4.1.9** 一所学校的 120 名学生坐 3 辆校车参加音乐演出，3 辆车坐满恰好可以承载 120 名乘客，分别是 36 人、40 人和 44 人。随机地选一名学生，记 X 表示被选中的学生所在车上的人数。求 X 的数学期望。

解　因为随机地选，所以

$$P(X=36)=\frac{36}{120}=\frac{3}{10},\ P(X=40)=\frac{40}{120}=\frac{1}{3},\ P(X=44)=\frac{44}{120}=\frac{11}{30}$$

则

$$E(X)=36\times\frac{3}{10}+40\times\frac{1}{3}+44\times\frac{11}{30}\approx 40.266\,7$$

大于 120/40, 为什么？对任意的乘客数分配都对吗？

下面来看连续型随机变量的数学期望，先来看一下它的定义。

连续型随机变量的数学期望

设 ξ 为具有密度函数 $p(x)$ 的连续型随机变量，当积分 $\displaystyle\int_{-\infty}^{+\infty}xp(x)\mathrm{d}x$ 绝对收敛时，我们称它为 ξ 的数学期望 (或均值)，记作 $E(\xi)$, 即

$$E(\xi)=\int_{-\infty}^{+\infty}xp(x)\mathrm{d}x$$

▶ **例题 4.1.10** (正态分布的期望)　正态分布 $X\sim N(\mu,\sigma^2)$。

$$\begin{aligned}E(X)&=\int_{-\infty}^{+\infty}xp(x)\mathrm{d}x=\int_{-\infty}^{+\infty}x\frac{1}{\sqrt{2\pi}\sigma}\mathrm{e}^{-(x-\mu)^2/(2\sigma^2)}\mathrm{d}x\\&=\frac{1}{\sqrt{2\pi}}\int_{-\infty}^{+\infty}(\sigma z+\mu)\mathrm{e}^{-z^2/2}\mathrm{d}z\\&=\frac{\mu}{\sqrt{2\pi}}\int_{-\infty}^{+\infty}\mathrm{e}^{-z^2/2}\mathrm{d}z=\mu\end{aligned}$$

▶ **例题 4.1.11** (指数分布的期望)　指数分布 $X\sim p(x)=\lambda\mathrm{e}^{-\lambda x},\ x\geqslant 0$。

$$E(X)=\int_{0}^{+\infty}x\lambda\mathrm{e}^{-\lambda x}\mathrm{d}x=-\int_{0}^{+\infty}x\mathrm{d}\mathrm{e}^{-\lambda x}=\int_{0}^{+\infty}\mathrm{e}^{-\lambda x}\mathrm{d}x=\frac{1}{\lambda}$$

▶ **例题 4.1.12** (柯西分布不存在期望)　柯西分布 $X\sim p(x)=\dfrac{1}{\pi}\dfrac{1}{1+x^2}$。

$$E(|X|)=\int_{-\infty}^{+\infty}|x|\frac{1}{\pi(1+x^2)}\mathrm{d}x=\infty$$

因此柯西分布的数学期望不存在。

现在来看一般情形下数学期望的统一形式的定义。

数学期望的一般性定义

若 ξ 的分布函数是 $F(x)$, 当 $\displaystyle\int_{-\infty}^{+\infty}|x|\mathrm{d}F(x)<\infty$ 时，称

$$E(\xi)=\int_{-\infty}^{+\infty}x\mathrm{d}F(x)$$

为 ξ 的数学期望（均值）。若上述积分不是绝对收敛的，则 ξ 的数学期望不存在。

为了更好地理解数学期望的这个一般性定义，我们引入一个测度论中的概念——斯蒂尔杰斯 (Stieltjes) 积分。

斯蒂尔杰斯积分

若 $F(x)$ 是单调不减函数，且积分

$$I = \int_{-\infty}^{+\infty} g(x)\mathrm{d}F(x)$$

有限，则称其为斯蒂尔杰斯积分。

命题 4.1.1 斯蒂尔杰斯积分的性质

(i) 当 $F(x)$ 在 $x_i\,(i=1,2,\cdots)$ 具有跃度 p_i 时

$$I = \sum_i g(x_i)p_i$$

(ii) 当 $F(x)$ 存在导数 $F'(x) = p(x)$ 时

$$I = \int_{-\infty}^{+\infty} g(x)p(x)\mathrm{d}x$$

(iii) 线性性质

$$\int_{-\infty}^{+\infty} [ag_1(x) + bg_2(x)]\mathrm{d}F(x) = a\int_{-\infty}^{+\infty} g_1(x)\mathrm{d}F(x) + b\int_{-\infty}^{+\infty} g_2(x)\mathrm{d}F(x)$$

(iv)

$$\int_{-\infty}^{+\infty} g(x)\mathrm{d}[aF_1(x) + bF_2(x)] = a\int_{-\infty}^{+\infty} g(x)\mathrm{d}F_1(x) + b\int_{-\infty}^{+\infty} g(x)\mathrm{d}F_2(x)$$

(v) 对于 $a \leqslant c \leqslant b$

$$\int_a^b g(x)\mathrm{d}F(x) = \int_a^c g(x)\mathrm{d}F(x) + \int_c^b g(x)\mathrm{d}F(x)$$

(vi) 若 $g(x) \geqslant 0$，$F(x)$ 单调不减，$b > a$，则

$$\int_a^b g(x)\mathrm{d}F(x) \geqslant 0$$

♠

对于乘积测度，对某一维的积分可以得到其余维的边际下的积分

$$\int_a^b g(x)\mathrm{d}F(x,y) = \int_a^b g(x)\mathrm{d}F_X(x)$$

为了更好地理解乘积测度，我们不加证明地引入若干测度论中的概念和结论来辅助理解。

截口

设 X 和 Y 是两个集合，E 是 $X \times Y$ 的子集。令

$$E_x = \{y \in Y | (x,y) \in E\}$$
$$E^y = \{x \in X | (x,y) \in E\}$$

分别称 E_x 和 E^y 为 E 在 x 及 y 处的**截口** (section)。设 $f(x,y)$ 为 $X \times Y$ 上的一个函数，用记号 $f_x(y) = f(x,y)$，$f^y(x) = f(x,y)$ 分别表示截口上的函数。

定理 4.1.1 测度积分的分解

设 $(X, \mathcal{A}, \mu)$ 及 $(Y, \mathcal{B}, \nu)$ 为两个 σ 有限测度空间, 则在 $\mathcal{A} \times \mathcal{B}$ 上存在唯一的测度 $\mu \times \nu$, 使得

$$(\mu \times \nu)(A \times B) = \mu(A)\nu(B), \quad A \in \mathcal{A}, B \in \mathcal{B}$$

对于任何 $E \in \mathcal{A} \times \mathcal{B}$, 有

$$(\mu \times \nu)(E) = \int_X \nu(E_x)\mu(\mathrm{d}x) = \int_Y \mu(E^y)\nu(\mathrm{d}y)$$

♡

定理 4.1.2 有密度时测度积分的分解

令 $(X, \mathcal{A}, \mu)$ 及 $(Y, \mathcal{B}, \nu)$ 为 σ 有限测度空间, f 为 $X \times Y$ 上的非负 $\mathcal{A} \times \mathcal{B}$ 可测函数。则函数 $x \mapsto \int_Y f_x \mathrm{d}\nu$ 为 $\mathcal{A}$ 可测, $y \mapsto \int_X f^y \mathrm{d}\mu$ 为 $\mathcal{B}$ 可测, 且有

$$\int_{X \times Y} f \mathrm{d}(\mu \times \nu) = \int_Y \left(\int_X f^y \mathrm{d}\mu \right) \nu(\mathrm{d}y) = \int_X \left(\int_Y f_x \mathrm{d}\nu \right) \mu(\mathrm{d}x)$$

♡

4.1.2 随机变量函数的期望

随机变量函数的期望

若 $g(x)$ 为博雷尔可测函数, 对于随机变量 ξ, 令 $\eta = g(\xi)$。对于离散型随机变量 ξ, 有

$$E(\eta) = E(g(\xi)) = \sum_{i=1}^{\infty} g(x_i)p(x_i)$$

即

$$E(\eta) = E(g(\xi)) = \sum_i g(x_i)[F_\xi(x_{i+1}) - F_\xi(x_i)]$$

当 ξ 为连续型随机变量时, 期望应为上式的极限

$$E(\eta) = \int_{-\infty}^{+\infty} y \mathrm{d}F_\eta(y) = \int_{-\infty}^{+\infty} g(x)\mathrm{d}F_\xi(x) = E(g(\xi))$$

这两个积分中, 若一个存在, 则另一个也存在, 而且两者相等。上式对离散型和连续型随机变量都成立, 要求是该积分绝对收敛。

注 上述公式又称 "佚名统计学家法则" (law of the unconscious statistician, LOTUS)。

定理 4.1.3　多维场合 LOTUS 法则

若随机向量 $(\xi_1, \xi_2, \cdots, \xi_n)$ 的分布函数为 $F(x_1, x_2, \cdots, x_n)$，而 $g(x_1, x_2, \cdots, x_n)$ 为 n 元博雷尔函数，则

$$E(g(\xi_1, \xi_2, \cdots, \xi_n)) = \int_{-\infty}^{+\infty} \cdots \int_{-\infty}^{+\infty} g(x_1, x_2, \cdots, x_n) \mathrm{d}F(x_1, x_2, \cdots, x_n)$$

特别地

$$E(\xi_1) = \int_{-\infty}^{+\infty} \cdots \int_{-\infty}^{+\infty} x_1 \mathrm{d}F(x_1, x_2, \cdots, x_n) = \int_{-\infty}^{+\infty} x_1 \mathrm{d}F_1(x_1)$$

下面给出随机向量期望的定义。

随机向量的期望

随机向量 $(\xi_1, \xi_2, \cdots, \xi_n)$ 的期望为 $(E(\xi_1), E(\xi_2), \cdots, E(\xi_n))$，其中

$$E(\xi_i) = \int_{-\infty}^{+\infty} \cdots \int_{-\infty}^{+\infty} x_i \mathrm{d}F(x_1, x_2, \cdots, x_n) = \int_{-\infty}^{+\infty} x_i \mathrm{d}F_i(x_i)$$

这里 $F_i(x_i)$ 是 ξ_i 的分布函数 $(i = 1, 2, \cdots, n)$。

4.1.3　期望的性质与妙用

期望是数字特征的基础和核心，后面要讲的方差、矩、信息熵、母函数与特征函数等都是期望。在解决实际问题时，能够恰到好处地用好期望的性质将十分关键。

命题 4.1.2　数学期望的基本性质

数学期望若存在，则有如下性质：

- 性质 1：若 $a \leqslant \xi \leqslant b$，则 $a \leqslant E(\xi) \leqslant b$。特别地，$E(c) = c$，这里 a，b，c 是常数。

- 性质 2 (线性性质)：对任意常数 c_i，$i = 1, \cdots, n$ 及 b，有

$$E\left(\sum_{i=1}^{n} c_i \xi_i + b\right) = \sum_{i=1}^{n} c_i E(\xi_i) + b$$

- 性质 3 (关于两个独立的变量)：若 $\xi \perp\!\!\!\perp \eta$，$g_1(\cdot)$，$g_2(\cdot)$ 是两个一元博雷尔可测函数，则

$$E\left(g_1(\xi) g_2(\eta)\right) = E g_1(\xi) \cdot E g_2(\eta)$$

- 性质 4 (关于 n 个独立的变量)：若 ξ_1，$\cdots$，ξ_n 相互独立，$g_1(\cdot)$，$\cdots$，$g_n(\cdot)$ 为 n 个博雷尔可测函数，则

$$E\left(g_1(\xi_1) \cdots g_n(\xi_n)\right) = E(g_1(\xi_1)) \cdots E(g_n(\xi_n))$$

▶ **例题 4.1.13** (超几何分布的期望)　若 $X \sim \mathrm{HGeom}(N, M, n)$，则它的概率质量函数为

$$p_k = P(X = k) = \frac{\dbinom{M}{k}\dbinom{N-M}{n-k}}{\dbinom{N}{n}}$$

$k = 0, 1, \cdots, n$，求数学期望 $E(X)$。

解一　直接计算 $E(X) = \displaystyle\sum_{k=0}^{n} k p_k$。

解二　利用性质 2，$X = \xi_1 + \cdots + \xi_n$，$\xi_i$ 表示第 i 次抽到次品的示性函数。

$$E(X) = E(\xi_1) + \cdots + E(\xi_n) = \frac{nM}{N}$$

▶ **例题 4.1.14** (帕斯卡分布的期望)　若 $X \sim \mathrm{Pa}(r, p)$，则它的概率质量函数为

$$P(X = k) = \binom{k-1}{r-1} p^r q^{k-r}$$

这里 $q = 1 - p$。$X = k$ 表示伯努利试验中成功了 r 次时的试验次数为 k。若记 X_1 表示第一次成功需要的试验次数，X_i 表示从第 $i-1$ 成功之后到第 i 次成功需要的试验次数，则 $X_i \geqslant 1$，且 X_i 服从一个有相同成功概率 (p) 的几何分布。而

$$X = X_1 + X_2 + \cdots + X_r$$

于是

$$E(X) = E(X_1) + E(X_2) + \cdots E(X_r) = r\frac{1}{p} = \frac{r}{p}$$

▶ **例题 4.1.15** (负超几何分布的期望)　若 $X \sim \mathrm{NHG}(N, M, r)$，即在 N 件产品中有 M 件次品，无放回地从 N 件产品中随机抽取若干件，若记 X 为抽出的产品中恰好含有 $r\,(r < M)$ 件次品时所抽取的件数，则 $X = x$ 的概率为

$$P(X = x) = \frac{\dbinom{M}{r-1}\dbinom{N-M}{x-r}}{\dbinom{N}{x-1}}\left(\frac{M-(r-1)}{N-(x-1)}\right)$$

$$= \frac{\dbinom{x-1}{r-1}\dbinom{N-x}{M-r}}{\dbinom{N}{M}}$$

则 $X = r + \displaystyle\sum_{i=1}^{N-M} I_{A_i}$，其中 A_i 表示 $N - M$ 件正品中的第 i 件在 r 件次品被全部抽走之前被抽中的事件，I_{A_i} 是 A_i 的示性随机变量。则由对称性，X 的期望为

$$E(X) = r + (N - M)P(A_1)$$

而 $P(A_1)$ 的计算相当于从 $(M+1)$ 件产品 (即 M 件次品加上第 1 件正品) 中，在抽中 r 件

次品之前抽中正品 1。考虑正品 1 被抽出的位置，是 $M+1$ 个选择，而前 r 个位置满足"抽中 r 件次品之前抽中正品 1"这个条件，即

$$P(A_1) = \frac{r}{M+1}$$

故

$$E(X) = r + (N-M)\frac{r}{M+1} = r\frac{N+1}{M+1}$$

实际应用　在一副洗牌充分的扑克牌中 (去掉大小王) 一张一张地去摸牌，首次能摸到草花的期望摸牌数大约是 $1 \times \dfrac{52+1}{13+1} = 53/14 \approx 3.786$ 张，第二次摸到草花的期望摸牌数大约是 $2 \times 53/14 \approx 7.571$ 张。而首次摸到老 K 的期望摸牌数大约是 $1 \times (52+1)/(4+1) = 10.6$ 张。

▶ **例题 4.1.16** (玩具收集问题)　假设奇趣蛋一共有 N 种玩具，想集齐所有种类，但每次买到的奇趣蛋中的玩具是随机地从 N 种中抽取的一种 (可以认为是离散均匀分布的)。问集齐所有种类的玩具需要的奇趣蛋数目的期望数是多少？

解　设 X 是所需的玩具数量，目标是求出 $E(X)$。利用期望的线性性质，将 X 写成简单变量之和：

$$X = X_1 + X_2 + \cdots + X_N$$

这里 X_i 表示从首次集齐 $i-1$ 种玩具时刻下一个奇趣蛋开始计数，到搜集到第 i 种新玩具需要搜集的奇趣蛋的数目。当 $i=1$ 时，$X_1 = 1$。当 $i=2$ 时，X_2 服从一个成功概率是 $(N-1)/N$ 的几何分布 (于是期望是 $E(X_2) = N/(N-1)$)。不难发现，对于一般的 i，前面的 $i-1$ 种玩具出现属于"不成功"，下一个 $N-i+1$ 种未获得的玩具中只要出现一个就算"成功"，X_i 服从一个成功概率为 $(N-i+1)/N$ 的几何分布。因此

$$E(X) = E(X_1) + E(X_2) + \cdots + E(X_N)$$
$$= 1 + \frac{N}{N-1} + \frac{N}{N-2} + \cdots + N$$
$$= N\sum_{j=1}^{N}\frac{1}{j}$$

▶ **例题 4.1.17** (匹配数的期望)　一个人写好了 N 封信，也写好了对应的 N 个信封上的地址。这时突然停电了，黑暗中把它们随机地进行匹配，即随机地将每封信放入一个信封中。求信件与信封匹配的对数 (随机量) 的期望。

注　在第 2 章，我们计算过至少有一封信与信封匹配的概率，或者都不匹配的概率。

解　令伯努利型随机变量 X_i 表示第 i 封信与信封匹配，即

$$X_i = \begin{cases} 1, & \text{第 } i \text{ 封信放对了} \\ 0, & \text{否则} \end{cases}$$

则

$$X = X_1 + X_2 + \cdots + X_N$$

表示所求的匹配数。

$$E(X_i) = P(X_i = 1) = \frac{1}{N}$$

则

$$E(X) = E(X_1) + E(X_2) + \cdots + E(X_N) = \frac{1}{N}N = 1$$

即平均来看，恰好有一封信放对了信封。

▶ **例题 4.1.18** (生日匹配问题)　现有 n 个人，考虑一般情况下他们的生日匹配问题 (考虑一年 365 天)。首先，这 n 个人中，相异的生日数 X 的期望是多少？或者换言之，一年中这 n 个人的生日所占的不同日期数的期望是多少？生日两两匹配的组数的期望是多少？即平均看这些人能有多少对，每对中的两人生日相同？

解　设 X 是相异的生日天数。则记 $X = I_1 + I_2 + \cdots I_{365}$，其中：

$$I_i = \begin{cases} 1, & \text{第 } i \text{ 天满足条件} \\ 0, & \text{其他} \end{cases}$$

由期望的性质，有

$$E(I_i) = 1 - P(\text{没有人在这一天出生}) = 1 - \left(\frac{364}{365}\right)^n$$

则得到

$$E(X) = 365\left(1 - \left(\frac{364}{365}\right)^n\right)$$

现在，设 Y 是生日匹配的数量。将人编号为 1，2，$\cdots$，n，则有 $\binom{n}{2}$ 种组合。记 $Y = J_1 + J_2 + \cdots + J_{\binom{n}{2}}$，其中 J_i 表示每一对人是否有相同生日的示性函数，有 $E(J_i) = \frac{1}{365}$，由期望的线性性质：

$$E(Y) = \frac{\binom{n}{2}}{365}$$

▶ **例题 4.1.19** (利用期望计算排序算法的复杂度)　排序算法是数据检索和数据分析中的一种常见算法。下面我们考虑一种二分法排序算法并计算它的复杂度。假设我们有一个由 n 个不同值 x_1，x_2，$\cdots$，x_n 组成的集合，目标是把它们按照升序排列，并输出 $x_{(1)} < x_{(2)} < \cdots < x_{(n)}$。一种高效的二分法是 (不妨设 $n > 3$, 否则显然)：先随机选一个数 x_i，然后将所有小于它的放到 x_i 的左边，大于它的放到右边。该算法迭代地分别在左边的集合和右边的集合中做同样的事，直到所有数都按顺序排好。这时算法的复杂度是指进行比较的次数，一个算法比较次数越少，越有效率。举例来说，如果现在有 10 个不同的数字：

$$6, 10, 4, 11, 12, 15, 9, 5, 18, 7$$

假设开始时选取的数字是 11，按照二分法排序的做法，11 分别与其余 9 个数字进行大小比较，并将小于它的排到左边，大于它的排到右边，于是得到：

$$\{6, 10, 4, 9, 5, 7\}, 11, \{12, 15, 18\}$$

这里用 $\{\cdot\}$ 表示数字集合。

对于包含 1 个以上数字的数字集合，我们依次再随机挑选一个数字进行同样的操作。比如在左边又随机选到 10，则得到结果：

$$\{6, 4, 9, 5, 7\}, 10, \{NULL\}, 11, \{12, 15, 18\}$$

因为选到的 10 是当时集合中最大的，所有右边集合为空，可以省略不写。然后继续，假设又选择 7，则得到：

$$\{6, 4, 5,\}, 7, \{9\}, 10, 11, \{12, 15, 18\}$$

依次进行，直到所得非空集合都是单个数字，排序完成。下面我们计算这个算法的复杂度。

对于 $i \neq j$，令伯努利型随机变量 $I(i, j)$ 表示最终排序结果中 $x_{(i)}$ 与 $x_{(j)}$ 在排序算法中进行过比较的示性，即 $I(i, j) = 1$ 表示 $x_{(i)}$ 与 $x_{(j)}$ 比较过大小，否则没有比较过。则排序算法直到结束执行的总排序数 X 为：

$$X = \sum_{i=1}^{n-1} \sum_{j=i+1}^{n} I(i, j)$$

由期望的线性性质，有

$$E(X) = E\left(\sum_{i=1}^{n-1} \sum_{j=i+1}^{n} I(i, j)\right)$$

$$= \sum_{i=1}^{n-1} \sum_{j=i+1}^{n} E(I(i, j))$$

$$= \sum_{i=1}^{n-1} \sum_{j=i+1}^{n} P\left(x_{(i)} 和 x_{(j)} 比较过大小\right) \tag{4.1}$$

下面的关键一步是计算 $P\left(x_{(i)} 和 x_{(j)} 比较过大小\right)$，不妨设 $i < j$。从算法流程可以看出，如果随机选出的数小于 $x_{(i)}$ 或者大于 $x_{(j)}$，那么 $x_{(i)}$ 与 $x_{(j)}$ 会被排到二叉树同一侧，它们之间不会做比较。而当选出的数在 $x_{(i)}$ 与 $x_{(j)}$ 之间时，$x_{(i)}$ 和 $x_{(j)}$ 会被分到两侧，之后就不会在同一个集合里，也永远不会进行比较了。只有当被选中的数是 $x_{(i)}$ 或者 $x_{(j)}$ 时，它们才会进行比较。因此

$$P\left(x_{(i)} 和 x_{(j)} 比较过大小\right) = \frac{2}{j - i + 1}$$

于是

$$E(X) = \sum_{i=1}^{n-1} \sum_{j=i+1}^{n} \frac{2}{j - i + 1}$$

$$\sum_{j=i+1}^{n} \frac{2}{j-i+1} \approx \int_{i+1}^{n} \frac{2}{x-i+1} \mathrm{d}x$$
$$= 2\ln(x-i+1)|_{i+1}^{n}$$
$$= 2\ln(n-i+1) - 2\ln 2$$
$$\approx 2\ln(n-i+1)$$

因此

$$E(X) \approx \sum_{i=1}^{n-1} 2\ln(n-i+1)$$
$$\approx 2\int_{1}^{n-1} \ln(n-x+1)\mathrm{d}x$$
$$= 2\int_{2}^{n} \ln y \mathrm{d}y$$
$$\approx 2n\ln n$$

可以看出，快速算法平均要进行 $O(n\ln n)$ 次比较。

4.2 方差、矩与数字特征

本节继续研究随机变量的函数的期望，这里我们关注随机变量的多项式函数，对它取期望得到矩。

4.2.1 方差、协方差与相关系数

图4.1是两组数据的散点图，可以看出两组数据即使均值相等，离散程度也可能很不一样。

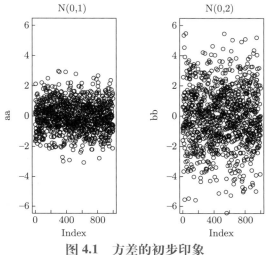

图 4.1 方差的初步印象

于是我们发现，对于两组数据，用均值刻画已经不够了，需要刻画它们对均值的偏离程度。一种方法是选择平均绝对偏差 (样本)

$$AD = \frac{1}{n}\sum_{i=1}^{n}|x_i - \bar{x}|$$

另一种方法是方差 (样本)

$$\sigma^2 = \frac{1}{n}\sum_{i=1}^{n}(x_i - \bar{x})^2$$

> **方差**
> 　　如果 $E((\xi - E(\xi))^2)$ 存在，那么称它为随机变量 ξ 的**方差** (variance)，记作 $D(\xi)(\mathrm{Var}(\xi))$，而 $\sqrt{\mathrm{Var}(\xi)}$ 称为**根方差**、**均方差**或者**标准差** (standard deviation)。

方差的实际含义　它的平方根 (标准差) 与均值量纲上一致。它可以：

- 描述稳定性，如书中射手的例子。
- 在物理与通信理论中，它与能量相联系。
- 在现代金融学中，若以均值表示收益，则方差表示风险，它们是均值-方差模型中的重要部分。
- 在数学上，它是随机变量的二阶中心矩，对应许多统计上的估计 (如最小二乘估计)。

方差的另一种表示

$$\begin{aligned}
\mathrm{Var}(\xi) &= E((\xi - E(\xi))^2)\\
&= E[\xi^2 - 2\xi E(\xi) + (E(\xi))^2]\\
&= E(\xi^2) - 2E(\xi)E(\xi) + (E(\xi))^2\\
&= E(\xi^2) - (E(\xi))^2
\end{aligned}$$

即

$$\mathrm{Var}(\xi) = E(\xi^2) - (E(\xi))^2$$

4.2.2　常见分布的方差

▶ **例题 4.2.1** (伯努利分布的方差)　对于 $\xi \sim \mathrm{Ber}(1,p)$

$$E(\xi^2) = p, E(\xi) = p$$
$$\mathrm{Var}(\xi) = p - p^2 = pq$$

▶ **例题 4.2.2** (二项分布的方差)　对于 $\xi \sim \mathrm{Bin}(n,p)$

$$E(\xi^2) = \sum_{k=0}^{n} k^2 \binom{n}{k} p^k q^{n-k} = npq + n^2p^2$$
$$\mathrm{Var}(\xi) = E(\xi^2) - (E(\xi))^2 = npq$$

▶ **例题 4.2.3** (泊松分布的方差)　对于 $\xi \sim \text{Poi}(\lambda)$

$$E(\xi^2) = \sum_{k=0}^{\infty} k^2 p_k = \sum_{k=1}^{\infty} k \frac{\lambda^k}{(k-1)!} e^{-\lambda}$$

$$= \lambda \sum_{k=0}^{\infty} (k+1) \frac{\lambda^k}{k!} e^{-\lambda} = \lambda^2 + \lambda$$

$$\text{Var}(\xi) = E(\xi^2) - (E(\xi))^2 = \lambda^2 + \lambda - \lambda^2 = \lambda$$

可以看出，泊松分布的均值与方差都是 λ。

▶ **例题 4.2.4** (负超几何分布的方差)　若 $X \sim \text{NHG}(N, M, r)$，即在 N 件产品中有 M 件次品，无放回地从 N 件中随机抽取若干件，若记 X 为抽出的产品中恰好含有 $r \, (r < M)$ 件次品所抽取的件数，则 $X = x$ 的概率为

$$P(X = x) = \frac{\dbinom{M}{r-1} \dbinom{N-M}{x-r}}{\dbinom{N}{x-1}} \left(\frac{M-(r-1)}{N-(x-1)} \right)$$

$$= \frac{\dbinom{x-1}{r-1} \dbinom{N-x}{M-r}}{\dbinom{N}{M}}$$

前面我们已经计算过，若令 A_i 表示 $N - M$ 件正品中第 i 件在 r 件次品被全部抽走之前被抽中，则

$$X = r + \sum_{i=1}^{N-M} I_{A_i}$$

$$E(X) = r + \sum_{i=1}^{N-M} P(A_i) = r + \sum_{i=1}^{N-M} \frac{r}{M+1} = r \frac{N+1}{M+1}$$

令 $Y = \sum_{i=1}^{N-M} I_{A_i}$，则 $X = r + Y$，$E(Y) = r(N-M)/(M+1)$，$\text{Var}(X) = \text{Var}(Y) = E(Y^2) - (E(Y))^2$。$E(Y^2)$ 不容易直接计算，观察到 $E(Y(Y-1)) = 2 \sum_{i<j} P(A_i A_j)$，而对于 $i \neq j$

$$P(A_i A_j) = \frac{\dbinom{2}{2} \dbinom{M}{r-1}}{\dbinom{M+2}{r+1}} = \frac{r(r+1)}{(M+2)(M+1)}$$

于是

$$\text{Var}(X) = \text{Var}(Y+r) = \text{Var}(Y) = E(Y(Y-1)) + E(Y) - (E(Y))^2$$

$$= 2\binom{N-M}{2}\frac{r(r+1)}{(M+2)(M+1)} + (N-M)\frac{r}{M+1}\left(1 - \frac{r(N-M)}{M+1}\right)$$

$$= \frac{r(N-M)(N+1)(M+1-r)}{(M+1)^2(M+2)}$$

上面的推导用到了 4.2.3 节中方差的性质 2。

▶ **例题 4.2.5** (均匀分布的方差) 对于 $\xi \sim U[a,b]$

$$E(\xi) = \int_a^b x\frac{1}{b-a}\mathrm{d}x = \frac{a+b}{2}$$

$$E(\xi^2) = \int_a^b x^2\frac{1}{b-a}\mathrm{d}x = \frac{1}{b-a}\frac{x^3}{3}\bigg|_a^b = \frac{a^2+ab+b^2}{3}$$

$$\text{Var}(\xi) = \frac{a^2+ab+b^2}{3} - \left(\frac{a+b}{2}\right)^2 = \frac{(b-a)^2}{12}$$

▶ **例题 4.2.6** (正态分布的方差) 对于 $\xi \sim N(\mu, \sigma^2)$

$$\text{Var}(\xi) = \int_{-\infty}^{+\infty} (x-\mu)^2\frac{1}{\sqrt{2\pi}\sigma}\mathrm{e}^{-(x-\mu)^2/(2\sigma^2)}\mathrm{d}x$$

$$= \frac{\sigma^2}{\sqrt{2\pi}}\int_{-\infty}^{+\infty} z^2\mathrm{e}^{-z^2/2}\mathrm{d}z$$

$$= \frac{\sigma^2}{\sqrt{2\pi}}\int_{-\infty}^{+\infty} z\mathrm{d}(-\mathrm{e}^{-z^2/2})$$

$$= \frac{\sigma^2}{\sqrt{2\pi}}\left[(-z\mathrm{e}^{-z^2/2})|_{-\infty}^{+\infty} + \int_{-\infty}^{+\infty}\mathrm{e}^{-z^2/2}\mathrm{d}z\right]$$

$$= \frac{\sigma^2}{\sqrt{2\pi}}\sqrt{2\pi} = \sigma^2$$

▶ **例题 4.2.7** (指数分布的方差) 对于 $\xi \sim \text{Exp}(\lambda)$

$$E(\xi^2) = \lambda\int_0^{+\infty} x^2\mathrm{e}^{-\lambda x}\mathrm{d}x$$

$$= \frac{1}{\lambda^2}\int_0^{+\infty} t^2\mathrm{e}^{-t}\mathrm{d}t$$

$$= \frac{1}{\lambda^2}\Gamma(3) = \frac{2}{\lambda^2}$$

于是

$$\text{Var}(\xi) = \frac{2}{\lambda^2} - \frac{1}{\lambda^2} = \frac{1}{\lambda^2}$$

▶ **例题 4.2.8** (伽马分布的期望和方差) 对于 $\xi \sim \Gamma(\alpha, \lambda)$，$\Gamma(\alpha, \lambda)$ 分布的密度为

$$p(x) = \frac{\lambda^\alpha}{\Gamma(\alpha)} x^{\alpha-1} \mathrm{e}^{-\lambda x} \, (x > 0)$$

先计算期望

$$E(\xi) = \int_0^{+\infty} x \frac{\lambda^\alpha}{\Gamma(\alpha)} x^{\alpha-1} \mathrm{e}^{-\lambda x} \mathrm{d}x$$

$$= \frac{1}{\lambda\Gamma(\alpha)} \int_0^{+\infty} (\lambda x)^\alpha \mathrm{e}^{-\lambda x} \mathrm{d}(\lambda x)$$

$$= \frac{\Gamma(\alpha+1)}{\lambda\Gamma(\alpha)} = \frac{\alpha}{\lambda}$$

再计算二阶矩

$$E(\xi^2) = \int_0^{+\infty} x^2 \frac{\lambda^\alpha}{\Gamma(\alpha)} x^{\alpha-1} \mathrm{e}^{-\lambda x} \mathrm{d}x$$

$$= \frac{1}{\Gamma(\alpha)\lambda^2} \int_0^{+\infty} t^{\alpha+1} \mathrm{e}^{-t} \mathrm{d}t \, (\text{令} t = \lambda x)$$

$$= \frac{\Gamma(\alpha+2)}{\Gamma(\alpha)\lambda^2} = \frac{\alpha(\alpha+1)}{\lambda^2}$$

于是

$$\mathrm{Var}(\xi) = E(\xi^2) - (E(\xi))^2 = \frac{\alpha}{\lambda^2}$$

4.2.3　方差的性质

通过观察和总结，我们得到方差的如下性质：

- 性质 1：　常数的方差为 0。
- 性质 2：　$\mathrm{Var}(\xi + c) = \mathrm{Var}(\xi)$，$c$ 为常数。
- 性质 3：　$\mathrm{Var}(c\xi) = c^2 \mathrm{Var}(\xi)$，$c$ 为常数。由上述两条性质可知，对于一个随机变量，可以通过"标准化"的操作使其均值为 0、方差为 1。

$$\xi^* = \frac{\xi - E(\xi)}{\sqrt{\mathrm{Var}(\xi)}}$$

则 $E(\xi^*) = 0, \mathrm{Var}(\xi^*) = 1$。

性质 1 至性质 3 可以归纳为

$$\mathrm{Var}(a + b\xi) = b^2 \mathrm{Var}(\xi)$$

- 性质 4：若 $c \neq E(\xi)$，则 $\mathrm{Var}(\xi) < E(\xi - c)^2$，即

$$\mathrm{Var}(\xi) = \min_c E(\xi - c)^2$$

$$E(\xi) = \arg\min_c E(\xi - c)^2$$

- 性质 5：设 $c_1, \cdots, c_n$ 为任意常数，则

$$\mathrm{Var}\Big(\sum_{i=1}^n c_i\xi_i\Big) = \sum_{i=1}^n\sum_{j=1}^n c_ic_j E\Big(\big(\xi_i - E(\xi_i)\big)\big(\xi_j - E(\xi_j)\big)\Big)$$

- 性质 6：若 $\xi_1, \cdots, \xi_n$ 相互独立，则

$$\mathrm{Var}\Big(\sum_{i=1}^n c_i\xi_i\Big) = \sum_{i=1}^n c_i^2\mathrm{Var}(\xi_i)$$

性质 6 的证明需要用到期望的性质：若 $\xi \perp\!\!\!\perp \eta$，则

$$E(\xi\eta) = E(\xi) \cdot E(\eta)$$

命题 4.2.1　切比雪夫 (Chebyshev) 不等式

对于任何具有有限方差的随机变量 ξ，都有

$$P\Big(|\xi - E(\xi)| \geqslant \epsilon\Big) \leqslant \frac{\mathrm{Var}(\xi)}{\epsilon^2}$$

其中 ϵ 是任意正数。

证明

$$
\begin{aligned}
P(|\xi - E(\xi)| \geqslant \epsilon) &= \int_{|x-E(\xi)|\geqslant\epsilon} \mathrm{d}F(x) \\
&\leqslant \int_{|x-E(\xi)|\geqslant\epsilon} \frac{(x-E(\xi))^2}{\epsilon^2}\mathrm{d}F(x) \\
&\leqslant \int_{-\infty}^{+\infty} \frac{(x-E(\xi))^2}{\epsilon^2}\mathrm{d}F(x) \\
&= \frac{1}{\epsilon^2}\mathrm{Var}(\xi)
\end{aligned}
$$

或者在连续型变量情形下证明，即把 $\mathrm{d}F(x)$ 换成 $p(x)\mathrm{d}x$。

注　随机变量 ξ 的方差越小，ξ 的取值越集中在其中心 $E(\xi)$ 的附近。

从切比雪夫不等式，下述断言对于任意有限方差 (记作 σ^2) 的随机变量 ξ 成立：

$$\xi \text{ 落在 } (E(\xi) - \sigma\delta, \ E(\xi) + \sigma\delta) \text{ 中的概率不小于} 1 - \frac{1}{\delta^2}$$

于是，对于 $x \sim N(\mu, \sigma^2)$

$$P(|X - \mu| \geqslant k\sigma) \leqslant \frac{1}{k^2}$$

即

$$P(|X - \mu| \geqslant \sigma) \leqslant 1$$

$$P(|X - \mu| \geqslant 2\sigma) \leqslant \frac{1}{4}$$

$$P(|X - \mu| \geqslant 3\sigma) \leqslant \frac{1}{9}$$

由切比雪夫不等式，我们可以得到 $\mathrm{Var}(\xi) = 0$ 的充要条件。

(i) 如果 $\xi \equiv c$，则 $\mathrm{Var}(\xi) = 0$。

(ii) 若 $\mathrm{Var}(\xi) = 0$，则由切比雪夫不等式

$$P\left(|\xi - E(\xi)| \geqslant \frac{1}{n}\right) \leqslant 0$$

于是

$$P\left(|\xi - E(\xi)| \geqslant \frac{1}{n}\right) = 0, P\left(|\xi - E(\xi)| < \frac{1}{n}\right) = 1$$

另外

$$\{\xi = E(\xi)\} = \bigcap_{n=1}^{\infty} \left\{|\xi - E(\xi)| < \frac{1}{n}\right\}$$

由概率的上连续性，知 $P(\xi = c) = 1$。

(iii)

$$\mathrm{Var}(\xi) = 0 \Leftrightarrow P(\xi = c) = 1$$

注意上式与 $\xi \equiv c$ 的差异。"概率为 1 的事件"（"几乎必然事件"）与 "必然事件" 的差别。

4.2.4 协方差

对于两个随机变量共同变化的趋势，先看一个例子，计算 $\xi + \eta$ 的方差：

$$\begin{aligned}
\mathrm{Var}(\xi + \eta) &= E\left[(\xi + \eta) - (E(\xi) + E(\eta))\right]^2 \\
&= E(\xi - E(\xi))^2 + E(\eta - E(\eta))^2 + 2E\left[(\xi - E(\xi))(\eta - E(\eta))\right] \\
&= \mathrm{Var}(\xi) + \mathrm{Var}(\eta) + 2E\left[(\xi - E(\xi))(\eta - E(\eta))\right]
\end{aligned}$$

对于随机向量 $\xi = (\xi_1, \xi_2, \cdots, \xi_n)$，每一个分量的方差 $(\mathrm{Var}(\xi_1), \mathrm{Var}(\xi_2), \cdots, \mathrm{Var}(\xi_n))$ 刻画了各自对于均值的偏离程度。但对于随机向量，还需要研究分量间的联系。

> **协方差**
>
> 称
>
> $$\sigma_{ij} = \mathrm{cov}(\xi_i, \xi_j) = E[(\xi_i - E(\xi_i))(\xi_j - E(\xi_j))]$$
>
> $i, j = 1, 2, \cdots, n$ 为 ξ_i 与 ξ_j 的 **协方差** (covariance)。

协方差的等价表示是：

$$\mathrm{cov}(\xi_i, \xi_j) = E(\xi_i \xi_j) - E(\xi_i)E(\xi_j)$$

另外

$$\mathrm{Var}\left(\sum_{i=1}^{n}\xi_i\right) = \sum_{i=1}^{n}\mathrm{Var}(\xi_i) + 2\sum_{1\leqslant i<j\leqslant n}\mathrm{cov}(\xi_i,\xi_j)$$

特别地

$$\mathrm{Var}(\xi_i \pm \xi_j) = \mathrm{Var}(\xi_i) + \mathrm{Var}(\xi_j) \pm 2\mathrm{cov}(\xi_i,\xi_j)$$

很显然，方差是协方差的特例，$\sigma_{ii} = \mathrm{Var}(\xi_i)$。进一步，$n$ 个随机变量的协方差可以排成一个矩阵，得到协方差矩阵。

协方差矩阵

矩阵

$$\Sigma = \begin{pmatrix} \sigma_{11} & \sigma_{12} & \cdots & \sigma_{1n} \\ \sigma_{21} & \sigma_{22} & \cdots & \sigma_{2n} \\ \vdots & \vdots & & \vdots \\ \sigma_{n1} & \sigma_{n2} & \cdots & \sigma_{nn} \end{pmatrix}$$

称为 ξ 的**协方差矩阵** (covariance matrix)，记作 $D(\xi)$ (或 $\mathrm{Var}(\xi)$)。

上式可以写成

$$\Sigma = E(\xi - E(\xi))(\xi - E(\xi))'$$

对于任意的 n 维实向量 t，因为

$$t'\Sigma t = E\big(t'(\xi - E(\xi))\big)^2 \geqslant 0$$

因此 Σ 是一个非负定矩阵，$\det\Sigma \geqslant 0$。在此基础上，可以定义相关系数，用来刻画变量间的线性相关关系。

相关系数

称

$$\rho_{ij} = \frac{\mathrm{cov}(\xi_i,\xi_j)}{\sqrt{\mathrm{Var}(\xi_i)}\sqrt{\mathrm{Var}(\xi_j)}}$$

为随机变量 ξ_i 与 ξ_j 的**相关系数** (correlation coefficient)，也记作 $\mathrm{corr}(\xi_i,\xi_j)$，这里要求 $\mathrm{Var}(\xi_i)$ 与 $\mathrm{Var}(\xi_j)$ 不为 0。可以补充定义常数与任意随机变量的相关系数为 0。

相关系数有下列性质：

- 正相关时 $\rho_{ij} > 0$，负相关时 $\rho_{ij} < 0$。
- 不相关时 $\rho_{ij} = 0$。
- 相关系数是"标准化"的随机变量的协方差

$$\mathrm{corr}(\xi_i,\xi_j) = \mathrm{cov}\left(\frac{\xi_i - E(\xi_i)}{\sqrt{\mathrm{Var}(\xi_i)}}, \frac{\xi_j - E(\xi_j)}{\sqrt{\mathrm{Var}(\xi_j)}}\right)$$

- 具有线性不变性：$\rho_{a\xi+b,c\eta+d} = \text{sign}(ac)\rho_{\xi\eta}$。
- ▶ 例题 4.2.9 (多项分布的相关系数) 设随机向量 $(\xi_1, \xi_2, \cdots, \xi_r)$ 服从多项分布，即

$$P(\xi_1 = k_1, \xi_2 = k_2, \cdots, \xi_r = k_r) = \frac{n!}{k_1! k_2! \cdots k_r!} p_1^{k_1} p_2^{k_2} \cdots p_r^{k_r}$$

这里 $p_i \geqslant 0$, $\sum_{i=1}^{r} p_i = 1$, $k_i \geqslant 0$, $\sum_{i=1}^{r} k_i = n$。取 η_{1i}, η_{2i}, $\cdots$, η_{ni} 是相互独立的 n 个同分布的 Ber$(1, p_i)$ 变量，作为第 i 种结果的示性，则

$$\xi_i = \eta_{1i} + \eta_{2i} + \cdots + \eta_{ni}$$

类似可取 ζ_{1j}, ζ_{2j}, $\cdots$, ζ_{nj} 相互独立同分布于 Ber$(1, p_j)$

$$\xi_j = \zeta_{1j} + \zeta_{2j} + \cdots + \zeta_{nj}$$

于是

$$E(\xi_i\xi_j) = E(\eta_{1i} + \eta_{2i} + \cdots + \eta_{ni})(\zeta_{1j} + \zeta_{2j} + \cdots + \zeta_{nj})$$

$$= \sum_{k\neq l} E(\eta_{ki}\zeta_{lj}) = \sum_{k\neq l} p_i p_j = n(n-1)p_i p_j$$

由此，可以计算 $\text{corr}(\xi_i, \xi_j)$。

4.2.5　柯西-施瓦茨不等式

与数学分析中的柯西-施瓦茨不等式类似，同样有随机变量期望的版本。

定理 4.2.1　柯西-施瓦茨 (Cauchy-Schwartz) 不等式

对任意的随机变量 ξ 与 η 都有

$$|E(\xi\eta)|^2 \leqslant E(\xi^2)E(\eta^2)$$

上式等号成立当且仅当

$$P(\eta = t_0\xi) = 1$$

对某一个常数 t_0 成立。

证明　考虑对于任意实数 t, $E(\xi - t\eta)^2$ 恒大于等于 0，将它展开成关于 t 的二次函数，由判别法知结论成立。　♡

注　与数学分析中的关于数列的柯西-施瓦茨不等式做对比：

$$\left(\sum_i a_i b_i\right)^2 \leqslant \left(\sum_i a_i^2\right)\left(\sum_i b_i^2\right)$$

$$\left(\sum_i a_i b_i p_i\right)^2 \leqslant \left(\sum_i a_i^2 p_i\right)\left(\sum_i b_i^2 p_i\right)$$

由此，我们可以得到相关系数的性质：

(i) $|\rho| \leqslant 1$。

(ii) $|\rho| = 1$ 的充要条件是：存在常数 a, b 使得

$$P(\eta = a + b\xi) = 1$$

(iii) 当 ξ 与 η 不相关时，下列陈述等价：

(a) $\mathrm{cov}(\xi, \eta) = 0$。

(b) ξ 与 η 不相关，即 $\mathrm{corr}(\xi, \eta) = 0$。

(c) $E(\xi\eta) = E(\xi)E(\eta)$。

(d) $\mathrm{Var}(\xi + \eta) = \mathrm{Var}(\xi) + \mathrm{Var}(\eta)$。

(iv) $\xi \perp\!\!\!\perp \eta \Rightarrow \rho = 0$，但反之不然，见例 4.2.10。

(v) 当 $\xi_1, \cdots, \xi_n$ 相互独立时

$$\mathrm{Var}(\xi_1 + \cdots + \xi_n) = \mathrm{Var}(\xi_1) + \cdots + \mathrm{Var}(\xi_n)$$

▶ 例题 4.2.10 $\rho = 0 \not\Rightarrow \xi \perp\!\!\!\perp \eta$。

取一个随机变量 $\xi \sim F$，其分布关于原点对称，即 $-\xi \sim F$，则显然 $\eta = \xi^2$ 与 ξ 之间的相关系数为 0，但两者不独立。

一般地，对于一个服从对称分布的 ξ：

- $\eta = |\xi|$ 与 ξ 不相关，但不独立。
- $\eta = f(\xi)$ 关于 ξ 的偶函数与 ξ 不相关，但不独立。
- 不相关的随机变量间可以有函数关系。
- 相关系数只是随机变量间线性联系程度的一种度量。

下面我们讨论不相关与独立性何时是等价的。

▶ 例题 4.2.11 (服从正态分布时不相关等价于独立) 对于二元正态分布，不相关与独立性是等价的。

$$\sigma_{12} = \int_{-\infty}^{+\infty} \int_{-\infty}^{+\infty} (x - \mu_1)(y - \mu_2) p(x, y) \mathrm{d}x\mathrm{d}y$$

$$= \frac{1}{2\pi\sigma_1\sigma_2\sqrt{1-\rho^2}} \int_{-\infty}^{+\infty} e^{-(y-\mu_2)^2/(2\sigma_2^2)} \mathrm{d}y$$

$$\times \int_{-\infty}^{+\infty} (x-\mu_1)(y-\mu_2) \exp\left\{ -\frac{1}{2(1-\rho^2)} \left(\frac{x-\mu_1}{\sigma_1} - \rho\frac{y-\mu_2}{\sigma_2} \right)^2 \right\} \mathrm{d}x$$

利用事实 $\int_{-\infty}^{+\infty} (x-\mu)\frac{1}{\sqrt{2\pi}\sigma} e^{-\frac{(x-\mu)^2}{2\sigma^2}} \mathrm{d}x = 0$，$\int_{-\infty}^{+\infty} (x-\mu)^2 \frac{1}{\sqrt{2\pi}\sigma} e^{-\frac{(x-\mu)^2}{2\sigma^2}} \mathrm{d}x = \sigma^2$，可得

$$\sigma_{12} = \rho\sigma_1\sigma_2$$

于是

$$\rho_{12} = \frac{\sigma_{12}}{\sigma_1\sigma_2} = \rho$$

由二元正态联合密度

$$p(x,y) = \frac{1}{2\pi\sigma_1\sigma_2\sqrt{1-\rho^2}}\exp\left\{-\frac{1}{2(1-\rho^2)}\right.$$

$$\left.\times\left[\frac{(x-\mu_1)^2}{\sigma_1^2} - 2\rho\frac{(x-\mu_1)(y-\mu_2)}{\sigma_1\sigma_2} + \frac{(y-\mu_2)^2}{\sigma_2^2}\right]\right\}$$

对比

$$p(x)p(y) = \frac{1}{2\pi\sigma_1\sigma_2}\exp\left\{-\frac{(x-\mu_1)^2}{2\sigma_1^2} - \frac{(y-\mu_2)^2}{2\sigma_2^2}\right\}$$

可知两个分量相互独立的充要条件是 $\rho = 0$。于是，对于二元正态分布，不相关与独立等价。

另外，我们来看一个例子，关于正态分布的随机向量，如果其边际分布是正态的，不能保证其联合正态性。

▶ **例题 4.2.12** (边际正态但联合不正态)　令 $\varphi(x) = \dfrac{1}{\sqrt{2\pi}}e^{-x^2/2}$，$-\infty < x < +\infty$。

$$g(x) = \begin{cases} \cos x, & |x| < \pi \\ 0, & \text{其他} \end{cases}$$

$p(x,y) = \varphi(x)\varphi(y) + \dfrac{1}{2\pi}e^{-\pi^2}g(x)g(y), -\infty < x, y < +\infty$。关于 $p(x,y)$, 不难验证:
(1) 是二元密度函数; (2) 边际分布都是正态分布; (3) 分量间的相关系数为 0; (4) 分量间不独立; (5) 不是二元正态密度函数。

离散型随机向量不相关与独立在二值变量时是等价的。

▶ **例题 4.2.13** (二值随机变量的不相关等价于独立)　若 ξ 与 η 都是二值随机变量，则不相关与独立是等价的。

证明　只需证由不相关可以推出独立。

想法　不容易直接计算，将二值变量的不相关对应到线性变换，然后找一个特殊的线性变换——示性函数，研究它的表达式，推得所示事件的独立性，进而由二值随机变量 σ 代数的简单特点推得所引起的随机事件独立，于是变量间独立。

推论 1　对事件 A 与 B，定义事件的相关系数为

$$\rho_{AB} = \rho_{1_A, 1_B} = \frac{P(AB) - P(A)P(B)}{\sqrt{P(A)P(\overline{A})P(B)P(\overline{B})}}$$

则 A 与 B 独立的充要条件是 $\rho_{AB} = 0$。

推论 2

$$|P(AB) - P(A)P(B)| \leqslant \frac{1}{4}$$

▶ **例题 4.2.14** (蒙特卡罗 (Monte Carlo) 方法的方差)　在第 1 章几何概型一节中我们介绍了积分算法的蒙特卡罗法。为计算积分 $I = \displaystyle\int_a^b f(x)\mathrm{d}x$ (阴影区域), 以区域 $G = \{(x,y):$

$a < x < b, 0 < y < M\}$ 包围它，然后产生在 G 中均匀分布的随机数对 (x_i, y_i)，记为 N 对，其中 n 对落入阴影区域，并用 $\hat{I} = \dfrac{nM(b-a)}{N}$ 作为 I 的近似值。其中 n 是随机变量，$E(n) = N \cdot \dfrac{I}{M(b-a)}$，因此

$$E(\hat{I}) = I$$

$$D(\hat{I}) = \frac{M^2(b-a)^2}{N^2} D(n)$$

$$= \frac{M^2(b-a)^2}{N^2} \cdot N \cdot \frac{I}{M(b-a)} \cdot \frac{M(b-a)-I}{M(b-a)} = \frac{I[M(b-a)-I]}{N}$$

因此，包围积分区域（阴影面积）的区域 G 取得越小，积分计算的误差越小，降低方差是蒙特卡罗法的重要研究课题之一。

4.2.6 矩、混合阶矩、分位数与众数

> **原点矩**
>
> 对正整数 k，称
>
> $$m_k = E(\xi^k)$$
>
> 为随机变量 ξ 的 k 阶**原点矩** (origin moment)。

数学期望是 1 阶原点矩。因为 $|\xi|^{k-1} \leqslant 1 + |\xi|^k$，因此若 k 阶矩存在，则所有低阶矩都存在。(这个结论也可以用后面讲到的赫尔德 (Hölder) 或詹森 (Jensen) 不等式证得。)

▶ **例题 4.2.15** 若 $X \sim \mathrm{Exp}(\lambda)$，$\lambda = 1$，则 $E(X^k) = \Gamma(k+1)$。于是标准指数分布的 k 阶矩就是 $k!$。

证明 由概率密度函数 $p_X(x; \lambda = 1) = \mathrm{e}^{-x}$，得

$$E(X^k) = \int x^{k+1-1}\mathrm{e}^{-x}\mathrm{d}x = \Gamma(k+1)$$

于是

$$E(X^k) = k!$$

这里 $k = 1, 2, \cdots$。

> **中心矩**
>
> 对正整数 k，称
>
> $$c_k = E[\xi - E(\xi)]^k$$
>
> 为 k 阶**中心矩** (central moment)。

方差是 2 阶中心矩。

混合矩

设有随机向量 $(X_1, X_2, \cdots, X_d)$，其 $(k_1, k_2, \cdots, k_d)$ 阶**混合 (原点) 矩** (mixed moment) 定义为

$$E\left[X_1^{k_1} X_2^{k_2} \cdots X_d^{k_d}\right]$$

只要上述积分存在。相应地，$(k_1, k_2, \cdots, k_d)$ 阶混合 (中心) 矩定义为

$$E\left[(X_1 - E(X_1))^{k_1} (X_2 - E(X_2))^{k_2} \cdots (X_d - E(X_d))^{k_d}\right]$$

只要上述积分存在。

在这个定义下，(X, Y) 的 $(1, 1)$ 阶混合原点矩就是它们的协方差：

$$E\left[(X - E(X))^1 (Y - E(Y))^1\right] = \mathrm{cov}(X, Y)$$

对 $0 < p < 1$，有时我们要找 x_p，使 $F(x_p) = p$，即求 $F(\cdot)$ 的逆函数 $x_p = F^{-1}(p)$。严格的 $F^{-1}(x)$ 需要更细致的定义，我们下面先引入分位数的概念。

分位数

对 $0 < p < 1$，若

$$F(x_p) \leqslant p \leqslant F(x_p + 0)$$

则称 x_p 为分布函数 $F(x)$ 的 p **分位数** (quantile)。

$x_{0.5}$ 称为中位数 (median)，相比均值，它具有稳健的性质。

思考　中位数的稳健性体现在，它是绝对值损失函数达到最小值时的自变量取值，即

$$x_{0.5} = \arg\min_{c \in \mathbb{R}} E(|\xi - c|)$$

对比　对于方差，我们知道对于二次函数损失函数，均值是使其损失最小的点：

$$E(\xi) = \arg\min_{c \in \mathbb{R}} E(\xi - c)^2$$

4.3　条件期望

子贡问曰："乡人皆好之，何如？"子曰："未可也。"

"乡人皆恶之，何如？"子曰："未可也。不如乡人之善者好之，其不善者恶之。"

——《论语·子路》

对于条件概率，我们知道"条件"是统计的灵魂，很多情况下条件概率是很多问题出现"谬误"的关键所在。同样对于期望，求在一个 (或一组) 随机变量已知、已观测的条件下，另一个 (或一组) 随机变量的期望就属于"条件"的范畴了。

4.3.1　定义与性质

条件数学期望

在 $\xi = x$ 的条件下，η 的**条件数学期望** (conditional expectation) 定义为

$$E(\eta|\xi = x) = \int_{-\infty}^{+\infty} y p(y|x) \mathrm{d}y$$

假设我们面临这样的问题：ξ, η 是相依的随机变量，要找出 ξ 与 η 的函数关系，使得 η 与 $h(\xi)$ 尽可能地靠近。最常使用的是高斯的最小二乘法，即

$$E[\eta - h(\xi)]^2 = \min$$

因为

$$E[\eta - h(\xi)]^2 = \int_{-\infty}^{+\infty} \int_{-\infty}^{+\infty} [y - h(x)]^2 p(x,y) \mathrm{d}x \mathrm{d}y$$

$$= \int_{-\infty}^{+\infty} p(x) \left\{ \int_{-\infty}^{+\infty} [y - h(x)]^2 p(y|x) \mathrm{d}y \right\} \mathrm{d}x$$

由前面方差的性质 (4)，当 $h(x) = E(\eta|\xi = x)$ 时，$\{\cdot\}$ 中的积分达到最小，从而使整个式子达到最小。即当我们观察到 $\xi = x$ 时，$E(\eta|\xi = x)$ 在所有对 η 的估值中均方误差最小。今后我们将称 $y = E(\eta|\xi = x)$ 是 η 关于 ξ 的**回归**。

命题 4.3.1　重期望公式

$E(\eta|\xi)$ 作为一个随机变量，对它求数学期望，有下列关系式：

$$E(\eta) = E\big[E(\eta|\xi)\big]$$

连续型场合下的证明

$$E\big[E(\eta|\xi)\big] = \int_{-\infty}^{+\infty} E(\eta|\xi = x) p(x) \mathrm{d}x$$

$$= \int_{-\infty}^{+\infty} \left[\int_{-\infty}^{+\infty} y p(y|x) \mathrm{d}y \right] p(x) \mathrm{d}x$$

$$= \int_{-\infty}^{+\infty} \int_{-\infty}^{+\infty} y p(x,y) \mathrm{d}x \mathrm{d}y = E(\eta)$$

4.3.2　计算中的应用

▶ **例题 4.3.1** (正态场合下的条件期望)　若 (ξ, η) 服从二元正态分布，则

$$p(y|x) = \frac{1}{\sqrt{2\pi}\sigma_2 \sqrt{1 - \rho^2}} \exp\left\{ -\frac{1}{2\sigma_2^2(1-\rho^2)} \left[y - \left(\mu_2 + \rho\frac{\sigma_2}{\sigma_1}(x - \mu_1) \right) \right]^2 \right\}$$

这恰好就是正态分布 $N\left(\mu_2 + \rho\dfrac{\sigma_2}{\sigma_1}(x-\mu_1), \sigma_2^2(1-\rho^2)\right)$，于是

$$E(\eta|\xi=x) = \mu_2 + \rho\frac{\sigma_2}{\sigma_1}(x-\mu_1)$$

是 x 的线性函数。

▶ 例题 4.3.2 (最佳线性预测) 通常 (ξ,η) 的联合分布未知，或 $E(\eta|\xi=x)$ 难求，这时可以降低要求，求最佳线性预测，即限定 $h(x)$ 为 x 的线性函数，使

$$e(a,b) = E\left[\eta - (a+b\xi)\right]^2$$

达到最小。对 a，b 求偏导并令它们为 0，得到

$$2E[\eta - (a+b\xi)] = 0$$
$$2E[(\eta - (a+b\xi))\xi] = 0$$

即

$$a + b\mu_1 = \mu_2$$
$$a\mu_1 + bE(\xi^2) = E(\xi\eta)$$

整理可得

$$a = \mu_2 - b\mu_1, b = \frac{\mathrm{cov}(\xi,\eta)}{\sigma_1^2} = \rho\frac{\sigma_2}{\sigma_1}$$

其中，$\mu_1 = E(\xi)$，$\mu_2 = E(\eta)$，$\sigma_1^2 = \mathrm{Var}(\xi)$，$\sigma_2^2 = \mathrm{Var}(\eta)$，于是最佳线性预测为

$$L(x) = \mu_2 + \rho\frac{\sigma_2}{\sigma_1}(x-\mu_1)$$

上式称为 η 关于 ξ 的**线性回归**。它与 $E(\eta|\xi=x)$ 是不同的，但在二元正态场合中两者重合，即在正态分布场合中，最佳预测是线性预测。

最佳线性预测的均方误差

$$\begin{aligned}
E\left[\eta - L(\xi)\right]^2 &= E\left[\eta - \mu_2 - b(\xi - \mu_1)\right]^2 \\
&= \sigma_2^2 + b^2\sigma_1^2 - 2b\mathrm{cov}(\xi,\eta) \\
&= \sigma_2^2 - \frac{\mathrm{cov}^2(\xi,\eta)}{\sigma_1^2} = \sigma_2^2(1-\rho^2)
\end{aligned}$$

该预测误差既与 η 的方差有关，也与 ξ 与 η 的相关系数有关。特别地，当 $|\rho| = 1$ 时，预测误差为 0，可以完全准确地进行线性预测。

最佳线性预测残差性质 预测值 $\hat\eta = L(\xi)$ 与残差 $\eta - \hat\eta$ 是不相关的。

$$\hat\eta = L(\xi) = \mu_2 + \rho\frac{\sigma_2}{\sigma_1}(\xi - \mu_1)$$

于是

$$E(\hat\eta) = \mu_2, E(\eta - \hat\eta) = 0$$

因而有

$$\mathrm{cov}(\hat{\eta}, \eta - \hat{\eta}) = E\big[(\hat{\eta} - \mu_2)(\eta - \hat{\eta})\big]$$

$$= E\left\{\rho\frac{\sigma_2}{\sigma_1}(\xi - \mu_1)\big[(\eta - \mu_2) - \rho\frac{\sigma_2}{\sigma_1}(\xi - \mu_1)\big]\right\}$$

$$= \rho\frac{\sigma_2}{\sigma_1}(\rho\sigma_1\sigma_2 - \rho\frac{\sigma_2}{\sigma_1}\sigma_1^2) = 0$$

残差里不再包含对预测 η 有用的知识，η 可以有如下分解：

$$\eta = \hat{\eta} + (\eta - \hat{\eta})$$

4.4　信息熵

1850 年，德国物理学家鲁道夫·克劳修斯 (Rudolf Clausius) 首次提出熵的概念，用它来表示任何一种能量在空间中分布的均匀程度，能量分布越均匀，熵就越大。一个系统的能量完全均匀分布时，这个系统的熵就达到最大值。在克劳修斯看来，对于一个系统，如果听任它自然发展，那么能量差总是倾向于消除的。让一个热物体同一个冷物体接触，热就会以下面所说的方式流动：热物体将冷却，冷物体将变热，直至两个物体达到相同的温度。

1873 年物理学家 J.W. 吉布斯 (J.W.Gibbs) 在《图解方法在流体热力学中的应用》(*Graphical Methods in the Thermodynamics of Fluids*) 一书中也提到，"Any method involving the notion of entropy, the very existence of which depends on the second law of thermodynamics, will doubtless seem to many far-fetched, and may repel beginners as obscure and difficult of comprehension." (任何方法只要涉及熵的概念——其存在性特别依赖于热力学第二定律——将毫无疑问让许多人很难把握，尤其对于初学者来说是模糊且难以理解的。)

1948 年，C.E. 香农 (C.E.Shannon) 在《贝尔系统技术杂志》(*Bell System Technical Journal*) 上发表了《通信的数学原理》(*A Mathematical Theory of Communication*) 一文，将熵的概念引入信息论中。他在与天才数学家冯·诺依曼的通信中讨论了他新找到的这个测量的名称问题。经过比较 "信息" "不确定性" 等名称，最后决定命名为 "熵"。

考虑一个离散取值的随机试验 α，分布列为 p_i，$i = 1, 2, \cdots, n$。我们希望找一个量来整体度量 α 的不确定程度，记作 $H(\alpha)$，当然它可以写成 $H(p_1, p_2, \cdots, p_n)$，满足如下几个要求：

- H 是 p_i 的连续函数。
- 对有 n 个等概结果的试验，H 应是 n 的单调增加函数。
- 一个试验分成相继的两个试验时，未分之前的 H 是分后的 H 的加权和 (权为该试验涉及的结果对应的概率值之和)。

定理 4.4.1　信息熵的表达式

唯一满足上述三个条件的 H 具有下列形式：

$$H = -C\sum_{i=1}^{n} p_i \log p_i$$

其中 C 是正的常数。

定理证明要点　先证明下述引理。

引理 4.4.1　积和分解函数方程

若 $f(n)$ 是 n 的单调增加函数，且

$$f(mn) = f(m) + f(n)$$

对一切正整数 m, n 成立，则

$$f(n) = C\log(n)$$

引理证明要点　先证 $f(n^k) = kf(n)$(归纳法)，再证

$$\left| \frac{f(n)}{f(m)} - \frac{\log n}{\log m} \right| < \frac{1}{k}$$

对任意 k 成立，而这从

$$m^l \leqslant n^k < m^{l+1}$$

及 $f(\cdot)$、$\log$ 的单调性可推得：相减的两项都在区间 $[l/k, (l+1)/k)$ 内。

再回到定理证明，记 $H\left(\dfrac{1}{n}, \dfrac{1}{n}, \cdots, \dfrac{1}{n}\right) = f(n)$，由第三个要求知

$$f(mn) = f(m) + m\frac{1}{m}f(n) = f(m) + f(n)$$

于是，由积和分解函数方程引理，有

$$H\left(\frac{1}{n}, \frac{1}{n}, \cdots, \frac{1}{n}\right) = C\log n$$

当 $p_1, p_2, \cdots, p_n$ 是有理数时，不妨记 $p_i = \dfrac{n_i}{\displaystyle\sum_{i=1}^{n} n_i}$，考虑一个有 $\displaystyle\sum_i n_i$ 个等概结果的

试验，则

$$C\log \sum_{i=1}^{n} n_i = H(p_1, p_2, \cdots, p_n) + C\sum_{i=1}^{n} p_i \log n_i$$

于是

$$H(p_1, p_2, \cdots, p_n) = C\left[\log \sum_{i=1}^{n} n_i - \sum_{i=1}^{n} p_i \log n_i\right]$$

$$= C\left[\sum_{i=1}^{n} p_i(\log \sum_{j=1}^{n} n_j - \log n_i)\right]$$

$$= -C\sum_{i=1}^{n} p_i \log p_i$$

再利用连续性过渡到任意实数。

注 上述定理中随机变量 X 的熵 $H(X)$ 的定义中 $\log(\cdot)$ 函数使用的底数为 2，因此熵的度量单位通常使用比特 (bit)。

凸函数

若对于开区间 (a,b) 内的任意两个不同的点 $x_1, x_2 \in (a,b)$，函数 $f(x)$ 满足，对于任意的 $0 \leqslant \lambda \leqslant 1$，有

$$f(\lambda x_1 + (1-\lambda)x_2) \leqslant \lambda f(x_1) + (1-\lambda)f(x_2)$$

则称 $f(x)$ 在区间 (a,b) 内是**凸函数** (convex function，下凸函数)。若等号只有当 $\lambda = 0$ 或者 $\lambda = 1$ 时成立，则称 f **严格凸**。

注 若函数 $-f$ 是凸函数，则可定义 f 为**凹函数** (concave function，上凸函数)。

定理 4.4.2 詹森不等式 (Jensen's inequality)

若 f 是凸函数，X 是一个随机变量，则有不等式

$$E(f(X)) \geqslant f(E(X))$$

若 f 是严格凸的，则不等式取等号当且仅当 $X = E(X)$ 几乎处处成立 (X 几乎处处是一个常数)。

证明 我们针对离散型随机变量情形进行证明。对离散型随机变量取值个数进行归纳。若 X 只取两个值，则不等式变为：

$$p_1 f(x_1) + p_2 f(x_2) \geqslant f(p_1 x_1 + p_2 x_2)$$

因为 $p_1 + p_2 = 1$，这就是凸函数定义的情形，不等式成立。

若对取值为 $k-1$ 个的离散型随机变量，不等式结论都成立，当 X 取 k 个值时，对 $i = 1, 2, \cdots, k-1$，记 $q_i = p_i/(1-p_k)$，则 q 构成一个在 $k-1$ 个离散值上取值的随机变量。我们有

$$\sum_{i=1}^{k} p_i f(x_i) = p_k f(x_k) + (1-p_k)\sum_{i=1}^{k-1} q_i f(x_i)$$

$$\geqslant p_k f(x_k) + (1-p_k)f\left(\sum_{i=1}^{k-1} q_i x_i\right) \tag{4.2}$$

$$\geqslant f\left(p_k x_k + (1-p_k)\sum_{i=1}^{k-1} q_i x_i\right) \tag{4.3}$$

$$= f\left(\sum_{i=1}^{k} p_i x_i\right)$$

其中式 (4.2) 利用了归纳假设，式 (4.3) 利用了 $k=2$ 的情形。♡

4.4.1　熵的定义和基本性质

这里分离散型、连续型随机变量分别给出其熵的正式定义。

> **离散型随机变量的熵**
>
> 设离散型随机变量 X 有概率质量函数 $p(x)$，定义域为 $\mathcal{X}$，则它的**熵** (entropy) $H(X)$ 定义为：
> $$H(X) = -\sum_{x \in \mathcal{X}} p(x) \log p(x)$$
> 也记为 $H(p)$，作为概率分布 $p(\cdot)$ 的函数。

> **连续型随机变量的熵**
>
> 设连续型随机变量 X 有概率密度函数 $p(x)$，则它的**熵** (entropy) $H(X)$ 定义为：
> $$H(X) = -\int_{-\infty}^{+\infty} p(x) \log p(x) \mathrm{d}x$$
> 同样也可记为 $H(p)$。

熵的定义蕴含了下面一些性质：

(1) 这里 log 函数一般默认取底数为 2。如果换底，那么熵只差一个常数，即
$$H_b(X) = \log_b a H_a(X)$$

(2) 熵可以看成 $\log \dfrac{1}{p(X)}$ 的期望：
$$H(X) = E_p \log \frac{1}{p(X)}$$

(3) 对于离散型随机变量，当且仅当 $p(x_i), x_i \in \mathcal{X}$ 之中的一个为 1 时，$H = 0$，其他情形下 $H > 0$。

(4) 对于离散型随机变量，在有 n 个结果的试验中，等概试验具有最大熵，其值为 $\log n$。

(5) 对于连续型随机变量，若随机变量在有限区间内取值，则当它是均匀分布时熵最大，为 $\log |V|$，其中 V 指有限区间，$|V|$ 表示 V 的长度。

(6) 对于连续型非负随机变量，当均值给定时（为 a），指数分布对应的熵最大，为 $\log ea$。

(7) 对于连续型随机变量，当标准差给定时（为 σ），正态分布对应的熵最大，为 $\log \sqrt{2\pi e}\sigma$。

以上性质作为练习，请读者自行给出证明。

4.4.2 联合熵与条件熵

对于有两个分量的随机向量 (X,Y)，可以定义它们的联合熵和条件熵。为了简便起见，以离散型随机变量为例，连续型随机变量的情况类似。

联合熵

假设离散型随机向量 (X,Y) 有联合概率质量 $p(x,y)$，则它们的**联合熵** (joint entropy) 定义为：

$$H(X,Y) = -\sum_{x\in\mathcal{X}}\sum_{y\in\mathcal{Y}} p(x,y)\log p(x,y) = -E\log p(X,Y)$$

条件熵

若离散型随机向量 $(X,Y)\sim p(x,y)$，则给定 X 的条件下 Y 的**条件熵** (conditional entropy) $H(Y|X)$ 定义为：

$$H(Y|X) = \sum_{x\in\mathcal{X}} p(x)H(Y|X=x)$$

$$= -\sum_{x\in\mathcal{X}} p(x)\sum_{y\in\mathcal{Y}} p(y|x)\log p(y|x) = -\sum_{x\in\mathcal{X}}\sum_{y\in\mathcal{Y}} p(x,y)\log p(y|x)$$

$$= -E\log p(Y|X)$$

定理 4.4.3　熵的链式法则

由上面两个定义马上能够得到条件熵与联合熵的运算关系——链式法则：

$$H(X,Y) = H(X) + H(Y|X)$$

证明

$$H(X,Y) = -\sum_{x\in\mathcal{X}}\sum_{y\in\mathcal{Y}} p(x,y)\log p(x,y) = -\sum_{x\in\mathcal{X}}\sum_{y\in\mathcal{Y}} p(x,y)\log(p(x)p(y|x))$$

$$= -\sum_{x\in\mathcal{X}}\sum_{y\in\mathcal{Y}} p(x,y)\log p(x) - \sum_{x\in\mathcal{X}}\sum_{y\in\mathcal{Y}} p(x,y)\log p(y|x)$$

$$= -\sum_{x\in\mathcal{X}} p(x)\log p(x) - \sum_{x\in\mathcal{X}}\sum_{y\in\mathcal{Y}} p(x,y)\log p(y|x)$$

$$= H(X) + H(Y|X)$$

▶ **例题 4.4.1** (联合熵、边际熵与条件熵) 设随机向量 (ξ,η) 有下面的联合分布：

η ╲ ξ	1	2	3	4	p_η
1	$\frac{1}{32}$	$\frac{1}{32}$	$\frac{1}{16}$	$\frac{1}{8}$	$\frac{1}{4}$
2	$\frac{1}{32}$	$\frac{1}{32}$	$\frac{1}{8}$	$\frac{1}{16}$	$\frac{1}{4}$
3	$\frac{1}{16}$	$\frac{1}{16}$	$\frac{1}{16}$	$\frac{1}{16}$	$\frac{1}{4}$
4	0	0	0	$\frac{1}{4}$	$\frac{1}{4}$
p_ξ	$\frac{1}{8}$	$\frac{1}{8}$	$\frac{1}{4}$	$\frac{1}{2}$	

下面我们分别计算 ξ, η 的联合熵、边际熵以及条件熵。

$$H(\xi,\eta) = -\sum_{i=1}^{4}\sum_{j=1}^{4} p_{\xi,\eta}(i,j)\log p_{\xi,\eta}(i,j)$$

$$= -\frac{1}{32}\log\frac{1}{32} - \frac{1}{32}\log\frac{1}{32} - \frac{1}{16}\log\frac{1}{16} - \frac{1}{8}\log\frac{1}{8} - \frac{1}{32}\log\frac{1}{32} - \frac{1}{32}\log\frac{1}{32}$$

$$-\frac{1}{8}\log\frac{1}{8} - \frac{1}{16}\log\frac{1}{16} - \frac{4}{16}\log\frac{1}{16} - \frac{1}{4}\log\frac{1}{4} = \frac{27}{8}\,(\text{比特})$$

$$H(\xi) = -\frac{1}{8}\log\frac{1}{8} - \frac{1}{8}\log\frac{1}{8} - \frac{1}{4}\log\frac{1}{4} - \frac{1}{2}\log\frac{1}{2} = \frac{7}{4}\,(\text{比特})$$

$$H(\eta) = -\frac{1}{4}\log\frac{1}{4} - \frac{1}{4}\log\frac{1}{4} - \frac{1}{4}\log\frac{1}{4} - \frac{1}{4}\log\frac{1}{4} = 2\,(\text{比特})$$

$$H(\xi|\eta) = \sum_{i=1}^{4} P(\eta=i)H(\xi|\eta=i)$$

$$= \frac{1}{4}H\left(\frac{1}{8},\frac{1}{8},\frac{1}{4},\frac{1}{2}\right) + \frac{1}{4}H\left(\frac{1}{8},\frac{1}{8},\frac{1}{2},\frac{1}{4}\right) + \frac{1}{4}H\left(\frac{1}{4},\frac{1}{4},\frac{1}{4},\frac{1}{4}\right) + \frac{1}{4}H(0,0,0,1)$$

$$= \frac{11}{8}\,(\text{比特})$$

同理，可以计算出 $H(\eta|\xi) = 13/8$ 比特。

注 1　我们发现条件熵并不对称，即 $H(\xi|\eta) \neq H(\eta|\xi)$。

注 2　通过观察发现 $H(\xi) - H(\xi|\eta) = H(\eta) - H(\eta|\xi) = 3/8$ 比特。这个关系不是偶然的，从链式法则可以有关系：

$$H(\xi,\eta) = H(\xi) + H(\eta|\xi) = H(\eta) + H(\xi|\eta)$$

移项即可得证。后面马上可以看出，这个差 $(H(\xi) - H(\xi|\eta))$ 还有独立的意义。

4.4.3　互信息和相对熵

上一节讨论了熵、条件熵的定义和基本性质，尤其是满足特定条件时，什么分布的熵最大。其实有时我们更关心什么时候熵最小。这就是信息论中关心的数据的传输和压缩问题。

现在考虑一个离散均匀分布随机变量 X，其取值为 8 种结果之一。若用二进制的数字来表示结果，使用一个 3 位二进制即可。这时它的信息熵为：

$$H(X) = -\sum_{i=1}^{8} p_i \log p_i = -\sum_{i=1}^{8} \frac{1}{8} \log \frac{1}{8} = \log 8 = 3 \,(比特)$$

假设取值集不变，分布不再是均匀的：考虑这样一个真实场景，有 8 匹赛马，赢得比赛的概率是 $\left(\frac{1}{2}, \frac{1}{4}, \frac{1}{8}, \frac{1}{16}, \frac{1}{64}, \frac{1}{64}, \frac{1}{64}, \frac{1}{64}\right)$。这时熵为

$$H(X) = -\frac{1}{2} \log \frac{1}{2} - \frac{1}{4} \log \frac{1}{4} - \frac{1}{8} \log \frac{1}{8} - \frac{1}{16} \log \frac{1}{16} - \frac{4}{64} \log \frac{1}{64} = 2 \,(比特)$$

采用"前缀"编码 (任何一个编码都不是另一个编码的前缀)，将 8 匹马编码如下 (二进制)：

编码	'0'	'10'	'110'	'1110'	'111100'	'111101'	'111110'	'111111'
概率	$\frac{1}{2}$	$\frac{1}{4}$	$\frac{1}{8}$	$\frac{1}{16}$	$\frac{1}{64}$	$\frac{1}{64}$	$\frac{1}{64}$	$\frac{1}{64}$

这种编码方式遵循"越经常出现 (概率高)，越用短编码"的原则，则需要传输的信息长度 L 的期望为：

$$E(L) = \frac{1}{2} \times 1 + \frac{1}{4} \times 2 + \frac{1}{8} \times 3 + \frac{1}{16} \times 4 + \frac{4}{64} \times 6 = 2$$

即编码的平均长度为 2。如果要发送一条信息，显示哪匹马获胜了，在这种情形下，平均来看，我们只需要一个 2 位的二进制数字就可以了，而不是 3 位数字。当然，这是指发送信息期望的比特值。

在使用计算机处理数据和信息时，算法本身的执行时间和计算机内存开销分别对应的是计算复杂度，而算法程序本身的长度 (描述长度) 是另一种复杂度，通常被称为柯尔莫哥洛夫复杂度。

在一个平稳的股票市场上重复投资，财富会以指数量级增长，财富增长的速度是股票市场的熵的对偶项。Cover 和 Thomas(2006) 指出了这种令人惊讶的股票市场的最优投资与信息理论的平行对偶关系。

计算机是由小的部件系统地组合起来形成一个整体的机器的，它们都有各自计算的极限和通信的极限。计算机作为一个整体，其计算受到器件之间通信极限的限制，同样器件之间的通信也受到它们的计算极限的限制。所以通信理论和信息理论直接影响了计算理论。

如果熵是对一个随机变量自身所含的不确定性的度量，那么一个随机变量中含有的另一个随机变量的信息就隐藏在它们之间的互信息里。相对熵就是用来刻画两个随机变量的

分布之间的距离的。这个距离还有另一个名字——Kullback-Leibler 距离 (简称 KL 距离)，通常用符号 $D(p\|q)$ 表示两个分布 p 和 q 的相对熵 (或者叫作 KL 距离)。

从上面关于熵的讨论中我们看到，针对随机变量定义熵本质上和针对该随机变量的分布定义熵是没有区别的，所以下面我们有时混用变量间的或者它们所服从的分布间的相对熵、互信息。对于两个随机变量的分布，我们总可以将它们取值的集合并起来得到一个公共的取值集合，因此，在下面的讨论中我们都将其设为 $\mathcal{X}$。

相对熵 (KL 距离)

两个概率质量函数 $p(x)$ 和 $q(x)$ 之间的**相对熵** (relative entropy) 或者叫作 Kullback-Leibler 距离 (简称 KL 距离) 定义为：

$$D(p\|q) = \sum_{x\in\mathcal{X}} p(x)\log\frac{p(x)}{q(x)}$$

$$= E_p\log\frac{p(X)}{q(X)} \tag{4.4}$$

注 1　在上面的定义中，因为有合并支撑集的情况，补充定义 $0\log\frac{0}{0}=0$，$0\log\frac{0}{q}=0$，$p\log\frac{p}{0}=\infty$。

注 2　$D(p\|q)$ 可以看成可测函数 $\log\frac{p(X)}{q(X)}$ 的期望。

注 3　KL 距离是一个半距离，即它满足非负性，但没有对称性和三角不等式。由詹森不等式及 $\log x$ 函数的上凸性可以证明

$$-D(p\|q) = -\sum_{x\in\mathcal{X}} p(x)\log\frac{p(x)}{q(x)} = \sum_{x\in\mathcal{X}} p(x)\log\frac{q(x)}{p(x)}$$

$$\leqslant \log\sum_{x\in\mathcal{X}} p(x)\frac{q(x)}{p(x)} = \log\sum_{x\in\mathcal{X}} q(x) = \log 1 = 0 \tag{4.5}$$

互信息

若随机向量 (ξ,η) 有联合概率质量函数 $p(x,y)$，以及边际概率质量函数 $p_\xi(x)$ 和 $p_\eta(y)$，则两个随机变量的**互信息** (mutual information) $I(\xi,\eta)$ 定义为联合分布 $(p(x,y))$ 对于边际分布之积 $(p_\xi(x)p_\eta(y))$ 的相对熵。

$$I(\xi,\eta) = \sum_{x\in\mathcal{X}}\sum_{y\in\mathcal{Y}} p(x,y)\log\frac{p(x,y)}{p_\xi(x)p_\eta(y)}$$

$$= D(p(x,y)\|p_\xi(x)p_\eta(y))$$

$$= E_{p(x,y)}\log\frac{p(\xi,\eta)}{p_\xi(\xi)p_\eta(\eta)}$$

这里 $\mathcal{X}$，$\mathcal{Y}$ 分别表示随机变量 ξ，η 的取值集。

注 1 互信息作为联合分布与独立时的联合分布之间的 KL 距离，由定义可知

$$I(\xi, \eta) = H(\xi) - H(\xi|\eta)$$

结论证明 由互信息的定义，有

$$I(\xi, \eta) = \sum_x \sum_y p(x,y) \log \frac{p(x,y)}{p(x)p(y)} = \sum_x \sum_y p(x,y) \log \frac{p(x|y)}{p(x)}$$

$$= -\sum_x \sum_y p(x,y) \log p(x) + \sum_x \sum_y p(x,y) \log p(x|y)$$

$$= -\sum_x p(x) \log p(x) - \left(-\sum_x \sum_y p(x,y) \log p(x|y) \right)$$

$$= H(\xi) - H(\xi|\eta)$$

注 2 由对称性，$I(\xi, \eta) = H(\eta) - H(\eta|\xi)$。

注 3 由链式法则，$H(\eta|\xi) = H(\xi, \eta) - H(\xi)$。

$$I(\xi, \eta) = H(\eta) + H(\xi) - H(\xi, \eta)$$

注 4 当 $\xi = \eta$ 时

$$I(\xi, \xi) = H(\xi) - H(\xi|\xi) = H(\xi)$$

由上面的几个发现，可以总结出如下定理。

定理 4.4.4 互信息与熵之间的关系

互信息与熵、条件熵之间有如下关系：

$$I(\xi, \eta) = H(\xi) - H(\xi|\eta)$$
$$I(\xi, \eta) = H(\eta) - H(\eta|\xi)$$
$$I(\xi, \eta) = H(\xi) + H(\eta) - H(\xi, \eta)$$
$$I(\xi, \eta) = I(\eta, \xi)$$
$$I(\xi, \xi) = H(\xi)$$

(4.6)

证明 由前面的几个注中的内容可以得到定理结论。♡

互信息与联合熵、条件熵、边际熵的关系如图4.2所示。

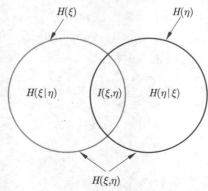

图 4.2　互信息与联合熵、条件熵、边际熵的关系示意图

4.4.4　熵、互信息和相对熵上的链式法则

前面我们得到了在两个变量上熵的链式法则。这个结论可以扩展到 n 个变量。

定理 4.4.5　熵的链式法则 (n 元变量)

设 n 个随机变量 ξ_1, ξ_2, $\cdots$, ξ_n 有联合概率密度 (质量)$p(x_1, x_2, \cdots, x_n)$，则其联合熵可以分解为

$$H(\xi_1, \xi_2, \cdots, \xi_n) = \sum_{i=2}^{n} H(\xi_i | \xi_{i-1}, \cdots, \xi_1) + H(\xi_1)$$

证明　由概率密度的分解公式

$$p(x_1, x_2, \cdots, x_n) = p(x_n | x_{n-1}, \cdots, x_1) p(x_{n-1} | x_{n-2}, \cdots, x_1) \cdots p(x_2 | x_1) p(x_1)$$

可知

$$\log p(x_1, \cdots, x_n) = \sum_{i=2}^{n} \log p(x_i | x_{i-1}, \cdots, x_1) + \log p(x_1)$$

对上式取负号，并代入相应的随机变量，取期望可得定理结论。　♡

条件互信息

给定随机变量 ζ，随机变量 ξ 和 η 的**条件互信息** (conditional mutual information) 定义为

$$
\begin{aligned}
I(\xi, \eta | \zeta) &= H(\xi | \zeta) - H(\xi | \eta, \zeta) \\
&= E_{\xi, \eta, \zeta} \log \frac{p(\xi, \eta | \zeta)}{p(\xi | \zeta) p(\eta | \zeta)}
\end{aligned}
$$

定理 4.4.6　互信息的链式法则

$$I(\xi_1, \xi_2, \cdots, \xi_n, \eta) = \sum_{i=2}^{n} I(\xi_i, \eta | \xi_{i-1}, \xi_{i-2}, \cdots, \xi_1) + I(\xi_1, \eta)$$

证明　由互信息的定义

$$
\begin{aligned}
I(\xi_1, \xi_2, \cdots, \xi_n, \eta) &= H(\xi_1, \xi_2, \cdots, \xi_n) - H(\xi_1, \xi_2, \cdots, \xi_n | \eta) \\
&= \sum_{i=2}^{n} H(\xi_i | \xi_{i-1}, \cdots, \xi_1) + H(\xi_1) - \sum_{i=2}^{n} H(\xi_i | \xi_{i-1}, \cdots, \xi_1, \eta) - H(\xi_1 | \eta) \\
&= \sum_{i=2}^{n} I(\xi_i, \eta | \xi_{i-1}, \cdots, \xi_1) + I(\xi_1, \eta)
\end{aligned}
$$

♡

条件相对熵

对于二维随机向量 (ξ, η) 的两个联合密度 $p(x, y)$ 和 $q(x, y)$，考虑 $\eta | \xi$ 的两个密度下的条件分布的 KL 距离，可以定义**条件相对熵** (conditional relative entropy) $D(p(y|x) \| q(y|x))$：

$$D(p(y|x)\|q(y|x)) = \sum_x p(x) \sum_y p(y|x) \log \frac{p(y|x)}{q(y|x)}$$

$$= E_{p(x,y)} \log \frac{p(\eta|\xi)}{q(\eta|\xi)} \tag{4.7}$$

定理 4.4.7　相对熵的链式法则

$$D(p(x,y)\|q(x,y)) = D(p(x)\|q(x)) + D(p(y|x)\|q(y|x))$$

证明

$$D(p(x,y)\|q(x,y)) = \sum_x \sum_y p(x,y) \log \frac{p(x,y)}{q(x,y)}$$

$$= \sum_x \sum_y p(x,y) \log \frac{p(x)p(y|x)}{q(x)q(y|x)}$$

$$= \sum_x \sum_y p(x,y) \log \frac{p(x)}{q(x)} + \sum_x \sum_y p(x,y) \log \frac{p(y|x)}{q(y|x)}$$

$$= D(p(x)\|q(x)) + D(p(y|x)\|q(y|x))$$

♡

4.5　矩母函数与概率母函数

4.5.1　矩母函数

矩母函数

设 X 是一个随机变量,存在一个常数 $\delta > 0$,使得当 $|t| < \delta$ 时,$E(\exp\{tX\}) < \infty$,则称

$$M_X(t) = E(\exp(tX)), \quad |t| < \delta$$

为随机变量 X 的**矩母函数** (moment generating function,mgf),简称母函数。

▶ **例题 4.5.1** (伯努利分布的矩母函数)　伯努利分布随机变量 $\xi \sim \mathrm{Ber}(1,p)$,其矩母函数为

$$M_\xi(t) = E(\mathrm{e}^{t\xi}) = 1 + (\mathrm{e}^t - 1)p$$

▶ **例题 4.5.2** (二项分布的矩母函数)　二项分布随机变量 $\eta \sim \mathrm{Bin}(n,p)$,其矩母函数为

$$M_\eta(t) = E(\mathrm{e}^{t\eta}) = \sum_{k=0}^{n} \mathrm{e}^{tk} \binom{n}{k} p^k (1-p)^{n-k}$$

$$= \sum_{k=0}^{n} \binom{n}{k} (p\mathrm{e}^t)^k (1-p)^{n-k}$$

$$= [1 + (\mathrm{e}^t - 1)p]^n$$

▶ **例题 4.5.3** (几何分布的矩母函数)　几何分布随机变量 $\zeta \sim G(p)$，其矩母函数为

$$M_\zeta(t) = \sum_{k=1}^{\infty} \mathrm{e}^{tk} (1-p)^{k-1} p$$

$$= p\mathrm{e}^t \sum_{k=1}^{\infty} [(1-p)\mathrm{e}^t]^{k-1}$$

$$= \frac{p\mathrm{e}^t}{1 - (1-p)\mathrm{e}^t} = \frac{p}{\mathrm{e}^{-t} - 1 + p}$$

▶ **例题 4.5.4** (泊松分布的矩母函数)　随机变量 ξ 服从 $\xi \sim \mathrm{Poi}(\lambda)$，即

$$P(\xi = k) = \frac{\lambda^k}{k!} \mathrm{e}^{-\lambda}$$

$x = 0, 1, 2, \cdots$。其矩母函数为

$$M_\xi(t) = E(\mathrm{e}^{t\xi}) = \sum_{k=0}^{\infty} \exp(tk) \lambda^k \exp(-\lambda)/k!$$

$$= \sum_{k=0}^{\infty} [\lambda \exp(t)]^k \exp(-\lambda)/k! = \exp(\lambda(\mathrm{e}^t - 1))$$

▶ **例题 4.5.5** (指数分布的矩母函数)　连续型随机变量 X 服从参数为 λ 的指数分布，即有概率密度函数

$$p_X(x) = \lambda \exp(-\lambda x), \quad x > 0$$

其矩母函数为

$$M_X(t) = E(\exp(tX)) = \int_0^{+\infty} \lambda \exp(tx) \exp(-\lambda x)\mathrm{d}x$$

$$= \frac{\lambda}{\lambda - t} \int_0^{+\infty} \mathrm{d}(-\mathrm{e}^{-(\lambda-t)x}) = \frac{\lambda}{\lambda - t} \left(-\mathrm{e}^{-(\lambda-t)x} \big|_0^{+\infty} \right)$$

$$= \frac{1}{1 - t/\lambda}, \quad |t| < \lambda$$

▶ **例题 4.5.6** (指数分布族的矩母函数)　设连续型随机变量 Y 服从指数型分布族，即其概率密度可以写成：

$$p_Y(y; \theta, \phi) = \exp\left\{ \frac{y\theta - b(\theta)}{\phi} + c(y; \phi) \right\}$$

其矩母函数为

$$M_Y(t) = \int_{-\infty}^{+\infty} e^{ty} \exp\left\{\frac{y\theta - b(\theta)}{\phi} + c(y;\phi)\right\} \mathrm{d}y$$

$$= \int_{-\infty}^{+\infty} \exp\left\{\frac{(\theta + t\phi)y - b(\theta + t\phi) + b(\theta + t\phi) - b(\theta)}{\phi} + c(y;\phi)\right\} \mathrm{d}y$$

$$= \exp\left\{\frac{b(\theta + t\phi) - b(\theta)}{\phi}\right\}$$

▶ **例题 4.5.7** (正态分布的矩母函数) 设 $\xi \sim N(\mu, \sigma^2)$，则概率密度函数为

$$p_\xi(x) = \frac{1}{\sqrt{2\pi}\sigma} \exp\left\{-\frac{(x-\mu)^2}{2\sigma^2}\right\} = \exp\left\{\frac{\mu x - \mu^2/2}{\sigma^2} - \frac{x^2}{2\sigma^2} - \frac{1}{2}\ln(2\pi) - \ln\sigma\right\}$$

这里把正态分布按照指数分布族的形式表示，$\theta = \mu$，$\phi = \sigma^2$，$b(\mu) = \mu^2/2$。其矩母函数为

$$M_\xi(t) = \exp\left\{\frac{b(\mu + t\sigma^2) - b(\mu)}{\sigma^2}\right\}$$

$$= \exp\left\{\frac{1}{2\sigma^2}[(\mu + t\sigma^2)^2 - \mu^2]\right\} = \exp\left\{t\mu + \frac{t^2\sigma^2}{2}\right\}$$

4.5.2 概率母函数

下面我们将研究对象集中在非负整数取值的随机变量上，这时矩母函数也叫作概率母函数。

概率母函数

若随机变量 ξ 取非负整数值，其分布列如下所示：

ξ	0	1	2	$\cdots$
p_ξ	p_0	p_1	p_2	$\cdots$

则称

$$P_\xi(s) = E(s^\xi) = \sum_{k=0}^{\infty} p_k s^k$$

为 ξ 的**概率母函数** (probability generating function，pgf)，简称母函数，记为 $P_\xi(s)$。

注 1 由幂级数的收敛性，$P(s)$ 在 $|s| \leqslant 1$ 上一致绝对收敛。

注 2 由矩母函数和概率母函数的定义，对于离散型随机变量 ξ，其矩母函数和概率母函数是一致的，只是自变量不同。

$$P_\xi(s) = E(s^\xi) = E(e^{\xi \ln s}) = M_\xi(\ln s)$$

▶ **例题 4.5.8** (伯努利分布的概率母函数) 由矩母函数可得概率母函数

$$P_\xi(s) = E(s^\xi) = E(e^{\xi \ln s}) = M_\xi(\ln s) = 1 + (s-1)p$$

▶ **例题 4.5.9** (二项分布的概率母函数)　由矩母函数可得概率母函数

$$P_\eta(s) = E(s^\eta) = M_\eta(\ln s) = [1 + (s-1)p]^n$$

▶ **例题 4.5.10** (几何分布的概率母函数)　令 $q = 1 - p$，由矩母函数可得概率母函数

$$P_\zeta(s) = E(s^\zeta) = M_\zeta(\ln s) = \frac{p}{1/s - 1 + p} = \frac{ps}{1 - qs}$$

▶ **例题 4.5.11** (泊松分布的概率母函数)　由矩母函数可得概率母函数

$$P_\xi(s) = M_\xi(\ln s) = \exp(\lambda(e^{\ln s} - 1)) = \exp(\lambda(s-1))$$

练习　使用概率母函数的定义，直接求几个常见分布的概率母函数。

4.5.3　母函数的性质

由于矩母函数和概率母函数与随机变量的分布是相互决定的，下面的母函数以其中一个为例，另一个也是自然成立的，只是形式上有变化。概率母函数有如下性质：

- (唯一性) 分布列与概率母函数相互唯一决定。

$$k!p_k = P^{(k)}(0) = Q^{(k)}(0) = k!q_k$$

- 概率母函数与矩的关系

$$P(1) = 1$$

$$P^{(1)}(s) = \sum_{k=1}^{\infty} kp_k s^{k-1}, \quad P^{(2)}(s) = \sum_{k=2}^{\infty} k(k-1)p_k s^{k-2}$$

于是当数学期望存在时

$$P^{(1)}(1) = \sum_{k=1}^{\infty} kp_k = E(\xi)$$

同样，当方差存在时

$$E[\xi(\xi-1)] = \sum_{k=2}^{\infty} k(k-1)p_k = P^{(2)}(1)$$

$$\mathrm{Var}(\xi) = E(\xi^2) - (E(\xi))^2 = P^{(2)}(1) + P^{(1)}(1) - [P^{(1)}(1)]^2$$

- 设实值随机变量 X 在 $|t| < \delta\,(\delta > 0)$ 时存在矩母函数，则对一切正整数 $n = 1,\ 2,\ \cdots,$ $E(X^n)$ 存在，且

$$M_X(t) = \sum_{n=0}^{\infty} t^n \frac{E(X^n)}{n!}, \quad |t| < \delta$$

$$E(X^n) = M_X^{(n)}(0), \quad n = 1, 2, \cdots$$

若 $\xi \perp\!\!\!\perp \eta$ 且 $\xi,\ \eta$ 的分布列分别为 $\{a_k\}$ 和 $\{b_k\}$，相应的母函数为 $A(s)$ 和 $B(s)$，则 $\zeta = \xi + \eta$ 的分布列 $\{c_r\}$ 满足

$$c_r = a_0 b_r + a_1 b_{r-1} + \cdots + a_r b_0$$

设 ζ 的母函数是 $C(s) = \sum\limits_{r=0}^{\infty} c_r s^r$。

$$A(s)B(s) = \sum_{k=0}^{\infty} a_k s^k \sum_{l=0}^{\infty} b_l s^l = \sum_k \sum_l a_k b_l s^{k+l}$$

$$= \sum_{r=0}^{\infty} \left(\sum_{k=0}^{r} a_k b_{r-k} \right) s^r = \sum_{r=0}^{\infty} c_r s^r$$

于是

$$C(s) = A(s)B(s)$$

▶ **例题 4.5.12**(独立和的母函数) 二项分布作为 n 个独立伯努利分布之和

$$P(s) = (q + ps)^n$$

于是可得，泊松逼近定理的新证：

$$(1 - p_n + p_n s)^n = \left(1 + \frac{np_n(s-1)}{n} \right)^n \to \mathrm{e}^{\lambda(s-1)}$$

母函数收敛到母函数，于是分布列收敛到分布列。

▶ **例题 4.5.13** 掷 5 颗骰子，求所得总和为 15 的概率。

解 若以 ξ_i 记第 i 颗骰子掷出的数字，则总和 $\eta = \xi_1 + \xi_2 + \cdots + \xi_5$，$\xi_i$ 的母函数为

$$P_i(s) = \frac{1}{6}(s + s^2 + s^3 + s^4 + s^5 + s^6)$$

显然 ξ_1，ξ_2，$\cdots$，ξ_5 是相互独立的，因此 η 的母函数为

$$P(s) = \frac{1}{6^5}(s + s^2 + \cdots + s^6)^5$$

所求概率 $P(\eta = 15)$ 是 $P(s)$ 展开式中 s^{15} 项的系数。

▶ **例题 4.5.14**(随机个随机变量之和的母函数) 若 ξ_1，ξ_2，$\cdots$，ξ_n，$\cdots$ 是一串 i.i.d.(独立同分布) 的随机变量，$P(\xi_i = j) = f_j$，其母函数为

$$F(s) = \sum_{j=0}^{\infty} f_j s^j$$

设随机变量 ν 取正整数值，且 $P(\nu = n) = g_n$，其母函数为

$$G(s) = \sum_{n=1}^{\infty} g_n s^n$$

若 $\{\xi_n\}$ 与 ν 独立，考虑随机个随机变量之和 $\eta = \xi_1 + \xi_2 + \cdots + \xi_\nu$，记

$$P(\eta = i) = h_i$$

我们求 η 的母函数 $H(s) = \sum\limits_{i=0}^{\infty} h_i s^i$，利用全概率公式及 $\{\xi_n\}$ 与 ν 的独立性，有

$$h_i = P(\eta = i) = \sum_{n=1}^{\infty} P(\nu = n) P(\eta = i | \nu = n)$$

$$= \sum_{n=1}^{\infty} P(\nu = n) P(\xi_1 + \xi_2 + \cdots + \xi_n = i | \nu = n)$$

$$= \sum_{n=1}^{\infty} P(\nu = n) P(\xi_1 + \xi_2 + \cdots + \xi_n = i)$$

$\xi_1 + \xi_2 + \cdots + \xi_n$ 为 n 个相互独立同分布的随机变量之和，其母函数为

$$[F(s)]^n = \sum_{i=0}^{\infty} P(\xi_1 + \xi_2 + \cdots + \xi_n = i) s^i$$

于是

$$H(s) = \sum_{i=0}^{\infty} h_i s^i = \sum_{i=0}^{\infty} \Big(\sum_{n=1}^{\infty} P(\nu = n) P(\xi_1 + \xi_2 + \cdots + \xi_n = i) \Big) s^i$$

$$= \sum_{n=1}^{\infty} P(\nu = n) \sum_{i=0}^{\infty} P(\xi_1 + \xi_2 + \cdots + \xi_n = i) s^i$$

$$= \sum_{n=1}^{\infty} g_n [F(s)]^n = G[F(s)]$$

即随机个相互独立同分布的随机变量之和的母函数是原来两个母函数的复合。上式的导数式中令 $s = 1$，则

$$E(\eta) = E(\nu) \cdot E(\xi_i)$$

当 $E(\xi_i)$ 及 $E(\nu)$ 存在时成立。

▶ **例题 4.5.15**（复合泊松分布）　若 ν 服从参数为 λ 的泊松分布，则

$$G(s) = \mathrm{e}^{\lambda(s-1)}$$

设相互独立同分布的随机变量 $\xi_i (i = 1, 2, \cdots)$ 的母函数为 $F(s)$，则 $\eta = \xi_1 + \xi_2 + \cdots + \xi_\nu$ 的母函数为

$$H(s) = \mathrm{e}^{\lambda(F(s)-1)}$$

以上式为母函数的概率分布称为**复合泊松分布**。

▶ **例题 4.5.16**（伯努利-复合泊松分布）　当泊松个独立同分布的变量服从伯努利分布时，化作新参数的泊松分布。基于公式：当 $\xi_i \sim \mathrm{Ber}(p)$ 时，$F(s) = q + ps$，则

$$H(s) = \mathrm{e}^{\lambda p(s-1)}$$

即复合之后变成参数为 λp 的泊松分布。

4.6　特征函数

本节介绍特征函数，它将作为重要工具，可以推导得到第 5 章的各个极限定理。它与随机变量的分布函数是相互决定的关系，因此称为随机变量的"特征"。定义特征函数需要

先引入复值随机变量的概念。这里定义 $i = \sqrt{-1}$。

> **复值随机变量**
>
> 如果 ξ 与 η 都是概率空间 $(\Omega, \mathscr{F}, P)$ 上的实值随机变量，则称 $\zeta = \xi + i\eta$ 为**复值随机变量** (complex-valued random variable)。

由定义，对复值随机变量的研究本质上是对二维随机向量的研究。

- 若二维向量 $(\xi_1, \eta_1) \perp\!\!\!\perp (\xi_2, \eta_2)$，则 $\zeta_1 = \xi_1 + i\eta_1$ 与 $\zeta_2 = \xi_2 + i\eta_2$ 相互独立。
- 定义 $E(\zeta) = E(\xi) + iE(\eta)$。
- 若复值随机变量 $\zeta_1, \zeta_2, \cdots, \zeta_n$ 相互独立，则
$$E(\zeta_1 \zeta_2 \cdots \zeta_n) = E(\zeta_1)E(\zeta_2)\cdots E(\zeta_n)$$
- 若 $g(x)$ 是一个一元博雷尔可测函数，而 $\eta = g(\xi)$，则有
$$E(e^{it\eta}) = E(e^{itg(\xi)}) = \int_{-\infty}^{+\infty} e^{itg(x)} dF_\xi(x)$$

这里 $e^{i\theta} = \cos\theta + i\sin\theta$。

> **特征函数**
>
> 若随机变量 ξ 的分布函数为 $F_\xi(x)$，则称
> $$f_\xi(t) = E(e^{it\xi}) = \int_{-\infty}^{+\infty} e^{itx} dF_\xi(x)$$
> 为 ξ 的**特征函数** (characteristic function)。

由于 $|e^{itx}| = 1$，故特征函数对一切实数 t 有意义。

对于离散型随机变量，若其分布列为

ξ	x_1	x_2	$\cdots$
p_ξ	p_1	p_2	$\cdots$

则其特征函数为
$$f(t) = \sum_{j=1}^{\infty} p_j e^{itx_j}$$

特别地，对于非负整值随机变量，若其母函数为 $P(s)$，则 $f(t) = P(e^{it})$。

对于连续型随机变量，若 ξ 有密度函数 $p(x)$，则其特征函数为
$$f(t) = \int_{-\infty}^{+\infty} e^{itx} p(x) dx$$

这时特征函数是密度函数 $p(x)$ 的傅里叶变换 (Fourier transform)。

4.6.1　特征函数的性质

由定义，特征函数有如下性质：

- **性质 1**

$$f(0) = 1$$

$$|f(t)| \leqslant f(0)$$

$$f(-t) = \overline{f(t)}$$

- **性质 2**　特征函数在 $(-\infty, +\infty)$ 上一致连续。
- **性质 3**　非负定性：对于任意的正整数 n 及任意实数 t_1，t_2，$\cdots$，t_n 和复数 λ_1，λ_2，$\cdots$，λ_n，有

$$\sum_{i=1}^{n} \sum_{j=1}^{n} f(t_i - t_j) \lambda_i \overline{\lambda_j} \geqslant 0$$

[证明要点] 找到如下表示

$$\sum_{i=1}^{n} \sum_{j=1}^{n} f(t_i - t_j) \lambda_i \overline{\lambda_j} = E |\sum_{k=1}^{n} \mathrm{e}^{\mathrm{i} t_k \xi} \lambda_k|^2$$

- **性质 4**　两个相互独立的随机变量之和的特征函数等于它们的特征函数之积。

$$\xi \perp\!\!\!\perp \eta \Rightarrow f_{\xi+\eta}(t) = f_\xi(t) \cdot f_\eta(t)$$

正是该性质使特征函数变成概率论里的重要工具，比较一下它与分布密度函数分别处理独立和时的繁简程度可见一斑。

- **性质 5**　设随机变量 ξ 存在 n 阶矩，则它的特征函数可微分 n 次，且当 $k \leqslant n$ 时

$$f^{(k)}(0) = \mathrm{i}^k E(\xi^k)$$

　推论　若随机变量 ξ 存在 n 阶矩，则它的特征函数可作如下展开：

$$f(t) = 1 + (\mathrm{i}t)E(\xi) + \frac{(\mathrm{i}t)^2}{2!}E(\xi^2) + \cdots + \frac{(\mathrm{i}t)^n}{n!}E(\xi^n) + o(t^n)$$

- **性质 6**　设 $\eta = a\xi + b$，这里 a，b 为常数，则

$$f_\eta(t) = \mathrm{e}^{\mathrm{i}bt} f_\xi(at)$$

4.6.2　常见分布的特征函数

下面来看常见分布的特征函数，今后遇到相应随机变量的特征函数时，就可以辨别是哪种随机变量了。

▶ **例题 4.6.1**　退化分布 $I_c(x)$ 的特征函数为

$$f(t) = \mathrm{e}^{\mathrm{i}ct}$$

▶ **例题 4.6.2** 伯努利分布的特征函数为

$$f(t) = q + pe^{it}$$

▶ **例题 4.6.3** 二项分布的特征函数为

$$f(t) = (q + pe^{it})^n$$

▶ **例题 4.6.4** 泊松分布的特征函数为

$$f(t) = e^{\lambda(e^{it}-1)}$$

▶ **例题 4.6.5** 伽马分布的特征函数为

$$f(t) = \int_0^{+\infty} e^{itx} \frac{\lambda^r}{\Gamma(r)} x^{r-1} e^{-\lambda x} dx$$

$$= \int_0^{+\infty} \frac{\lambda^r}{\Gamma(r)} x^{r-1} e^{-\lambda\left(1-\frac{it}{\lambda}\right)x} dx$$

$$= \left(1 - \frac{it}{\lambda}\right)^{-r} \tag{4.8}$$

特别地,指数分布 $\text{Exp}(\lambda)$ 作为 $\Gamma(1,\lambda)$,其特征函数为

$$f(t) = \left(1 - \frac{it}{\lambda}\right)^{-1}$$

同样地,卡方分布 $\chi^2(n)$ 作为 $\Gamma\left(\frac{n}{2}, \frac{1}{2}\right)$,其特征函数为

$$f(t) = (1 - 2it)^{-\frac{n}{2}}$$

▶ **例题 4.6.6** 标准正态分布的特征函数为

$$f(t) = \frac{1}{\sqrt{2\pi}} \int_{-\infty}^{+\infty} e^{itx} e^{-\frac{x^2}{2}} dx$$

$$= \frac{1}{\sqrt{2\pi}} \int_{-\infty}^{+\infty} \cos tx\, e^{-\frac{x^2}{2}} dx$$

这是一个含参变量的积分。由于一阶矩存在,故对上式关于 t 求导可得 $f'(t) = -tf(t)$,解此常微分方程,得

$$\ln f(t) = -\frac{t^2}{2} + c$$

由 $f(0) = 1$,得 $c = 0$,于是 $f(t) = e^{-\frac{t^2}{2}}$。

▶ **例题 4.6.7** 对于一般正态分布 $N(\mu, \sigma^2)$,由 $\eta \sim N(\mu, \sigma^2)$ 知,必存在 $\xi \sim N(0,1)$ 使得 $\eta = \mu + \sigma\xi$,再由性质 6 可得

$$f(t) = e^{i\mu t - \frac{1}{2}\sigma^2 t^2}$$

4.6.3 逆转公式

由分布函数可以定义特征函数，反过来，由特征函数也可以唯一确定分布函数。这就是通过逆转公式来实现的。

引理 4.6.1

设 $x_1 < x_2$，记

$$g(T, x, x_1, x_2) = \frac{1}{\pi} \int_0^T \left[\frac{\sin t(x - x_1)}{t} - \frac{\sin t(x - x_2)}{t} \right] dt$$

则

$$\lim_{T \to \infty} g(T, x, x_1, x_2) = \begin{cases} 0, & x < x_1 \ \text{或} \ x > x_2 \\ \dfrac{1}{2}, & x = x_1 \ \text{或} \ x = x_2 \\ 1, & x_1 < x < x_2 \end{cases}$$

一点计算 由数学分析中的广义积分和含参变量积分，计算下面几个广义积分：

$$\int_0^{+\infty} e^{-\alpha x} \cos \beta x\, dx (\alpha > 0) \left(= \frac{\alpha}{\alpha^2 + \beta^2} \right) \tag{4.9}$$

$$\int_0^{+\infty} e^{-\alpha x} \frac{\sin \beta x}{x} dx (\alpha > 0) \left(= \arctan \frac{\beta}{\alpha} + C \right) \tag{4.10}$$

$$\int_0^{+\infty} \frac{\sin \beta x}{x} dx \left(= \begin{cases} \dfrac{\pi}{2}, & \beta > 0 \\ 0, & \beta = 0 \\ -\dfrac{\pi}{2}, & \beta < 0 \end{cases} \right) \tag{4.11}$$

计算细节 首先从待证明的逆转公式中观察到最终我们要使用的是式 (4.11)，这只需要在式 (4.10) 中令 $\alpha \to 0$ 即可。这也是含参变量的积分中经常使用的技巧——加一个"收缩因子" $e^{-\alpha x}$。式 (4.10) 中有个 x 在分母上，不容易积分，若考虑式 (4.10) 对 β 求导，可以消掉 x，再检查积分和微分是否可以交换即可。即

$$\frac{\partial}{\partial \beta} \int_0^{+\infty} e^{-\alpha x} \frac{\sin \beta x}{x} dx = \int_0^{+\infty} e^{-\alpha x} \cos \beta x\, dx (\text{即式}(4.9))$$

若能求出式 (4.9)，做关于 β 的原函数即可得式 (4.10)。这样我们把问题归结到计算式 (4.9)。

记

$$J = \int_0^{+\infty} e^{-\alpha x} \cos \beta x\, dx$$

利用两次分部积分，得

$$\begin{aligned} J &= \int_0^{+\infty} \cos \beta x\, d\left(-\frac{e^{-\alpha x}}{\alpha} \right) \\ &= \cos \beta x \left(-\frac{e^{-\alpha x}}{\alpha} \right) \Big|_0^{+\infty} + \int_0^{+\infty} \frac{e^{-\alpha x}}{\alpha} (-\sin \beta x) \beta\, dx \end{aligned}$$

$$= \frac{1}{\alpha} - \frac{\beta}{\alpha}\int_0^{+\infty} e^{-\alpha x}\sin\beta x dx \tag{4.12}$$

式 (4.12) 中的第二项的积分再同样利用分部积分可得

$$\int_0^{+\infty} e^{-\alpha x}\sin\beta x dx = \sin\beta x\left(-\frac{e^{-\alpha x}}{\alpha}\right)\Big|_0^{+\infty} + \int_0^{+\infty}\frac{e^{-\alpha x}}{\alpha}\beta\cos x\beta dx$$

$$= \frac{\beta}{\alpha}J \tag{4.13}$$

将式 (4.13) 代入式 (4.12) 可解出式 (4.9)。

引理的证明　由 [**一点计算**] 依次可得到三个式子的正确性。最后将第三个式子的结果代入题设，可得结论。

定理 4.6.1　逆转公式

设分布函数 $F(x)$ 的特征函数为 $f(t)$，又 x_1, x_2 是 $F(x)$ 的连续点，$x_1 < x_2$，则

$$F(x_2) - F(x_1) = \lim_{T\to\infty}\frac{1}{2\pi}\int_{-T}^T \frac{e^{-itx_1} - e^{-itx_2}}{it}f(t)dt$$

证明　先从等式右边开始推导，记

$$J_T = \frac{1}{2\pi}\int_{-T}^T \frac{e^{-itx_1} - e^{-itx_2}}{it}\int_{-\infty}^{+\infty} e^{itx}dF(x)dt$$

$$= \frac{1}{2\pi}\int_{-T}^T dt\int_{-\infty}^{+\infty}\frac{e^{it(x-x_1)} - e^{it(x-x_2)}}{it}dF(x)$$

由不等式 $|e^{i\alpha} - 1| \leqslant |\alpha|$ ($\forall \alpha > 0$, $|e^{i\alpha} - 1| = |\int_0^\alpha e^{it}dt| \leqslant \int_0^\alpha |e^{it}|dt = \alpha$)，知

$$\left|\frac{e^{it(x-x_1)} - e^{it(x-x_2)}}{it}\right| \leqslant x_2 - x_1$$ 有界。积分可以交换顺序：

$$J_T = \frac{1}{2\pi}\int_{-\infty}^{+\infty} dF(x)\int_{-T}^T\frac{e^{it(x-x_1)} - e^{it(x-x_2)}}{it}dt$$

$$= \frac{1}{2\pi}\int_{-\infty}^{+\infty} dF(x)\int_{-T}^T\frac{\cos(t(x-x_1)) - \cos(t(x-x_2)) + i[\sin(t(x-x_1)) - \sin(t(x-x_2))]}{it}dt$$

$$= \int_{-\infty}^{+\infty} dF(x)\frac{1}{\pi}\int_0^T\frac{\sin(t(x-x_1)) - \sin(t(x-x_2))}{t}dt$$

最后一个等号中用到了 $\cos(t(x-x_i))/t$ $\sin(t(x-x_i))/t$ ($i=1,2$) 分别是奇函数和偶函数。再利用【一点计算】中的结论，有

$$\lim_{T\to\infty} J_T = \int_{-\infty}^{+\infty}[I(x_1 < x < x_2) + \frac{1}{2}I(x=x_1) + \frac{1}{2}I(x=x_2)]dF(x)$$

$$= F(x_2) - F(x_1)$$

上面最后的等式中用到了 x_1, x_2 是 $F(x)$ 的连续点的条件。

定理 4.6.2　唯一性定理

分布函数由其特征函数唯一决定。

证明　应用逆转公式，只需要证明在 $F(x)$ 的连续点上由特征函数决定即可，取 $y < x$，并令 $y \to -\infty$，有

$$F(x) = F(x) - \lim_{y \to -\infty} F(y) = \frac{1}{2\pi} \lim_{y \to -\infty} \lim_{T \to \infty} \int_{-T}^{T} \frac{\mathrm{e}^{-\mathrm{i}ty} - \mathrm{e}^{-\mathrm{i}tx}}{\mathrm{i}t} f(t)\mathrm{d}t$$

由于分布函数是右连续的，因此只有第一类间断点，所以分布函数的不连续点至多只有可数个，在勒贝格测度下测度为零。因此分布函数由其连续点上的值唯一决定。上式证明了在连续点上，可以由特征函数唯一决定分布函数。

定理 4.6.3　连续变量密度上的逆转公式

若 $\int_{-\infty}^{+\infty} |f(t)|\mathrm{d}t < \infty$，则相应的分布函数 $F(x)$ 的导数存在且连续，而且

$$F'(x) = \frac{1}{2\pi} \int_{-\infty}^{+\infty} \mathrm{e}^{-\mathrm{i}tx} f(t)\mathrm{d}t$$

证明　由逆转公式，无论取 $x < y$ 还是 $y < x$，都有

$$F(x \vee y) - F(x \wedge y) = \lim_{T \to \infty} \frac{1}{2\pi} \int_{-T}^{T} \frac{\mathrm{e}^{-\mathrm{i}t(x \wedge y)} - \mathrm{e}^{-\mathrm{i}t(x \vee y)}}{\mathrm{i}t} f(t)\mathrm{d}t$$

式中，$x \vee y$ 表示 x 和 y 的较大者，$x \wedge y$ 表示 x 和 y 的较小者。由不等式 $|\mathrm{e}^{\mathrm{i}\alpha} - 1| \leqslant |\alpha|$，可得

$$\left| \frac{\mathrm{e}^{-\mathrm{i}tx \wedge y} - \mathrm{e}^{-\mathrm{i}tx \vee y}}{\mathrm{i}t(x \vee y - x \wedge y)} \right| \leqslant 1$$

由题设条件 $\int_{-\infty}^{+\infty} |f(t)|\mathrm{d}t < \infty$，有

$$\frac{F(x \vee y) - F(x \wedge y)}{x \vee y - x \wedge y} = \frac{1}{2\pi} \int_{-\infty}^{+\infty} \frac{\mathrm{e}^{-\mathrm{i}tx \wedge y} - \mathrm{e}^{-\mathrm{i}tx \vee y}}{\mathrm{i}t(x \vee y - x \wedge y)} f(t)\mathrm{d}t$$

由控制收敛定理，有

$$\begin{aligned}
p(x) = F'(x) &= \lim_{y \to x} \frac{F(y) - F(x)}{y - x} \\
&= \frac{1}{2\pi} \int_{-\infty}^{+\infty} \lim_{y \to x} \frac{\mathrm{e}^{-\mathrm{i}tx} - \mathrm{e}^{-\mathrm{i}ty}}{\mathrm{i}t(y - x)} f(t)\mathrm{d}t \\
&= \frac{1}{2\pi} \int_{-\infty}^{+\infty} \mathrm{e}^{-\mathrm{i}tx} f(t)\mathrm{d}t
\end{aligned}$$

为了刻画同族随机变量之和仍属于该族的性质，下面我们引入分布函数再生性的概念。

分布函数的再生性

若两个独立的随机变量来自同一个分布族，它们的和的分布仍属于同一分布族，则称该分布具有**再生性** (renewability)。

由于随机变量和的分布是卷积，我们用 $X * Y$ 表示随机变量 X 与 Y 的卷积。有时直接用分布族的符号代替随机变量。下列结论可以直接使用特征函数来证明，即只要说明特征函数满足 $f_{X+Y}(t) = f_X(t)f_Y(t)$ 即可。

▶ 例题 4.6.8 (二项分布的再生性)

$$\text{Bin}(n_1, p) * \text{Bin}(n_2, p) = \text{Bin}(n_1 + n_2, p)$$

证明 由二项分布的特征函数

$$f_{\text{Bin}(n,p)}(t) = (pe^{it} + q)^n$$

这里 $q = 1 - p$，可知由性质 4，结论显然。

▶ 例题 4.6.9 (泊松分布的再生性)

$$\text{Poi}(\lambda_1) * \text{Poi}(\lambda_2) = \text{Poi}(\lambda_1 + \lambda_2)$$

证明 由泊松分布的特征函数

$$f_{\text{Poi}(\lambda)}(t) = e^{\lambda(e^{it}-1)}$$

可知，结合性质 4，结论成立。

▶ 例题 4.6.10 (正态分布的再生性)

$$N(\mu_1, \sigma_1^2) * N(\mu_2, \sigma_2^2) = N(\mu_1 + \mu_2, \sigma_1^2 + \sigma_2^2)$$

证明 由正态分布的特征函数

$$f_{N(\mu_1+\mu_2,\sigma_1^2+\sigma_2^2)} = \exp\{it(\mu_1 + \mu_2) - \frac{1}{2}(\sigma_1^2 + \sigma_2^2)t^2\} = f_{N(\mu_1,\sigma_1^2)}(t)f_{N(\mu_2,\sigma_2^2)}(t)$$

可知结论成立。

▶ 例题 4.6.11 (伽马分布的再生性)

$$\Gamma(\alpha_1, \lambda) * \Gamma(\alpha_2, \lambda) = \Gamma(\alpha_1 + \alpha_2, \lambda)$$

特别地

$$\chi_m^2 * \chi_n^2 = \chi_{m+n}^2$$

证明 由 Γ 分布的特征函数

$$f_{\Gamma(\alpha,\lambda)}(t) = \left(1 - \frac{it}{\lambda}\right)^{-\alpha}$$

可知，结合性质 4 可得结论。

4.6.4 多元特征函数

前面我们看到了特征函数强大的表示功能，将随机变量的性质划到另一个空间去研究，往往能够十分简洁地得到结论。下面我们研究对于随机向量，该如何定义和开发相应的特征函数。如果把每一个随机变量的特征函数组成向量可以吗？如果每一个随机变量采用不同的自变量 t_i 呢？作为一个向量不好吗？

经过一番探索，我们发现，还是把随机向量的特征函数做成向量自变数，取值实数比较好。

> **多元特征函数**
>
> 随机向量 $\xi = (\xi_1, \cdots, \xi_n)$ 的特征函数定义为
>
> $$f_\xi(t_1, \cdots, t_n) = \int_{-\infty}^{+\infty} \cdots \int_{-\infty}^{+\infty} e^{i(t_1 x_1 + \cdots + t_n x_n)} dF(x_1, \cdots, x_n)$$
>
> 其中 $F(x_1, \cdots, x_n)$ 是随机向量 ξ 的分布函数。

多元随机向量的特征函数有如下性质：

- **性质 1**　$f(t_1, t_2, \cdots, t_n)$ 在 $\mathbb{R}^n$ 中一致连续，而且
$$|f(t_1, t_2, \cdots, t_n)| \leqslant f(0, 0, \cdots, 0) = 1$$
$$f(-t_1, -t_2, \cdots, -t_n) = \overline{f(t_1, t_2, \cdots, t_n)}$$

- **性质 2**　如果 $f(t_1, t_2, \cdots, t_n)$ 是 $(\xi_1, \xi_2, \cdots, \xi_n)$ 的特征函数，则 $\eta = a_1\xi_1 + a_2\xi_2 + \cdots + a_n\xi_n$ 的特征函数为
$$f_n(t) = f(a_1 t, a_2 t, \cdots, a_n t)$$

- **性质 3**　如果矩 $E(\xi_1^{k_1}\xi_2^{k_2}\cdots\xi_n^{k_n})$ 存在，则
$$E(\xi_1^{k_1}\xi_2^{k_2}\cdots\xi_n^{k_n}) = i^{-\sum\limits_{j=1}^{n} k_j}\left[\frac{\partial^{k_1+k_2+\cdots+k_n} f(t_1, t_2, \cdots, t_n)}{\partial t_1^{k_1}\partial t_2^{k_2}\cdots\partial t_n^{k_n}}\right]_{t_1=t_2=\cdots=t_n=0}$$

- **性质 4**　若 $(\xi_1, \xi_2, \cdots, \xi_n)$ 的特征函数为 $f(t_1, t_2, \cdots, t_n)$，则 $k(k < n)$ 维随机向量 $(\xi_1, \xi_2, \cdots, \xi_k)$ 的特征函数为
$$f_{\xi_1, \xi_2, \cdots, \xi_k}(t_1, t_2, \cdots, t_k) = f(t_1, t_2, \cdots, t_k, 0, \cdots, 0)$$
对任意 k 个下标，结论类似。

- **性质 5**　若 $(\xi_1, \xi_2, \cdots, \xi_n)$ 的特征函数为 $f(t_1, t_2, \cdots, t_n)$，而 ξ_j 的特征函数为 $f_{\xi_j}(t)$，$j = 1, 2, \cdots, n$，则随机变量 $\xi_1, \xi_2, \cdots, \xi_n$ 相互独立的充要条件为
$$f(t_1, t_2, \cdots, t_n) = f_{\xi_1}(t_1)f_{\xi_2}(t_2)\cdots f_{\xi_n}(t_n)$$

- **性质 6**　若以 $f_1(t_1, \cdots, t_n)$，$f_2(u_1, \cdots, u_m)$ 及 $f(t_1, \cdots, t_n, u_1, \cdots, u_m)$ 分别记随机向量 $(\xi_1, \cdots, \xi_n)$，$(\eta_1, \cdots, \eta_m)$ 及 $(\xi_1, \cdots, \xi_n, \eta_1, \cdots, \eta_m)$ 的特征函数，则
$$(\xi_1, \cdots, \xi_n) \perp\!\!\!\perp (\eta_1, \cdots, \eta_m)$$
的充要条件是，对一切实数 $t_1, \cdots, t_n$ 及 $u_1, \cdots, u_m$，有
$$f(t_1, \cdots, t_n, u_1, \cdots, u_m) = f_1(t_1, \cdots, t_n)f_2(u_1, \cdots, u_m)$$

多元特征函数与单变量特征函数一样，有如下几个定理成立。

定理 4.6.4   多元逆转公式

如果 $f(t_1, t_2, \cdots, t_n)$ 是随机向量 $(\xi_1, \xi_2, \cdots, \xi_n)$ 的特征函数, 而 $F(x_1, x_2, \cdots, x_n)$ 是它的分布函数, 则

$$P(a_k \leqslant \xi_k < b_k, k = 1, 2, \cdots, n)$$
$$= \lim_{\substack{T_j \to \infty \\ j=1,\cdots,n}} \frac{1}{(2\pi)^n} \int_{-T_1}^{T_1} \cdots \int_{-T_n}^{T_n} \prod_{k=1}^{n} \frac{\mathrm{e}^{-\mathrm{i}t_k a_k} - \mathrm{e}^{-\mathrm{i}t_k b_k}}{\mathrm{i}t_k} f(t_1, \cdots, t_n) \mathrm{d}t_1 \cdots \mathrm{d}t_n$$

其中 a_k 和 b_k 都是任意实数, 满足唯一的要求: $(\xi_1, \xi_2, \cdots, \xi_n)$ 落在平行体

$$a_k \leqslant x_k < b_k, \quad k = 1, 2, \cdots, n$$

的面上的概率等于零。

定理 4.6.5   多元唯一性定理

分布函数 $F(x_1, x_2, \cdots, x_n)$ 由其特征函数唯一决定。

定理 4.6.6   连续性定理

若特征函数列 $\{f_k(t_1, t_2, \cdots, t_n)\}$ 收敛于一个连续函数 $f(t_1, t_2, \cdots, t_n)$, 则函数 $f(t_1, t_2, \cdots, t_n)$ 是某分布函数所对应的特征函数。

连续性定理在第 5 章可以证明, 其结论在证明随机变量序列的收敛时需要用到。

4.6.5   多元正态分布

n 元正态分布的密度函数可用向量形式表示, 为

$$p(x) = \frac{1}{(2\pi)^{n/2}(\det \Sigma)^{\frac{1}{2}}} \exp\left\{ -\frac{1}{2}(x - \mu)^{\mathrm{T}} \Sigma^{-1}(x - \mu) \right\} \tag{4.14}$$

其中 Σ 是 n 阶正定对称矩阵, μ 是实值列向量, 记作

$$\xi \sim N(\mu, \Sigma)$$

显然

$$p(x) > 0, \quad x \in \mathbb{R}^n$$

若要验证 $p(x)$ 是一个密度函数, 只须验证

$$\int_{\mathbb{R}^n} p(x) \mathrm{d}x = 1$$

因为 Σ 是正定对称阵, 存在非奇异阵 L, 使得

$$\Sigma = LL^{\mathrm{T}}$$

于是

$$(x-\mu)^{\mathrm{T}}\Sigma^{-1}(x-\mu) = (x-\mu)^{\mathrm{T}}L^{-\mathrm{T}}L^{-1}(x-\mu)$$
$$= \left[L^{-1}(x-\mu)\right]^{\mathrm{T}}\left[L^{-1}(x-\mu)\right]$$
$$= y^{\mathrm{T}}y$$

如果我们令 $y = L^{-1}(x-\mu)$，在这个变量替换下 $x = Ly + \mu$，于是雅可比行列式为

$$\det L = (\det\Sigma)^{\frac{1}{2}}$$

因此

$$\int_{\mathbb{R}^n} p(x)\mathrm{d}x = \frac{1}{(2\pi)^{\frac{n}{2}}(\det\Sigma)^{\frac{1}{2}}}\int_{\mathbb{R}^n}\exp\left\{-\frac{1}{2}y^{\mathrm{T}}y\right\}(\det\Sigma)^{\frac{1}{2}}\mathrm{d}y$$
$$= \frac{1}{(2\pi)^{n/2}}\int_{-\infty}^{+\infty}\cdots\int_{-\infty}^{+\infty}\exp\left\{-\frac{1}{2}\sum_{k=1}^{n}y_k^2\right\}\mathrm{d}y_1\cdots\mathrm{d}y_n$$
$$= \left[\frac{1}{\sqrt{2\pi}}\int_{-\infty}^{+\infty}\mathrm{e}^{-\frac{u^2}{2}}\mathrm{d}u\right]^n = 1$$

于是验证了 $p(x)$ 确实是一个密度函数。

▶ **例题 4.6.12**（多元正态分布特征函数）　多元正态分布式 (4.14) 的特征函数为

$$f(t) = \exp\left\{\mathrm{i}\mu^{\mathrm{T}}t - \frac{1}{2}t^{\mathrm{T}}\Sigma t\right\} \tag{4.15}$$

证明（概略）　由变换

$$x = Ly + \mu$$

可以将 $f(t)$ 表示成 $\mathrm{e}^{\mathrm{i}\mu^{\mathrm{T}}t-\frac{1}{2}t^{\mathrm{T}}\Sigma t}$ 乘以一个正态密度积分。

另外，该结论对于"非负定"的（而不是要求正定）的对称阵 Σ 成立，这样多元正态分布的定义可以拓展到非负定协方差阵的场合。

推导思路　利用

$$\Sigma_k = \Sigma + \frac{1}{k}I$$

作为正定阵，对应于特征函数 $f_k(t)$，再证 $f_k(t) \to f(t)$，由连续性定理可知 $f(t)$ 对应某分布函数的特征函数。

一般 n 元正态的定义

　　若 μ 是 n 维实向量，Σ 是 n 阶非负定对称阵，则称以式 (4.15) 中的 $f(t)$ 为特征函数的分布函数为 n 元正态分布，并记为 $N(\mu,\Sigma)$。

由定义知，当 $\det\Sigma = 0$ 时，密度函数无法写出，这时概率分布集中在一个 $r(\Sigma$ 的秩 (rank)) 维子空间上。这种分布称为**退化正态分布**或**奇异正态分布**。下面假定服从 n 元正态分布。

定理 4.6.7　n 元正态向量子向量的分布

　　ξ 的任一子向量 $(\xi_{k_1}, \xi_{k_2}, \cdots, \xi_{k_m})(m \leqslant n)$ 也服从正态分布，$N(\tilde{\mu}, \tilde{\Sigma})$，其中 $\tilde{\mu} = (\mu_{k_1}, \cdots, \mu_{k_m})^{\mathrm{T}}$，$\tilde{\Sigma}$ 为保留 Σ 的第 k_1，k_2，$\cdots$，k_m 行及列所得的 m 阶矩阵。特别地，ξ_j 服从一元正态 $N(\mu_j, \sigma_{jj})$。

　　证明　在特征函数中令未选中的分量对应的 $t_l = 0$。

定理 4.6.8　正态分布的期望与协方差

　　μ 及 Σ 分别是随机向量 ξ 的数学期望及协方差阵，即

$$\mu_j = E(\xi_j), \quad 1 \leqslant j \leqslant n$$

$$\sigma_{jk} = E(\xi_j - \mu_j)(\xi_k - \mu_k), \quad 1 \leqslant j, k \leqslant n$$

　　证明　利用特征函数与矩的关系。

定理 4.6.9　独立性等价于不相关

　　对于 n 元正态分布的 $\xi_1, \cdots, \xi_n$，它们相互独立的充要条件是两两不相关。

　　证明　必要性显然。若两两不相关，则

$$\sigma_{jk} = E(\xi_j - E(\xi_j))(\xi_k - E(\xi_k)) = 0, \forall j, k$$

故

$$\begin{aligned}
f(t_1, \cdots, t_n) &= \mathrm{e}^{\mathrm{i}t^{\mathrm{T}}\mu - \frac{1}{2}\sum\limits_{k=1}^{n}\sigma_{kk}t_k^2} \\
&= \prod_{k=1}^{n} \mathrm{e}^{\mathrm{i}\mu_k t_k - \frac{1}{2}\sigma_{kk}t_k^2} \\
&= \prod_{k=1}^{n} f_{\xi_k}(t_k)
\end{aligned}$$

定理 4.6.10　子向量的独立性

　　若 $\xi = (\xi_1^{\mathrm{T}}, \xi_2^{\mathrm{T}})^{\mathrm{T}}$，$\Sigma$ 有分解

$$\begin{pmatrix} \Sigma_{11} & \Sigma_{12} \\ \Sigma_{21} & \Sigma_{22} \end{pmatrix}$$

则 $\xi_1 \perp\!\!\!\perp \xi_2$ 当且仅当

$$\Sigma_{12} = 0$$

　　证明　必要性显然。下证充分性。由于 $\Sigma_{21} = \Sigma_{12}^{\mathrm{T}} = 0$，对 t 作同样的划分 $t = (t_1^{\mathrm{T}}, t_2^{\mathrm{T}})^{\mathrm{T}}$，则

$$\begin{aligned}
t^{\mathrm{T}}\Sigma t &= t_1^{\mathrm{T}}\Sigma_{11}t_1 + 2t_1^{\mathrm{T}}\Sigma_{12}t_2 + t_2^{\mathrm{T}}\Sigma_{22}t_2 \\
&= t_1^{\mathrm{T}}\Sigma_{11}t_1 + t_2^{\mathrm{T}}\Sigma_{22}t_2
\end{aligned}$$

于是

$$f_\xi(t) = \exp\left\{ i\mu^T t - \frac{1}{2}t^T \Sigma t \right\}$$

$$= \exp\left\{ i\mu_1^T t_1 - \frac{1}{2}t_1^T \Sigma_{11} t_1 \right\} \exp\left\{ i\mu_2 t_2 - \frac{1}{2}t_2^T \Sigma_{22} t_2 \right\}$$

$$= f_{\xi_1}(t_1) f_{\xi_2}(t_2)$$

4.6.6　线性变换的分布

若 ξ 是 n 维随机向量，期望为 μ，协方差阵为 Σ。考虑 ξ 分量的线性组合 $\zeta = l^T \xi = \sum_{j=1}^{n} l_j \xi_j$，则

$$E(\zeta) = \sum_{j=1}^{n} l_j \mu_j = l^T \mu$$

$$D(\zeta) = \sum_{j=1}^{n} \sum_{k=1}^{n} l_j l_k \sigma_{jk} = l^T \Sigma l$$

同样地，若 $C = (c_{jk})$ 是 $m \times n$ 矩阵，则 m 维随机向量 $\eta = C\xi$ 有

$$E(\eta) = C\mu$$

$$D(\eta) = C\Sigma C^T$$

其中 $D(\eta)$ 表示 η 的协方差矩阵。

定理 4.6.11　n 元正态分布之线性组合的分布

一个随机向量服从 n 元正态分布的充要条件是它的任意一个线性组合服从一元正态分布。

注　有的书就把这一条性质作为多元正态的定义。

证明　巧妙地利用特征函数。

必要性：

$$E(e^{iu\zeta}) = E(e^{iul^T \xi}) = \exp\left\{ iu\mu^T l - \frac{1}{2}u^2 l^T \Sigma l \right\}$$

根据给定的线性组合系数 l，取相应的 t 为 ul，可以从特征函数的表达式看出，$l^T \xi$ 服从一个一元正态。

充分性：因为是任意线性组合都服从一元正态分布，在同样的表示中取 $u = 1$，于是恰好对任意的实向量 l，ξ 的特征函数满足一个正态随机向量的形式。

下面的定理研究正态分布的线性组合的分布。

定理 4.6.12　正态变量的线性变换不变性

若 $\xi = (\xi_1, \cdots, \xi_n)^{\mathrm{T}}$ 服从 n 元正态分布 $N(\mu, \Sigma)$，而 C 为任意 $m \times n$ 矩阵，则 $\eta = C\xi$ 服从 m 元正态分布 $N(C\mu, C\Sigma C^{\mathrm{T}})$。

证明 1　把问题转换到特征函数空间。

证明 2　直接由定义及矩阵性质，得

$$D(\xi) = E\left[(\xi - E(\xi))(\xi - E(\xi))^{\mathrm{T}}\right]$$

推论 1　若 ξ 服从 n 元正态分布 $N(\mu, \Sigma)$，则存在一个正交变换 U，使得 $\eta = U\xi$ 是一个具有独立正态分布分量的随机向量，它的数学期望为 $U\mu$，而它的方差分量是 Σ 的特征值。

证明　因为存在特征根-特征向量分解 $U\Sigma U^{\mathrm{T}} = D$。

从推论 1 可以看出，若 Σ 的秩 $r < n$，则正态分布退化到一个 r 维子空间。

推论 2　若一个随机向量的 n 个分量相互独立且方差相等，则在正交变换下其独立性和同方差性保持不变。

推论 3　若 $\xi \sim N(\mu, \Sigma)$，其中 Σ 为 n 阶正定阵，则

$$(\xi - \mu)^{\mathrm{T}} \Sigma^{-1} (\xi - \mu) \sim \chi_n^2$$

证明　由协方差阵的分解 $\Sigma = LL^{\mathrm{T}}$，可取变换 $\zeta = L^{-1}(\xi - \mu)$，则

$$E(\zeta) = 0$$

$$\mathrm{Var}(\zeta) = L^{-1}\Sigma(L^{-1})^{\mathrm{T}} = L^{-1}LL^{\mathrm{T}}(L^{-1})^{\mathrm{T}} = I$$

从而 ζ 的各个分量相互独立且服从标准正态分布。所以

$$(\xi - \mu)^{\mathrm{T}} \Sigma^{-1} (\xi - \mu) = (\xi - \mu)^{\mathrm{T}} (LL^{\mathrm{T}})^{-1} (\xi - \mu)$$
$$= \left[L^{-1}(\xi - \mu)\right]^{\mathrm{T}} \left[L^{-1}(\xi - \mu)\right] = \zeta^{\mathrm{T}}\zeta$$

而

$$\zeta^{\mathrm{T}}\zeta = \zeta_2^2 + \zeta_2^2 + \cdots + \zeta_n^2 \sim \chi_n^2$$

定理 4.6.13　正态向量的条件分布

在给定 $\xi_1 = x_1$ 的条件下，ξ_2 的条件分布仍为正态分布，其条件数学期望

$$\mu_{2\cdot 1} = E(\xi_2 | \xi_1 = x_1) = \mu_2 + \Sigma_{21}\Sigma_{11}^{-1}(x_1 - \mu_1)$$

条件方差

$$\Sigma_{22\cdot 1} = \Sigma_{22} - \Sigma_{21}\Sigma_{11}^{-1}\Sigma_{12}$$

条件期望为 ξ_2 关于 ξ_1 的回归，条件方差 $\Sigma_{22\cdot 1}$ 与 x_1 无关。

证明　若 $\xi = \begin{pmatrix} \xi_1 \\ \xi_2 \end{pmatrix} \sim N(\mu, \Sigma), \Sigma = \begin{pmatrix} \Sigma_{11} & \Sigma_{12} \\ \Sigma_{21} & \Sigma_{22} \end{pmatrix}$。关注给定 $\xi_1 = x_1$ 的条件下，ξ_2 的分布密度函数。

首先，来找一个线性变换：
$$\eta_1 = \xi_1$$
$$\eta_2 = T\xi_1 + \xi_2$$

寻求一个 T，使得 $\eta_1 \perp\!\!\!\perp \eta_2$。由定理 4.6.7 知 $\eta = (\eta_1, \eta_2)$ 是联合正态的，再由定理 4.6.5，为使 $\eta_1 \perp\!\!\!\perp \eta_2$，只需它们的协方差阵为零。
$$E[(\eta_1 - E(\eta_1))(\eta_2 - E(\eta_2))^{\mathrm{T}}] = E(\xi_1 - E(\xi_1))(T\xi_1 + \xi_2 - TE(\xi_1) - E(\xi_2))^{\mathrm{T}}$$
$$= \Sigma_{11}T^{\mathrm{T}} + \Sigma_{12}$$

因此取
$$T = -\Sigma_{21}\Sigma_{11}^{-1}$$

故
$$\eta_2 = -\Sigma_{21}\Sigma_{11}^{-1}\xi_1 + \xi_2$$

所求线性变换为
$$\begin{pmatrix} \eta_1 \\ \eta_2 \end{pmatrix} = \begin{pmatrix} I & 0 \\ -\Sigma_{21}\Sigma_{11}^{-1} & I \end{pmatrix} \begin{pmatrix} \xi_1 \\ \xi_2 \end{pmatrix}$$

计算
$$E(\eta_2) = \mu_2 - \Sigma_{21}\Sigma_{11}^{-1}\mu_1$$
$$\mathrm{Var}(\eta_2) = \Sigma_{22} - \Sigma_{21}\Sigma_{11}^{-1}\Sigma_{12}$$

综合
$$p_\xi(x_1, x_2) = p_\eta(y_1, y_2) = p_{\eta_1}(y_1)p_{\eta_2}(y_2)$$
$$p(x_2|\xi_1 = x_1) = \frac{p(x_1, x_2)}{p(x_1)} = \frac{p_{\eta_1}(y_1)p_{\eta_2}(y_2)}{p_{\eta_1}(y_1)} = p_{\eta_2}(y_2)$$
$$p(x_2|\xi_1 = x_1) = p_{\eta_2}(y_2) = p_{\eta_2}(x_2 - \Sigma_{21}\Sigma_{11}^{-1}x_1)$$

因为 $\eta_2 \sim N(\mu_2 - \Sigma_{21}\Sigma_{11}^{-1}\mu_1, \Sigma_{22} - \Sigma_{21}\Sigma_{11}^{-1}\Sigma_{12})$，故 ξ_2 对于 $\xi_1 = x_1$ 的条件分布是正态分布
$$N\left(\mu_2 + \Sigma_{21}\Sigma_{11}^{-1}(x_1 - \mu_1), \Sigma_{22} - \Sigma_{21}\Sigma_{11}^{-1}\Sigma_{12}\right)$$

4.7　本章小结

- 本章介绍了随机变量的期望、矩、信息熵、母函数、特征函数等数字特征。
- 期望是求数字特征的基础，期望有很多优良性质。
- 研究了信息熵的推导与性质，并进一步引入了 KL 距离、互信息、条件互信息等概念。

- 研究了矩母函数和概率母函数及其与随机变量分布、数字特征等的关系。
- 研究了特征函数的定义、性质、常见分布的特征函数及其逆转公式。
- 研究了随机向量的特征函数及其性质。
- 利用特征函数得到了关于正态分布的许多性质。

4.8 练习四

4.1 如果 X, Y 有联合密度函数:

$$f_{X,Y}(x,y) = \begin{cases} 1/y, & 0 < y < 1, 0 < x < y \\ 0, & 其他 \end{cases}$$

求: (1)$E(XY)$; (2)$E(X)$; (3)$E(Y)$。

4.2 对一批产品进行检查,若查到第 a 件全为合格品,就认为这批产品合格;若在前 a 件中刚发现不合格品,就立即停止检查,且认为这批产品不合格。设产品的数量很大,可认为每次查到不合格品的概率都是 p。问每批产品平均要查多少件?

4.3 一共有 n 个球,用 1 到 n 编号,放入 n 个坛子,坛子也从 1 到 n 编号,每个球放入所有坛子的概率相等,求:

(1) 空坛子个数的期望。

(2) 所有坛子都非空的概率。

4.4 令 Z 是一个标准正态随机变量,对于一个固定的 x,令

$$X = \begin{cases} Z, & Z > x \\ 0, & 其他 \end{cases}$$

证明: $E(X) = \dfrac{1}{\sqrt{2\pi}} e^{-x^2/2}$。

4.5 一个区域内有 r 种不同种类的昆虫,在过去的捕捉过程中,第 i 类昆虫被捕捉到的概率是 $P_i, i = 1, \cdots, r$ 且 $\sum_{i=1}^{r} P_i = 1$。

(1) 计算第一种昆虫被捕捉到之前,捕捉到的昆虫数量的平均值。

(2) 计算第一种昆虫被捕捉到之前,捕捉到的昆虫种类数量的平均值。

4.6 现在有 100 个人,为简便起见,假设他们都是平年 (没有闰日) 出生,计算:

(1) 恰好 100 人里有某三个人同天过生日 (当天过生日的人数恰好是 3) 的天数的期望。

(2) 100 个人不同生日日期的期望数量。

4.7 坛子 1 中有 5 个白球和 6 个黑球，坛子 2 中有 8 个白球和 10 个黑球。随机地从坛子 1 中抽出两个球放入坛子 2 中，如果从坛子 2 中再随机抽取 3 个球，计算白球的期望个数。

4.8 如果 X 和 Y 独立同分布且均值和方差分别为 μ，σ^2，求 $E[(X-Y)^2]$。

4.9 对于两个随机变量 X 和 Y，下面两个命题等价：

(1) $\rho(X, Y) = 0$。

(2) 对于任意的实值系数 a，b，

$$E[Y - (aX + b)]^2 \geqslant \mathrm{Var}(Y)$$

4.10 (斯泰因-陈恒等式) 随机变量 X 服从参数为 λ 的泊松分布，证明对于任意有界函数 f，有：

$$E[X \cdot f(X)] = \lambda \cdot E[f(X+1)]$$

4.11 令 X 服从二项分布 $\mathrm{Bin}(n, p)$，证明：

$$E\left(\frac{1}{X+1}\right) = \frac{1 - (1-p)^{n+1}}{(n+1)p}$$

4.12 如果对于 $\forall t$，有

$$P(X > t) \geqslant P(Y > t)$$

我们称 X 随机大于 Y，记作 $X \geqslant_{st} Y$。在下面两种情况下分别证明：如果 $X \geqslant_{st} Y$，则有 $E(X) \geqslant E(Y)$。

(1) X, Y 为非负随机变量。

(1) X, Y 为任意随机变量。

4.13 证明：$\mathrm{Cov}(X, E(Y \mid X)) = \mathrm{Cov}(X, Y)$。

4.14 对于随机变量 X, Z，有

$$E[(X-Y)^2] = E(X^2) - E(Y^2)$$

其中 $Y = E(X \mid Z)$。

4.15 考虑由能够产生相同种类后代的个体组成的种群。假设到了生命的尽头，每个个体都将以 P_j 的概率产生 j 个后代，而与任何其他个体生产的数量无关。最初出现的个体数量用 X_0 表示，称为第零代的大小。第零代的所有后代组成第一代，数量记作 X_1，依此类推。记 $\mu = \sum_{j=0}^{\infty} j \cdot P_j, \sigma^2 = \sum_{j=0}^{\infty} (j-\mu)^2 \cdot P_j$ 分别为单个个体产生后代的数目的均值和方差。假设 $X_0 = 1$，证明：

(1) $E[X_n] = \mu E[X_{n-1}]$。

(2) $\mathrm{Var}[X_n] = \sigma^2 \mu^{n-1} + \mu^2 \mathrm{Var}(X_{n-1})$。

(3)
$$\mathrm{Var}(X_n) = \begin{cases} \sigma^2 \mu^{n-1} \dfrac{\mu^n - 1}{\mu - 1}, & \mu \neq 1 \\ n\sigma^2, & \mu = 1 \end{cases}$$

4.16 设随机变量 X 有 n 个离散取值，概率分别为 $P_1, P_2, \cdots, P_n$，$\sum\limits_{i=1}^{n} P_i = 1$。证明 $H(X)$ 在 $P_i = 1/n, i = 1, 2, \cdots, n$ 时取值最大，并求此时的 $H(X)$。

4.17 掷两枚均匀的骰子，令
$$X = \begin{cases} 1, & \text{两枚骰子和为 6} \\ 0, & \text{其他} \end{cases}$$

令 Y 为第一枚骰子抛出的点数。计算：
(1) $H(Y)$；
(2) $H_Y(X)$；
(3) $H(X, Y)$。

4.18 证明：对于任何离散随机变量 X，以及函数 f，有
$$H(f(X)) \leqslant H(X)$$

4.19 设 X_1，X_2，$\cdots$，X_n 独立同分布，都服从指数分布 $\mathrm{Exp}(\lambda)$，证明随机变量
$$Y_1 = X_{(1)}, Y_k = X_{(k)} - X_{(k-1)}, \quad k = 2, 3, \cdots, n$$

相互独立，且 $Y_i \sim \mathrm{Exp}((n + 1 - i)\lambda)$。

4.20 设共有 N 种不同的优惠券，假定有一人在收集优惠券，每次得到一张优惠券，而得到的优惠券在这 N 种优惠券中均匀分布。求当该人收集到全套 N 种优惠券时，他收集的优惠券张数的期望值。

4.9　数据科学扩展——随机变量数字特征的数值模拟

4.9.1　均值

指定抽取随机数的次数 epochs，指定每次抽取的随机数数量 n，计算每次抽取到的随机数的均值并记录在 mean_cal 里，画直方图以及真实值对应的蓝色竖线 (见图4.3)。

```
library(ggplot2)
epochs=1000
n=10000
mu=10
sigma=1
mean_cal=c()
```

```
for (i in c(1:epochs)) {
    mean_cal=c(mean_cal,mean(rnorm(n,mu,sigma)))
}
data=data.frame('mean'=mean_cal)
ggplot(data,aes(x=mean)) +
  ggtitle("Mean") +
  geom_histogram(aes(y=..density..),
                 colour="black", fill="white") +
  geom_vline(xintercept=mu,colour='blue')
ggsave("mean.eps",
       width=20,height=15,units="cm",dpi=400)
```

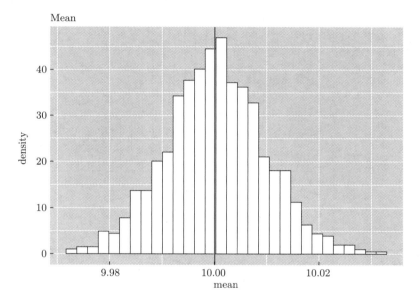

图 4.3　均值的抽样与模拟

4.9.2　方差

指定抽取随机数的次数 epochs，指定每次抽取的随机数数量 n，计算每次抽取到的随机数的方差并记录在 var_cal 里，画直方图以及真实值对应的蓝色竖线 (见图4.4)。

```
epochs=1000
n=10000
mu=0
sigma=5
var_cal=c()
for (i in c(1:epochs)) {
    var_cal=c(var_cal,var(rnorm(n,mu,sigma)))
}
data=data.frame('var'=var_cal)
ggplot(data,aes(x=var)) +
```

```
ggtitle("Variance") +
geom_histogram(aes(y =..density..),
               colour="black", fill="white") +
geom_vline(xintercept=sigma^2,colour='blue')
ggsave("var.eps",
    width=20,height=15,units="cm",dpi=400)
```

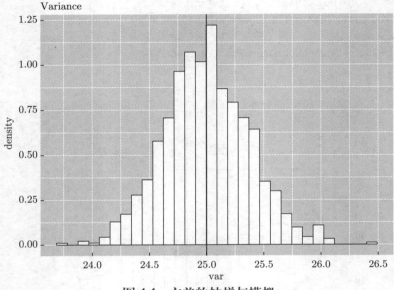

图 4.4 方差的抽样与模拟

4.9.3 高阶矩

指定抽取随机数的次数 epochs, 指定每次抽取的随机数数量 n, 计算每次抽取到的随机数的某一高阶矩 (这里以 4 阶中心矩为例) 并记录在 moment_cal 里, 画直方图以及真实值对应的蓝色竖线 (见图4.5)。

```
epochs=1000
n=10000
order=4
mu=1
sigma=2
moment_cal=c()
for (i in c(1:epochs)) {
  sample=rnorm(n,mu,sigma)
  mean_sample=mean(sample)
  moment_cal=c(moment_cal,
             mean((sample-mean_sample)^order))
}
central_moment<-function(sigma,order)
```

```
{
  if(order%%2==1)
  {
    return(0)
  }
  else
  {
    i=order-1
    ans=1
    while(i0)
    {
      ans=ans*i
      i<-i-2
    }
    return(ans*sigma^order)
  }
}
data = data.frame('moment'=moment_cal)
ggplot(data,aes(x=moment)) +
  ggtitle("Moment") +
  geom_histogram(aes(y=..density..),
              colour="black", fill="white") +
  geom_vline(xintercept =
              central_moment(sigma,order),colour='blue')
  ggsave("moment.eps",
      width=20,height=15,units="cm",dpi=400)
```

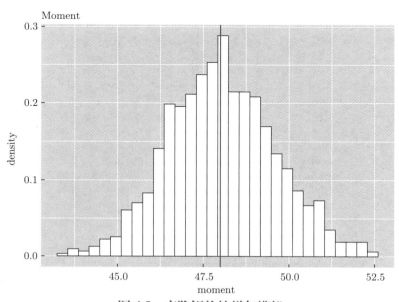

图 4.5　高阶矩的抽样与模拟

4.9.4　分位数

指定抽取随机数的次数 epochs，指定每次抽取的随机数数量 n，计算每次抽取到的随机数的分位数 (这里以 50% 分位数为例) 并记录在 quantile_cal 里，画直方图以及真实值对应的蓝色竖线 (见图4.6)。

```
epochs=1000
n=10000
mu=0
sigma=1
quantile_value=0.5
quantile_cal=c()
for (i in c(1:epochs)) {
   quantile_cal = c(quantile_cal,
                   quantile(rnorm(n,mu,sigma),
                        quantile_value))
}
data = data.frame('quantile'=quantile_cal)

ggplot(data,aes(x=quantile))+
  ggtitle("Quantile") +
  geom_histogram(aes(y=..density..),
              colour="black", fill="white") +
  geom_vline(xintercept=0,colour='blue')
  ggsave("quantile.eps",
     width=20,height=15x,units="cm",dpi=400)
```

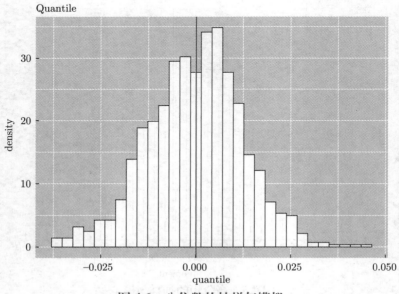

图 4.6　分位数的抽样与模拟

4.9.5　一种求样本分位数的快速随机化方法

前面的算法依赖对现成的程序包中函数的调用，下面我们研究如何从底层算法的角度，寻找一个样本集合的中位数。

算法　随机化中位数算法

输入：可排序的 n 个元素组成的数据集合 S。

步骤：

(1) 从 S 中有放回地均匀独立重复抽样 $\lceil n^{3/4} \rceil$ 个元素，组成集合 R。

(2) 将 R 中的元素排序。

(3) 取出排序后的集合 R 中第 $\left\lfloor \frac{1}{2}n^{3/4} - \sqrt{n} \right\rfloor$ 小的数，记为 d。

(4) 取出排序后的集合 R 中第 $\left\lceil \frac{1}{2}n^{3/4} + \sqrt{n} \right\rceil$ 小的数，记为 u。

(5) 将 S 中的元素与 d、u 比较，得到集合
$$C = \{x \in S : d \leqslant x \leqslant u\}$$
记 $l_d = |\{x \in S : x < d\}|$ 和 $l_u = |\{x \in S : x > u\}|$。

(6) 若 $l_d > n/2$ 或者 $l_u > n/2$，则退出，算法运行失败。

(7) 若 $|C| \leqslant 4n^{3/4}$，则将 C 中元素排序，否则退出，算法运行失败。

输出：记从小到大排好序的集合 C 中的第 $(\lfloor n/2 \rfloor - l_d + 1)$ 个元素为 m，输出 m。

定理 4.9.1

随机化中位数算法 (randomized median algorithm，RMA) 运行的时间复杂度是线性的，而且可以保证至少以 $1 - O(n^{-1/4})$ 的概率正确输出集合 S 的中位数。

证明　为了简化，在下面的讨论中我们不妨设 $n^{3/4}$，$\frac{1}{2}n^{3/4}$，$\sqrt{n}$ 都是整数。我们观察到 RMA 算法先从 S 中随机抽出一个集合 R，它里面的元素个数是 $n^{3/4}(= o(n/\log n))$ 个，而 d 和 u 占 R 的分位数的差大概有

$$\Delta \text{quantile} = \frac{\left(\frac{1}{2}n^{3/4} + \sqrt{n}\right) - \left(\frac{1}{2}n^{3/4} - \sqrt{n}\right)}{n^{3/4}} = \frac{2}{n^{1/4}}$$

因为 C 是 d 与 u 在 S 中界出来的元素集合，那么它里面大概有

$$|C| = n\Delta \text{quantile} = \frac{2n}{n^{1/4}} = o\left(\frac{n}{\log n}\right)$$

个元素。因此，RMA 算法涉及排序的只是在第 (2)(7) 步对 R 和 C 中的元素进行排序。它们的集合大小都不超过 $o(n/\log n)$ 个。而从 4.1 节我们知道，对有 m 个元素的集合进行排序，经典算法的复杂度是 $O(m\log m)$。因此对于 R 和 C 来说排序算法的复杂度不超过 $O\left(\frac{n}{\log n}\log\left(\frac{n}{\log n}\right)\right) = O(n)$，是线性复杂度。

为了证明正确性，只要中位数 m 满足 $d \leqslant m \leqslant u$ 即可。这是因为，由 RMA 算法可知，d 和 u 将整个集合 S 分成三部分，由第 (5) 步的定义知，d 的左边有 l_d 个元素，d 到 u 之间是 C。这样选出 C 中第 $n/2 - l_d + 1$ 个元素作为 m，它左边的 S 中的元素恰好有 $l_d + n/2 - l_d = n/2$ 个，符合中位数的定义。

RMA 算法有三种情况会返回失败，第 (6) 步的 $l_d > n/2$ 或者 $l_u > n/2$，抑或第 (7) 步的 $|C| > 4n^{3/4}$。前两种是为了防止 $d \leqslant m \leqslant u$ 的情况不发生。最后一种情况是为了控制算法复杂度。由前面的讨论我们知道，只要程序正常返回结果，结论就是正确的。下面讨论返回失败的情况，以及它们发生的事件分别对应的概率。

$$E_1 = \left\{ Y_1 = |\{r \in R | r \leqslant m\}| < \frac{1}{2}n^{3/4} - \sqrt{n} \right\}$$

$$E_2 = \left\{ Y_2 = |\{r \in R | r \leqslant m\}| > \frac{1}{2}n^{3/4} + \sqrt{n} \right\}$$

$$E_3 = \left\{ |C| > 4n^{3/4} \right\}$$

三个事件 E_1，E_2，E_3 分别对应三种返回失败的情形。下面证明它们的概率都小于 $O(n^{-1/4})$。

先证明 $P(E_1) \leqslant 1/4 n^{-1/4}$。定义随机变量 X_i：

$$X_i = \begin{cases} 1, & \text{如果第 } i \text{ 个样本小于等于中位数} \\ 0, & \text{其他情形} \end{cases}$$

于是

$$P(X_i = 1) = \frac{(n-1)/2 + 1}{n} = \frac{1}{2} + \frac{1}{2n}$$

E_1 事件发生等价于

$$Y_1 = \sum_{i=1}^{n^{3/4}} X_i < \frac{1}{2}n^{3/4} - \sqrt{n}$$

而由定义可得 $Y_1 \sim \text{Bin}(n^{3/4}, 1/2 + 1/2n)$，故

$$\text{Var}(Y_1) = n^{3/4} \left(\frac{1}{2} + \frac{1}{2n} \right) \left(\frac{1}{2} - \frac{1}{2n} \right)$$

$$= \frac{1}{4}n^{3/4} - \frac{1}{4n^{5/4}} < \frac{1}{4}n^{3/4}$$

由切比雪夫不等式，有

$$P(E_1) = P\left(Y_1 < \frac{1}{2}n^{3/4} - \sqrt{n} \right)$$

$$P(|Y_1 - E(Y_1)| > \sqrt{n}) \leqslant \frac{\text{Var}(Y_1)}{n} \leqslant \frac{1}{4}n^{-1/4}$$

类似可以证明 $P(E_2) < 1/4 n^{-1/4}$。下面证明 $P(E_3) \leqslant \frac{1}{2}n^{-1/4}$。

首先，$E_3 \subset E_{31} \bigcup E_{32}$，这里

$$E_{31} = \left\{ 至少有 2n^{3/4} 个 C 中元素大于中位数 \right\}$$

$$E_{32} = \left\{ 至少有 2n^{3/4} 个 C 中元素小于中位数 \right\}$$

由对称性，我们只需证明 $P(E_{31}) \leqslant 1/4n^{-1/4}$。我们分析 u 在集合 S 和 R 中的位置：由 E_{31} 的定义，u 在 S 中的序号至少为 $n/2 + 2n^{3/4}$，这样 S 中的元素位于 u 的右侧 (大于 u) 的元素至多有 $n - (n/2 + 2n^{3/4}) = n/2 - 2n^{3/4}$ 个。另外，对于 R 中的位置，u 处于第 $1/2n^{3/4} + \sqrt{n}$ 个位置，因此 R 中在 u 的右侧还要抽取 $n^{3/4} - 1/2n^{3/4} - \sqrt{n} = 1/2n^{3/4} - \sqrt{n}$ 个元素。于是问题又转化成了伯努利抽样问题，定义

$$Z_i = \begin{cases} 1, & 如果第 i 个抽样在 S 中处于排序后 1/2n - 2n^{3/4} 个最大元素的集合中 \\ 0, & 其他情形 \end{cases}$$

由此定义 $Z = \sum_{i=1}^{n^{3/4}} Z_i$。类似地，可以算出

$$E(Z) = 1/2n^{3/4} - 2\sqrt{n}$$

$$\mathrm{Var}(Z) = n^{3/4}\left(\frac{1}{2} - 2n^{-1/4} \right)\left(\frac{1}{2} + 2n^{-1/4} \right) = \frac{1}{4}n^{3/4} - 4n^{1/4} < \frac{1}{4}n^{3/4}$$

同样，由切比雪夫不等式可以证明

$$P(E_{31}) \leqslant \frac{\mathrm{Var}(Z)}{n} < \frac{1/4n^{3/4}}{n} = \frac{1}{4}n^{-1/4}$$

同理可证 $P(E_{32}) \leqslant 1/4n^{-1/4}$，于是 $P(E_3) \leqslant P(E_{31}) + P(E_{32}) \leqslant \frac{1}{2}n^{-1/4}$。

综上，$P(E_1) + P(E_2) + P(E_3) \leqslant n^{-1/4}$，定理结论成立。　♡

下面我们编程运行一下，看看结果是否与上面的理论分析吻合。给定集合 S：

```
S = 1:1000
```

(1) 有放回地从样本中抽取 $n^{\frac{3}{4}}$ 个样本点组成集合 R。

```
n=length(S)
R=sample(S,size=ceiling(n^(3/4)),replace=TRUE)
```

(2) 在集合 R 中取相应的 d 与 u：

```
d=sort(R)[floor(0.5*n^(3/4)-n^0.5)]
u=sort(R)[ceiling(0.5*n^(3/4)+n^0.5)]
```

(3) 集合 C 定义为 $\{x \in S : d \leqslant x \leqslant u\}$，一方面，集合 C 在 $O(n)$ 时间内可以排序；另一方面，中位数以很大概率属于集合 C。

```
C=S[(d=S) & (S=u)]
```

这样我们完成整个过程：

```
random_median<-function(S){
  n=length(S)
  repeat{
    R=sample(S,size=ceiling(n^(3/4)),replace=TRUE)
    d=sort(R)[floor(0.5*n^(3/4)-n^0.5)]
    u=sort(R)[ceiling(0.5*n^(3/4)+n^0.5)]
    C=S[(d=S) & (S=u)]
    L_d=length(S[S d])
    L_u=length(S[S u])
    if((L_d n/2)||(L_u n/2)){
      next
    }
    if(length(C)<4*n^(3/4)){
      break
    }

  }
  random_median1=sort(C)[ceiling(n/2)-L_d+1]
  return(list(d=d,u=u,median=random_median1))
}
random_median(1:1000)
```

一次算法的实现结果如下：

```
## $d
## [1] 338
##
## $u
## [1] 659
##
## $median
## [1] 501
```

第5章
大数定律与中心极限定理

▪ 本章导读

第 3 章研究了随机变量及其函数、随机向量及其函数的分布规律，第 4 章用数字特征引入了函数的强大工具，它们发挥了巨大作用。矩母函数、特征函数都可以与分布函数相互确定。那么当我们研究随机变量序列的极限行为时，数字特征是否能提供帮助呢？本章在定义随机变量的极限行为之后回答这个问题。正是本章的很多结论，如大数定律与中心极限定理，揭开了随机现象背后的本质规律——不确定性背后存在的确定性。而在这个过程中，数字特征这一强大工具发挥了巨大作用。通过学习本章内容，我们将建立更为强大的概率直观，即当大量独立的随机信号叠加并进行平均或者"标准化"处理后，它们将呈现出非常明显的规律。

问题的提出 前面的章节中反复提到的词"独立重复试验""频率稳定性"到目前为止还需要一个严格的数学描述，比如下面的极限：

$$\frac{\mu_n}{n} \to p$$

当视 $\{\mu_n/n\}$ 为一数列时，"极限"的表述为：$\forall \epsilon > 0, \exists N \in \mathbb{N}$，使得

$$\left|\frac{\mu_n}{n} - p\right| < \epsilon, \quad \forall n > N$$

在概率空间 $(\Omega, \mathscr{F}, P)$ 中，相应提法可以为：$\forall \epsilon > 0$

$$\lim_{n \to \infty} P\left(\left\{\omega : \left|\frac{\mu_n(\omega)}{n} - p\right| \geqslant \epsilon\right\}\right) = 0$$

即 $\forall \epsilon > 0, \ \forall \delta > 0, \ \exists N \in \mathbb{N}$, s.t.

$$P\left\{\left|\frac{\mu_n}{n} - p\right| \geqslant \epsilon\right\} < \delta, \quad \forall n > N$$

本章我们就来为收敛性的描述提供一套严谨的数学语言——大数定律 (law of large numbers, LLN)。上面的表达式是 1713 年由雅各布·伯努利首先提出的，在大数定律的第

一个 200 年后，博雷尔建立了：

$$P\left(\lim_{n\to\infty}\frac{\mu_n}{n}=p\right)=1$$

这是第一个强大数定律，即在一个零测集之外，极限

$$\lim_{n\to\infty}\mu_n/n=p$$

都成立。也记作：

$$\lim_{n\to\infty}\frac{\mu_n}{n}=p,\text{a.e.}$$

有时，为了更精确地刻画 μ_n 的极限行为，还要讨论分布函数列 $P(\mu_n<x)$ 的变化情况。假定 μ_n 是 n 次伯努利试验中成功的次数，由于 $E(\mu_n)=np$，$\text{Var}(\mu_n)=npq$，对任意给定的 x，$P(\mu_n\leqslant x)\to 0$，所以我们转而去研究"标准化"的随机变量

$$\zeta_n=\frac{\mu_n-np}{\sqrt{npq}}$$

看它的分布函数

$$P(\zeta_n\leqslant x)$$

的极限行为。棣莫弗于 1718 年 (对 $p=1/2$ 的情形，1821 年拉普拉斯证明了 $0<p<1$ 的情形) 证明了：

$$\lim_{n\to\infty}P(\zeta_n\leqslant x)=\frac{1}{\sqrt{2\pi}}\int_{-\infty}^{x}\mathrm{e}^{-t^2/2}\mathrm{d}t$$

这便是中心极限定理，从极限分布的角度描述了随机变量的收敛。

背后的机制　成功次数 μ_n 具有弱大数定律所描述的性质，是由于它本质上可以表述成独立随机变量之和：

$$\mu_n=\xi_1+\xi_2+\cdots+\xi_n$$

其中

$$\xi_i=\begin{cases}1,&\text{第 } i \text{ 次试验中出现 } A\\0,&\text{第 } i \text{ 次试验中不出现 } A\end{cases}$$

对于一般的随机变量 ξ_i，也可以研究它们和的极限。

从逼近分布函数的角度来理解　如果已知一个随机变量 X，需要求它的函数 $f(X)$ 的分布，第 3 章我们讲过如何求 $f(X)$ 的精确分布，但往往很难求。这时另一条路就是求出 $f(X)$ 的渐近分布，用渐近分布来逼近它的分布，即如果有一列随机变量 Z_n 依分布收敛到 $f(X)$，则可以通过求出 $F_{Z_n}(x)$ 及其极限来得到 $f(x)$。

5.1　随机变量列的收敛

下面给出常见的随机变量列收敛的定义。

5.1.1 分布函数列的弱收敛

先来看两个例子。

▶ **例题 5.1.1** (伯努利列的收敛) 设 $\{X_n\}_{n=1}^{\infty}$ 是一个伯努利随机变量列，且 $P(X_n = 1) = 1 - P(X_n = 0) = p_n$，这里 $\{p_n\}_{n=1}^{\infty}$ 是 $(0,1)$ 区间上取值的实数列。令 $F_n(x)$ 表示 X_n 的分布列，则

$$F_n(x) = \begin{cases} 0, & x < 0 \\ p_n, & 0 \leqslant x < 1 \\ 1, & x \geqslant 1 \end{cases}$$

- 若 $\{p_n\}_{n=1}^{\infty}$ 列收敛，记其极限为 p，即 $\lim\limits_{n\to\infty} p_n = p$，则

$$\lim_{n\to\infty} F_n(x) = F(x) \triangleq \begin{cases} 0, & x < 0 \\ p, & 0 \leqslant x < 1 \\ 1, & x \geqslant 1 \end{cases}$$

令 X 表示一个伯努利随机变量，即 $P(X = 1) = 1 - P(X = 0) = p$，则当 n 趋向于无穷时，X_n 的分布函数收敛到 X 的分布函数。
- 若 $\{p_n\}_{n=1}^{\infty}$ 列发散，则 X_n 的分布函数不收敛。

▶ **例题 5.1.2** (均匀分布最值的收敛) 设随机变量列 $\{X_n\}_{n=1}^{\infty}$ 独立同服从 $(0,1)$ 上的均匀分布，令 $Y_n = \min(X_1, X_2, \cdots, X_n)$，于是 Y_n 有分布

$$\begin{aligned} F_n(y) &= P(\min(X_1, X_2, \cdots, X_n) \leqslant y) \\ &= 1 - P(\min(X_1, X_2, \cdots, X_n) > y) \\ &= 1 - \prod_{i=1}^{n} P(X_i > y) = \begin{cases} 0, & y < 0 \\ 1 - (1-y)^n, & 0 \leqslant y < 1 \\ 1, & y \geqslant 1 \end{cases} \end{aligned} \tag{5.1}$$

对固定的 y，有

$$\lim_{n\to\infty} F_n(y) = \begin{cases} 0, & y \leqslant 0 \\ 1, & y > 0 \end{cases}$$

于是，从分布函数来看，Y_n 收敛到一个恒为 0 的随机变量。下面我们考虑适当的标准化，看看会不会收敛到一个正常的随机变量。令 $Z_n = n^{\alpha} Y_n$，这里 α 是一个待定的参数。则 Z_n 的分布函数为

$$\begin{aligned} G_n(z;\alpha) &= P(Z_n \leqslant z) \\ &= P(\min(X_1, X_2, \cdots, X_n) \leqslant z/n^{\alpha}) \\ &= \begin{cases} 0, & z < 0 \\ 1 - (1 - z/n^{\alpha})^n, & 0 \leqslant z < n^{\alpha} \\ 1, & z \geqslant n^{\alpha} \end{cases} \end{aligned} \tag{5.2}$$

固定 $z > 0$, 则

$$\lim_{n \to \infty} G_n(z; \alpha) = \begin{cases} 1, & \alpha < 1 \\ 1 - \mathrm{e}^{-z}, & \alpha = 1 \\ 0, & \alpha > 1 \end{cases}$$

于是, 当 $\alpha < 1$ 时, $Z_n = n^\alpha Y_n = n^\alpha \min(X_1, X_2, \cdots, X_n)$ 收敛于一个恒等于 0 的退化分布; 当 $\alpha > 1$ 时, $Z_n = n^\alpha Y_n$ 的分布函数不收敛到一个分布函数; 当 $\alpha = 1$ 时, $Z_n = n^\alpha Y_n$ 的分布函数收敛到一个标准指数分布的分布函数:

$$\lim_{n \to \infty} G_n(z; \alpha) = \begin{cases} 0, & z < 0 \\ 1 - \mathrm{e}^{-z}, & z \geqslant 0 \end{cases}$$

由此, 给出分布函数的收敛性定义——弱收敛。

分布函数的弱收敛

对于分布函数列 $\{F_n(x)\}$, 如果存在一个非降函数 $F(x)$ 使

$$\lim_{n \to \infty} F_n(x) = F(x)$$

在 $F(x)$ 的每一连续点上都成立, 则称 $F_n(x)$ **弱收敛** (weak convergence) 于 $F(x)$, 并记为

$$F_n(x) \xrightarrow{\mathrm{W}} F(x)$$

注 $F(x)$ 可以选左连续的, 但它不一定是一个分布函数。

下面来寻找分布函数列弱收敛到一个分布函数的条件。

引理 5.1.1 弱收敛的一个充分条件

设 $\{F_n(x)\}$ 是实变量 x 的非降函数列, D 是 $\mathbb{R}^1$ 上的稠密集。若对于 D 中的所有点, 序列 $\{F_n(x)\}$ 收敛于 $F(x)$, 则对于 $F(x)$ 的一切连续点 x, 有

$$\lim_{n \to \infty} F_n(x) = F(x)$$

证明 设 x 是 $F(\cdot)$ 的任一连续点, 选 $x' \in D$, $x'' \in D$, 使 $x' \leqslant x \leqslant x''$, 由非降性

$$F_n(x') \leqslant F_n(x) \leqslant F_n(x'')$$

于是

$$F(x') \leqslant \varliminf_{n \to \infty} F_n(x) \leqslant \varlimsup_{n \to \infty} F_n(x) \leqslant F(x'')$$

因 D 在 $\mathbb{R}^1$ 上稠密, 故

$$F(x - 0) \leqslant \varliminf_{n \to \infty} F_n(x) \leqslant \varlimsup_{n \to \infty} F_n(x) \leqslant F(x + 0)$$

所以对于 $F(x)$ 的连续点, 有

$$\lim_{n \to \infty} F_n(x) = F(x)$$

下面通过一组海莱定理研究弱收敛的条件。限于篇幅，其详细证明这里略去。

定理 5.1.1　海莱第一定理

任意一个一致有界的非降函数列 $\{F_n(x)\}$ 中必有一子序列 $\{F_{n_k}(x)\}$ 弱收敛于某一有界的非降函数 $F(x)$。

证明思路　由波尔查诺-魏尔斯特拉斯 (Bolzano-Weierstrass) 定理，再用对角线法和引理 (弱收敛的一个充分条件)。

定理 5.1.2　海莱第二定理

设 $f(x)$ 是 $[a,b]$ 上的连续函数，又 $\{F_n(x)\}$ 是在 $[a,b]$ 上弱收敛于函数 $F(x)$ 的一致有界非降函数序列，且 a 和 b 是 $F(x)$ 的连续点，则

$$\lim_{n\to\infty}\int_a^b f(x)\mathrm{d}F_n(x)=\int_a^b f(x)\mathrm{d}F(x)$$

证明思路　构造一个辅助函数 (阶梯函数，和 $f(\cdot)$ "足够"接近)，然后用加减项分成三项，每项再放缩。

定理 5.1.3　拓展的海莱第二定理

设 $f(x)$ 在 $(-\infty,+\infty)$ 上有界连续，又 $\{F_n(x)\}$ 是 $(-\infty,+\infty)$ 上弱收敛于函数 $F(x)$ 的一致有界非降函数序列，且

$$\lim_{n\to\infty}F_n(-\infty)=F(-\infty),\ \lim_{n\to\infty}F_n(+\infty)=F(+\infty)$$

则

$$\lim_{n\to\infty}\int_{-\infty}^{+\infty}f(x)\mathrm{d}F_n(x)=\int_{-\infty}^{+\infty}f(x)\mathrm{d}F(x)$$

证明思路　将 $(-\infty,+\infty)$ 分成三段 $(-\infty,A)$，(A,B)，$(B,+\infty)$，然后分别控制上界。

下面是弱收敛的充要条件，利用了分布函数与特征函数之间的关系。

定理 5.1.4　正极限定理

设分布函数列 $\{F_n(x)\}$ 弱收敛于某一分布函数 $F(x)$，则相应的特征函数列 $\{f_n(t)\}$ 收敛于特征函数 $f(t)$，且在 t 的任一有限区间内收敛是一致的。

证明　函数 $\mathrm{e}^{\mathrm{i}tx}$ 在 $-\infty<x<+\infty$ 上有界连续。

$$f_n(t)=\int_{-\infty}^{+\infty}\mathrm{e}^{\mathrm{i}tx}\mathrm{d}F_n(x)$$

$$f(t)=\int_{-\infty}^{+\infty}\mathrm{e}^{\mathrm{i}tx}\mathrm{d}F(x)$$

由拓展的海莱第二定理，得证。

反过来，也有对应的结论。

> **定理 5.1.5 逆极限定理**
>
> 设特征函数列 $\{f_n(t)\}$ 收敛于某一函数 $f(t)$，且 $f(t)$ 在 $t=0$ 连续，则相应的分布函数列 $\{F_n(x)\}$ 弱收敛于某一分布函数 $F(x)$，而且 $f(t)$ 是 $F(x)$ 的特征函数。
>
> **证明思路** 利用海莱第一定理和反证法。

正、逆极限定理合称**连续性定理**，又称列维-克莱姆 (Levy-Cramer) 定理。

5.1.2 随机变量列收敛的定义

前面讨论了分布函数的弱收敛，下面定义几种随机变量的收敛性。

> **随机变量列的依分布收敛**
>
> 设随机变量 $\xi_n(\omega)$，$\xi(\omega)$ 的分布函数分别为 $F_n(x)$ 及 $F(x)$，如果 $F_n(x) \xrightarrow{W} F(x)$，则称随机变量列 $\{\xi_n(\omega)\}$ **依分布收敛** (convergence in distribution) 于 $\xi(\omega)$，记为
> $$\xi_n(\omega) \xrightarrow{L} \xi(\omega)$$

> **随机变量列的依概率收敛**
>
> 如果
> $$\lim_{n\to\infty} P(|\xi_n(\omega) - \xi(\omega)| \geqslant \epsilon) = 0$$
> 对任意的 ϵ 成立，则称 $\{\xi_n(\omega)\}$ **依概率收敛** (convergence in probability) 于 $\xi(\omega)$，记为
> $$\xi_n(\omega) \xrightarrow{P} \xi(\omega)$$

> **随机变量列的 r 阶收敛**
>
> 设对随机变量 ξ_n 及 ξ 有 $E(|\xi_n|^r) < \infty$，$E(|\xi|^r) < \infty$，其中 $r > 0$ 为常数，如果
> $$\lim_{n\to\infty} E(|\xi_n - \xi|^r) = 0$$
> 则称 $\{\xi_n\}$ **r 阶收敛** (convergence in r-order mean) 于 ξ，并记为
> $$\xi_n \xrightarrow{r} \xi$$

注 $r=2$ 时称为**均方收敛**。

> **随机变量列以概率 1 收敛**
>
> 如果
> $$P\left(\lim_{n\to\infty} \xi_n(\omega) = \xi(\omega)\right) = 1$$

则称 $\{\xi_n(\omega)\}$ **以概率 1 收敛** (convergence with probability 1) 于 $\xi(\omega)$，也称 $\{\xi_n(\omega)\}$ **几乎处处** (almost everywhere，a.e.) 收敛于 $\xi(\omega)$，写为

$$\xi_n(\omega) \overset{\text{a.e.}}{\to} \xi(\omega)$$

几乎处处有时也称为几乎必然 (almost surely，a.s.)。

5.1.3　收敛性之间的关系

下面研究不同收敛性之间的关系。

定理 5.1.6　依概率收敛推出依分布收敛

$$\xi_n \overset{P}{\to} \xi \Rightarrow \xi_n \overset{L}{\to} \xi$$

证明　要证 $F_n(x) \overset{W}{\to} F(x)$，需证对 $x' < x < x''$，有

$$F(x') \leqslant \varliminf_{n\to\infty} F_n(x) \leqslant \varlimsup_{n\to\infty} F_n(x) \leqslant F(x'')$$

对于半边，再利用

$$\{\xi < x'\} \subset \{\xi_n < x\} + \{\xi_n \geqslant x, \xi < x'\}$$

得

$$F(x') \leqslant F_n(x) + P(\xi_n \geqslant x, \xi < x')$$

再用条件 $\xi_n \overset{P}{\to} \xi$，有

$$P(\xi_n \geqslant x, \xi < x') \leqslant P(|\xi_n - \xi| \geqslant x - x') \to 0$$

于是

$$F(x') \leqslant \varliminf_{n\to\infty} F_n(x)$$

同理可证

$$\varlimsup_{n\to\infty} F_n(x) \leqslant F(x'')$$

于是有

$$F(x') \leqslant \varliminf_{n\to\infty} F_n(x) \leqslant \varlimsup_{n\to\infty} F_n(x) \leqslant F(x'')$$

令 x'，x'' 趋向于 x，可得

$$F(x) = \lim_{n\to\infty} F_n(x)$$

注　一般来说，上述定理反之不成立，即

$$\xi_n \overset{L}{\to} \xi \nRightarrow \xi_n \overset{P}{\to} \xi$$

有如下反例。

▶ **例题 5.1.3** (依分布收敛但不依概率收敛) 设伯努利随机变量序列 $\{X_n\}_{n=1}^{\infty}$ 中 X_n 恒等于一个伯努利变量，其分布函数为 $F_n(x) = \mathrm{Ber}(1, 1/2)$，即 $X_n = X_1$ 对一切 $n \geqslant 1$ 成立，$P(X_1 = 1) = 1 - P(X_1 = 0) = 1/2$，人为地取 $X = 1 - X_1$。

很显然 $\{X_n\}_{n=1}^{\infty}$ 依分布收敛于 X 的分布 (都是 $\mathrm{Ber}(1, p)$)，但是对于任何 $0 < \epsilon < 1$

$$P(|X_n - X| > \epsilon) = P(|1 - 2X_n| = 1 > \epsilon) = 1 \not\to 0$$

定理 5.1.7 在常数极限上依概率收敛与依分布收敛等价

设 C 是常数，则

$$\xi_n \xrightarrow{P} C \Leftrightarrow \xi_n \xrightarrow{L} C$$

证明 由定理 5.1.6，只需证明依分布收敛于常数可推出依概率收敛。

$$P(|\xi_n - C| \geqslant \epsilon) = P(\xi_n \geqslant C + \epsilon) + P(\xi_n \leqslant C - \epsilon)$$

$$= 1 - F_n(C + \epsilon - 0) + F_n(C - \epsilon)$$

$$\to 1 - 1 + 0 = 0$$

定理 5.1.8 r 阶收敛可推出依概率收敛

$$\xi_n \xrightarrow{r} \xi \Rightarrow \xi_n \xrightarrow{P} \xi$$

证明 由马尔可夫不等式，有

$$P(|\xi_n - \xi| \geqslant \epsilon) \leqslant \frac{E(|\xi_n - \xi|^r)}{\epsilon^r}$$

注 上述结论反过来的命题不成立，即有如下反例。

▶ **例题 5.1.4** (依概率收敛但不 r 阶收敛) 考虑概率空间的样本空间取 $\Omega = [0, 1]$，定义在其上的随机变量序列 $\{X_n\}$ 为 (见图5.1)：

$$X_n(\omega) = \begin{cases} n^{1/r}, & \omega \in [0, 1/n] \\ 0, & \omega \in (1/n, 1] \end{cases}$$

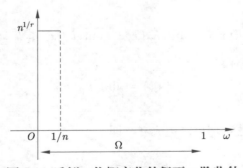

图 5.1 反例：依概率收敛但不 r 阶收敛

极限变量 $X(\omega) \equiv 0$，对一切 $\omega \in \Omega = [0, 1]$。很显然，$\forall \epsilon > 0$，有

$$P(|X_n(\omega) - X(\omega)| > \epsilon) \leqslant 1/n \to 0$$

但

$$E(|X_n - X|^r) = 1 \nrightarrow 0$$

5.2　大数定律

将上述收敛性总结一下，我们得到大数定律的定义。

大数定律

若 $\xi_1, \xi_2, \cdots, \xi_n, \cdots$ 是随机变量序列，令

$$\eta_n = \frac{\xi_1 + \xi_2 + \cdots + \xi_n}{n}$$

如果存在这样的一个常数序列 $a_1, a_2, \cdots, a_n, \cdots$，对任意的 $\epsilon > 0$，恒有

$$\lim_{n \to \infty} P\big(|\eta_n - a_n| < \epsilon\big) = 1$$

则称序列 $\{\xi_n\}$ 服从**大数定律**(或**大数法则**)(law of large numbers, LLN)。

注 1　上述定义对 ξ_i 之间是否独立没有限定。

注 2　实际上，上述关于大数定律的定义精确地说是"弱"大数定律，这是相对于后面介绍的"强"大数定律而言的。

5.2.1　弱大数定律

下面介绍几个常用的弱大数定律。

定理 5.2.1　切比雪夫大数定律

设 $\xi_1, \xi_2, \cdots, \xi_n, \cdots$ 是由两两不相关的随机变量构成的序列，每一随机变量都有有限的方差，并且它们有公共上界

$$D(\xi_1) \leqslant C, D(\xi_2) \leqslant C, \cdots, D(\xi_n) \leqslant C, \cdots$$

则对任意的 $\epsilon > 0$，皆有

$$\lim_{n \to \infty} P\left(\left| \frac{1}{n} \sum_{k=1}^{n} \xi_k - \frac{1}{n} \sum_{k=1}^{n} E(\xi_k) \right| < \epsilon \right) = 1$$

证明　因 $\{\xi_k\}$ 两两不相关，故

$$D\left(\frac{1}{n} \sum_{k=1}^{n} \xi_k \right) = \frac{1}{n^2} \sum_{k=1}^{n} D(\xi_k) \leqslant \frac{C}{n}$$

由切比雪夫不等式，有

$$P\left(\left|\frac{1}{n}\sum_{k=1}^{n}\xi_k - \frac{1}{n}\sum_{k=1}^{n}E(\xi_k)\right| < \epsilon\right) \geqslant 1 - \frac{D\left(\frac{1}{n}\sum_{k=1}^{n}\xi_k\right)}{\epsilon^2} \geqslant 1 - \frac{C}{n\epsilon^2}$$

定理 5.2.2　马尔可夫大数定律

对于随机变量序列 $\xi_1, \xi_2, \cdots, \xi_n, \cdots$，若

$$\frac{1}{n^2}D\left(\sum_{k=1}^{n}\xi_k\right) \to 0$$

则对任意的 $\epsilon > 0$，有

$$\lim_{n\to\infty} P\left(\left|\frac{1}{n}\sum_{k=1}^{n}\xi_k - \frac{1}{n}\sum_{k=1}^{n}E(\xi_k)\right| < \epsilon\right) = 1$$

定理 5.2.3　伯努利大数定律

设 μ_n 是 n 次伯努利试验中事件 A 出现的次数，p 是 A 在每次试验中出现的概率，则对任意的 $\epsilon > 0$，有

$$\lim_{n\to\infty} P\left(\left|\frac{\mu_n}{n} - p\right| < \epsilon\right) = 1$$

证明　由前面的独立和表示，有

$$E(\xi_i) = p, D(\xi_i) = pq \leqslant \frac{1}{4}$$

并且

$$\frac{1}{n}\sum_{k=1}^{n}\xi_k - \frac{1}{n}\sum_{k=1}^{n}E(\xi_k) = \frac{\mu_n}{n} - p$$

再用切比雪夫大数定律可得结论。

定理 5.2.4　泊松大数定律

如果在一个独立试验序列中，事件 A 在第 k 次试验中出现的概率等于 p_k，以 μ_n 记在前 n 次试验中事件 A 出现的次数，则对任意 $\epsilon > 0$，有

$$\lim_{n\to\infty} P\left(\left|\frac{\mu_n}{n} - \frac{p_1 + p_2 + \cdots + p_n}{n}\right| < \epsilon\right) = 1$$

证明　记 ξ_i 为第 k 次试验中 A 出现的示性，则

$$E(\xi_k) = p_k, D(\xi_k) = p_k(1 - p_k) \leqslant \frac{1}{4}$$

再用切比雪夫大数定律可得结论。

5.2.2　独立同分布场合

前面我们讨论了伯努利试验场合事件 A 出现次数 μ_n 的极限行为，并且提到背后的机制是 μ_n 可以表示成 n 个独立随机变量之和：

$$\mu_n = \xi_1 + \xi_2 + \cdots + \xi_n$$

本节我们会看到，不仅在伯努利试验场合，一般地说，n 个独立变量的和都具有相应的极限性质。

这里使用的主要数学工具就是特征函数。通常假定 ξ_1, ξ_2, $\cdots$, ξ_n 是相互独立的，且它们具有相同的概率分布，即它们独立同分布 (independent and identically distributed, i.i.d.)。本节我们研究的独立同分布的随机变量列的情形既包括弱大数定律，也包含后面要仔细研究的中心极限定理。

定理 5.2.5　辛钦大数定律

设 ξ_1, ξ_2, $\cdots$, ξ_n, $\cdots$ 是相互独立的随机变量序列，它们服从相同的分布，且具有有限的数学期望

$$a = E(\xi_n)$$

则对任意的 $\epsilon > 0$，有

$$\lim_{n \to \infty} P\left(\left| \frac{1}{n} \sum_{i=1}^{n} \xi_i - a \right| < \epsilon \right) = 1$$

证明　设 ξ_i 的特征函数为 $f(t)$，因为数学期望存在，故 $f(t)$ 在 0 点处可以展开为

$$f(t) = f(0) + f'(0)t + o(t) = 1 + iat + o(t)$$

因为相互独立，$\sum_{i=1}^{n} \xi_i$ 的特征函数为 $(f(t))^n$，于是 $\frac{1}{n} \sum_{i=1}^{n} \xi_i$ 的特征函数为

$$\left[f\left(\frac{t}{n} \right) \right]^n = \left[1 + ia \cdot \frac{t}{n} + o\left(\frac{t}{n} \right) \right]^n$$

于是 $\left\{ \dfrac{1}{n} \sum_{i=1}^{n} \xi_i \right\}$ 的特征函数列收敛

$$\left[f\left(\frac{t}{n} \right) \right]^n \to e^{iat}, n \to \infty$$

而 e^{iat} 是连续函数，是退化分布 $I_a(t)$ 所对应的特征函数。由逆极限定理知 $\dfrac{1}{n} \sum_{i=1}^{n} \xi_i$ 的分布函数弱收敛于 $I_a(x)$(退化的常数 a)，再利用前面的定理结论，收敛到常数时依概率收敛与依分布收敛等价，$\dfrac{1}{n} \sum_{i=1}^{n} \xi_i$ 依概率收敛到常数 a。♡

应用辛钦大数定律，可以得到下面几个例子。

▶ **例题 5.2.1** (矩估计的相合性)　假定总体 ξ 的均值 m_1 未知，通常的做法是对 ξ 进行 n 次独立重复观察，得到样本 ξ_1，ξ_2，$\cdots$，ξ_n，并以它们的平均值

$$A_1 = \frac{1}{n}\sum_{i=1}^{n}\xi_i$$

作为 m_1 的估计量。由辛钦大数定律，有

$$A_1 \xrightarrow{P} m_1$$

进一步，若总体的 k 阶原点矩 $m_k = E(\xi^k)$ 存在，则这时样本的 k 阶原点矩

$$A_k = \frac{1}{n}\sum_{i=1}^{n}\xi_i^k$$

作为 m_k 的估计量也成立

$$A_k \xrightarrow{P} m_k$$

依据是辛钦大数定律。

▶ **例题 5.2.2** (用蒙特卡罗方法计算定积分)　为计算积分

$$J = \int_a^b g(x)\mathrm{d}x$$

可以这样做：任取一列相互独立同服从 $[a,b]$ 上的均匀分布的随机变量 $\{\xi_i\}$，则 $\{g(\xi_i)\}$ 也是一列相互独立同分布的随机变量，且

$$E(g(\xi_i)) = \frac{1}{b-a}\int_a^b g(x)\mathrm{d}x = \frac{J}{b-a}$$

于是

$$J = (b-a)E(g(\xi_i))$$

为求 $E(g(\xi_i))$，可以应用辛钦大数定律，因为

$$\frac{g(\xi_1) + g(\xi_2) + \cdots + g(\xi_n)}{n} \xrightarrow{P} E(g(\xi_i))$$

这样一来，就可以对原来的积分问题进行数值计算。而生成 $\{g(\xi_i)\}$ 的关键是生成相互独立同服从 $[a,b]$ 上的均匀分布的 $\{\xi_i\}$。

到目前为止，大数定律中 $P\left(\left|\frac{\mu_n}{n} - p\right| \geqslant \epsilon\right)$ 当 $n \to \infty$ 时趋于 0，但没有给出 μ_n 的渐近分布。下面来研究它的渐近分布。

定理 5.2.6　棣莫弗-拉普拉斯中心极限定理

若 μ_n 是 n 次伯努利试验中事件 A 出现的次数，成功概率 $0 < p < 1$，则对任意有限区间 $[a,b]$，有下述结论成立：

(i) (局部极限定理) 当 $a \leqslant x_k = \frac{k-np}{\sqrt{npq}} \leqslant b$ 及 $n \to \infty$ 时，一致地有

$$\frac{P(\mu_n = k)}{\frac{1}{\sqrt{npq}}\frac{1}{\sqrt{2\pi}}\mathrm{e}^{-\frac{1}{2}x_k^2}} \to 1$$

(ii) (积分极限定理) 当 $n \to \infty$ 时, 一致地有

$$P\Big(a < \frac{\mu_n - np}{\sqrt{npq}} \leqslant b\Big) \to \int_a^b \frac{1}{\sqrt{2\pi}}\mathrm{e}^{-x^2/2}\mathrm{d}x$$

证明 (局部极限定理) 将 $P(\mu_n = k)$ 表示出来, 再利用斯特林 (Stirling) 公式写成关于 e^x 的形式:

$$P(\mu_n = k) = \frac{n!}{k!(n-k)!}p^k q^{n-k}$$

由斯特林公式

$$m! = \sqrt{2\pi m}m^m\mathrm{e}^{-m}\mathrm{e}^{\theta_m}, \quad 0 < \theta_m < \frac{1}{12m}$$

记 $j = n - k$, 则

$$P(\mu_n = k) = \frac{\sqrt{2\pi n}n^n\mathrm{e}^{-n}}{\sqrt{2\pi k}k^k\mathrm{e}^{-k}\sqrt{2\pi j}j^j\mathrm{e}^{-j}}p^k q^j \mathrm{e}^{\theta_n - \theta_k - \theta_j}$$

由关系 $\dfrac{k}{np} = 1 + x_k\sqrt{\dfrac{q}{np}}$, $\dfrac{n-k}{nq} = 1 - x_k\sqrt{\dfrac{p}{nq}}$, 再利用泰勒展开式

$$\ln(1 + x) = x - \frac{x^2}{2} + \frac{x^3}{3} - \frac{x^4}{4} + \cdots$$

所以

$$\begin{aligned}
\ln(\sqrt{2\pi npq}P(\mu_n = k)) &= \theta - \Big(k + \frac{1}{2}\Big)\ln\frac{k}{np} - \Big(n - k + \frac{1}{2}\Big)\ln\frac{n-k}{nq}\\
&= \theta - \Big(np + x_k\sqrt{npq} + \frac{1}{2}\Big)\ln\Big(1 + x_k\sqrt{\frac{q}{np}}\Big)\\
&\quad - \Big(nq - x_k\sqrt{npq} + \frac{1}{2}\Big)\ln\Big(1 - x_k\sqrt{\frac{p}{nq}}\Big)\\
&= \theta - \frac{x_k^2}{2} + \frac{q-p}{6\sqrt{npq}}(x_k^3 - 3x_k) + O\Big(\frac{1}{n}\Big)
\end{aligned}$$

因此

$$\begin{aligned}
P(\mu_n = k) &= \frac{1}{\sqrt{2\pi}}\frac{1}{\sqrt{npq}}\exp\Big\{-\frac{x_k^2}{2} + \frac{(q-p)(x_k^3 - 3x_k)}{6\sqrt{npq}} + O\Big(\frac{1}{n}\Big)\Big\}\\
&= \frac{1}{\sqrt{2\pi}}\frac{1}{\sqrt{npq}}\mathrm{e}^{-\frac{x_k^2}{2}}\Big[1 + \frac{(q-p)(x_k^3 - 3x_k)}{6\sqrt{npq}} + O\Big(\frac{1}{n}\Big)\Big]
\end{aligned}$$

证明 (积分极限定理)

$$P\Big(a < \frac{\mu_n - np}{\sqrt{npq}} \leqslant b\Big) = P(np + a\sqrt{npq} \leqslant \mu_n < np + b\sqrt{npq}) = \sum_{k=k_1}^{k_2} P(\mu_n = k)$$

而

$$P(\mu_n = k) = \frac{1}{\sqrt{npq}}(\phi(x_k) + \epsilon_k), \quad |\epsilon_k| < \epsilon$$

$k = k_1, k_1 + 1, \cdots, k_2$。于是

$$P\left(a < \frac{\mu_n - np}{\sqrt{npq}} \leqslant b\right) = \sum_{k=k_1}^{k_2} \frac{1}{\sqrt{npq}}\phi(x_k) + \sum_{k=k_1}^{k_2} \frac{\epsilon_k}{\sqrt{npq}}$$

因为有

$$\left|\sum_{k=k_1}^{k_2} \frac{\epsilon_k}{\sqrt{npq}}\right| \leqslant \frac{1}{\sqrt{npq}}(k_2 - k_1 + 1)\epsilon \leqslant \frac{(b-a)\sqrt{npq} + 1}{\sqrt{npq}}\epsilon$$

注意到 x_k 的增量为 $\dfrac{1}{\sqrt{npq}}$,

$$P\left(a < \frac{\mu_n - np}{\sqrt{npq}} \leqslant b\right) \to \int_a^b \phi(x)\mathrm{d}x$$

棣莫弗-拉普拉斯定理有很多应用,下面是几个例子。

▶ **例题 5.2.3** (推导伯努利大数定律) 积分极限定理 $\Rightarrow \mu_n \xrightarrow{L} N(np, npq)$,于是 $\frac{\mu_n}{n} \xrightarrow{L}$ $N\left(p, \frac{pq}{n}\right)$,即 $\frac{\mu_n}{n}$ 的分布收敛于退化分布

$$I_p(x) = \begin{cases} 0, & x \leqslant p \\ 1, & x > p \end{cases}$$

这就是伯努利大数定律。

▶ **例题 5.2.4** 给定 $\epsilon > 0$,对任意正数 l,只要 n 充分大,就有

$$l\sqrt{npq} < \epsilon n$$

于是

$$\left\{\left|\frac{\mu_n - np}{\sqrt{npq}}\right| < l\right\} \subset \left\{\left|\frac{\mu_n - np}{n}\right| < \epsilon\right\}$$

因此

$$P\left(\left|\frac{\mu_n}{n} - p\right| < \epsilon\right) \geqslant P\left(\left|\frac{\mu_n - np}{\sqrt{npq}}\right| < l\right) > 1 - \delta$$

▶ **例题 5.2.5** 实际应用中的计算问题

$$P\left(\left|\frac{\mu_n}{n} - p\right| < \epsilon\right) = P\left(-\epsilon\sqrt{\frac{n}{pq}} < \frac{\mu_n - np}{\sqrt{npq}} < \epsilon\sqrt{\frac{n}{pq}}\right)$$

$$\simeq \Phi\left(\epsilon\sqrt{\frac{n}{pq}}\right) - \Phi\left(-\epsilon\sqrt{\frac{n}{pq}}\right) = 2\Phi\left(\epsilon\sqrt{\frac{n}{pq}}\right) - 1$$

应用中分几类情况来计算未知的部分。

- 已知 n, p, ϵ,求 $P\left(\left|\frac{\mu_n}{n} - p\right| < \epsilon\right)$。
- 已知其他 3 个条件,求样本量 n。

- 已知其他 3 个条件, 求误差 ϵ。
▶ **例题 5.2.6** (概率的置信区间估计)　同样由

$$P\left(\left|\frac{\mu_n}{n}-p\right|<\epsilon\right)=P\left(\left|\frac{\frac{\mu_n}{n}-p}{\sqrt{\frac{p(1-p)}{n}}}\right|<z_\beta\right)=\beta$$

其中当 n 较大时, z_β 满足 $2\Phi(z_\beta)-1=\beta$。要估计 p 的置信区间, 需要把概率中的式子表示成 p(参数) 落在数据的表达式 (估计量) 构成的区间中。需要解二次方程

$$\left(\frac{\mu_n}{n}-p\right)^2=z_\beta^2\frac{p(1-p)}{n}$$

求解并略去高阶项可得:

$$P\left(\frac{\mu_n}{n}-z_\beta\sqrt{\frac{\frac{\mu_n}{n}(1-\frac{\mu_n}{n})}{n}}<p<\frac{\mu_n}{n}+z_\beta\sqrt{\frac{\frac{\mu_n}{n}(1-\frac{\mu_n}{n})}{n}}\right)=\beta$$

在数理统计中, 称在置信水平 β 下得到概率 p 的置信区间为

$$\left(\frac{\mu_n}{n}-z_\beta\sqrt{\frac{\frac{\mu_n}{n}(1-\frac{\mu_n}{n})}{n}},\frac{\mu_n}{n}+z_\beta\sqrt{\frac{\frac{\mu_n}{n}(1-\frac{\mu_n}{n})}{n}}\right)$$

5.3　强大数定律

前面定义的几种随机变量序列的收敛中还缺少一种极其重要的情形——几乎处处收敛, 这便属于强大数定律的范畴了。

> **强大数定律**
>
> 设 $\{\xi_i\}$ 是独立随机变量序列, 若
>
> $$P\left(\lim_{n\to\infty}\frac{1}{n}\sum_{i=1}^n(\xi_i-E(\xi_i))=0\right)=1$$
>
> 则称 $\{\xi_i\}$ 满足**强大数定律** (strong law of large numbers)。

这等价于要求对任意的 $\epsilon>0$, 有

$$\lim_{m\to\infty}P\left(\bigcup_{j=m}^\infty\left(\left|\frac{1}{j}\sum_{i=1}^j(\xi_i-E(\xi_i))\right|\geqslant\epsilon\right)\right)=0$$

由于

$$\bigcup_{j=m}^\infty\left(\left|\frac{1}{j}\sum_{i=1}^j(\xi_i-E(\xi_i))\right|\geqslant\epsilon\right)\subset\left\{\sup_{j\geqslant m}\left|\frac{1}{j}\sum_{i=1}^j(\xi_i-E(\xi_i))\right|\geqslant\epsilon\right\}$$

我们可以通过控制 $P\left(\sup\limits_{j\geqslant m}\left|\dfrac{1}{j}\sum\limits_{i=1}^{j}(\xi_i - E(\xi_i))\right|\geqslant \epsilon\right)$ 进行估计。

5.3.1　上限事件、下限事件

设 A_1，A_2，$\cdots$，A_n，$\cdots$ 是一列事件，

- $\bigcup\limits_{n=k}^{\infty} A_n$：事件序列 A_k，A_{k+1}，$\cdots$ 中至少发生一个。

- $\bigcap\limits_{n=k}^{\infty} A_n$：事件序列 A_k，A_{k+1}，$\cdots$ 同时发生。

记

$$\varlimsup_{n\to\infty} A_n = \bigcap_{k=1}^{\infty}\bigcup_{n=k}^{\infty} A_n$$

为 $\{A_n\}$ 的**上限事件**，它表示 A_n 发生无穷多次。

$$\varliminf_{n\to\infty} A_n = \bigcup_{k=1}^{\infty}\bigcap_{n=k}^{\infty} A_n$$

为 $\{A_n\}$ 的**下限事件**，它表示 A_n 至多只有有限个不发生。

显然

$$\varliminf_{n\to\infty} A_n \subset \varlimsup_{n\to\infty} A_n$$

极限事件的关系　当 $\varlimsup A_n = \varliminf A_n$ 时，记 $\lim A_n = \varlimsup A_n = \varliminf A_n$，称为 $\{A_n\}$ 的**极限事件**。利用德·摩根 (De Morgan) 定理，有

$$\overline{\left(\bigcap_{k=1}^{\infty}\bigcup_{n=k}^{\infty} A_n\right)} = \bigcup_{k=1}^{\infty}\bigcap_{n=k}^{\infty}\bar{A}_n$$

$$\overline{\left(\bigcup_{k=1}^{\infty}\bigcap_{n=k}^{\infty} A_n\right)} = \bigcap_{k=1}^{\infty}\bigcup_{n=k}^{\infty}\bar{A}_n$$

因此

$$\varliminf_{n\to\infty} \bar{A}_n = \overline{\left(\varlimsup_{n\to\infty} A_n\right)}$$

$$\varlimsup_{n\to\infty} \bar{A}_n = \overline{\left(\varliminf_{n\to\infty} A_n\right)}$$

下面介绍一个有用的结果，即使不是为了证明后续结论，其本身也具有独立的价值。

引理 5.3.1　博雷尔-康塔利引理 (Borel-Cantelli Lemma)

(i) 若随机事件序列 $\{A_n\}$ 满足

$$\sum_{n=1}^{\infty} P(A_n) < \infty$$

则

$$P\left(\varlimsup_{n\to\infty} A_n\right) = 0$$

(ii) 若 $\{A_n\}$ 是相互独立的随机事件序列，则

$$\sum_{n=1}^{\infty} P(A_n) = \infty$$

等价于

$$P\left(\varlimsup_{n \to \infty} A_n\right) = 1$$

证明　(i)

$$P\left(\varlimsup_{n \to \infty} A_n\right) = P\left(\bigcap_{k=1}^{\infty} \bigcup_{n=k}^{\infty} A_n\right)$$

$$\leqslant P\left(\bigcup_{n=k}^{\infty} A_n\right) \leqslant \sum_{n=k}^{\infty} P(A_n) \to 0$$

(ii) "$\Rightarrow$"：

$$P\left(\varliminf_{n \to \infty} \bar{A}_n\right) = P\left(\bigcup_{k=1}^{\infty} \bigcap_{n=k}^{\infty} \bar{A}_n\right)$$

$$\leqslant \sum_{k=1}^{\infty} P\left(\bigcap_{n=k}^{\infty} \bar{A}_n\right) = \sum_{k=1}^{\infty} \prod_{n=k}^{\infty} P(\bar{A}_n) = \sum_{k=1}^{\infty} \prod_{n=k}^{\infty} [1 - P(A_n)]$$

$$\leqslant \sum_{k=1}^{\infty} \lim_{N \to \infty} \exp\left\{-\sum_{n=k}^{N} P(A_n)\right\} = 0$$

$$P\left(\varlimsup_{n \to \infty} A_n\right) = 1 - P\left(\varliminf_{n \to \infty} A_n\right) = 1$$

"$\Leftarrow$"：若 $P\left(\varlimsup_{n \to \infty} A_n\right) = 1$，假定 $\displaystyle\sum_{n=1}^{\infty} P(A_n) < \infty$，则由 (i) 得到 $P\left(\varlimsup_{n \to \infty} A_n\right) = 0$，

产生矛盾，故 $\displaystyle\sum_{n=1}^{\infty} P(A_n) = \infty$。

下面来看几乎处处收敛，又称以概率 1 收敛。由定义，有

$$\left\{\omega : \lim_{n \to \infty} \xi_n(\omega) = \xi(\omega)\right\} = \left\{\omega : \bigcap_{m=1}^{\infty} \bigcup_{k=1}^{\infty} \bigcap_{n=k}^{\infty} \left(|\xi_n(\omega) - \xi(\omega)| < \frac{1}{m}\right)\right\}$$

即 $\left\{\lim\limits_{n \to \infty} \xi_n(\omega) = \xi(\omega)\right\}$ 是事件。因此

$$P\left(\lim_{n \to \infty} \xi_n(\omega) = \xi(\omega)\right) = 1$$

有明确的意义，这时称 $\{\xi_n(\omega)\}$ 几乎处处收敛 (以概率 1 收敛于 $\xi(\omega)$)，即

$$\xi_n(\omega) \xrightarrow{\text{a.s.}} \xi(\omega)$$

几乎处处收敛还有另一种等价表示：对任意的 $\epsilon > 0$，有

$$P\left(\bigcap_{k=1}^{\infty} \bigcup_{n=k}^{\infty} (|\xi_n(\omega) - \xi(\omega)| \geqslant \epsilon)\right) = 0$$

这个表示与前面的表示等价，为什么？

下面来看以概率 1 收敛与依概率收敛的关系。

> **定理 5.3.1 几乎处处收敛可推出依概率收敛**
>
> $$\xi_n(\omega) \xrightarrow{\text{a.s.}} \xi(\omega) \Rightarrow \xi_n(\omega) \xrightarrow{P} \xi(\omega)$$
>
> **证明** 由前面的表达式，$\forall \epsilon > 0$，有
>
> $$P\left(\bigcap_{k=1}^{\infty} \bigcup_{n=k}^{\infty} (|\xi_n(\omega) - \xi(\omega)| \geqslant \epsilon)\right) = 0$$
>
> 即
>
> $$\lim_{k \to \infty} P\left(\bigcup_{n=k}^{\infty} (|\xi_n(\omega) - \xi(\omega)| \geqslant \epsilon)\right) = 0$$
>
> 而
>
> $$\{|\xi_k(\omega) - \xi(\omega)| \geqslant \epsilon\} \subset \left\{\bigcup_{n=k}^{\infty} (|\xi_n(\omega) - \xi(\omega)| \geqslant \epsilon)\right\}$$
>
> 于是
>
> $$\lim_{k \to \infty} P(|\xi_k(\omega) - \xi(\omega)| \geqslant \epsilon) = 0$$

注 上述定理反之不成立，即

$$\xi_n(\omega) \xrightarrow{P} \xi(\omega) \nRightarrow \xi_n(\omega) \xrightarrow{\text{a.s.}} \xi(\omega)$$

▶ **例题 5.3.1** (反例——依概率收敛不能推出几乎处处收敛) 考虑概率空间的样本空间取 $\Omega = [0,1]$，对于 $n \geqslant 2, j = 0, 1, \cdots, n-1$，定义在其上的二维随机变量列 $\{X_{n,j}\}$(double array，可以按照一定顺序排成一列) 为 (见图5.2)：

$$X_{n,j}(\omega) = \begin{cases} 1, & \omega \in [j/n, (j+1)/n] \\ 0, & \omega \in [0,1] \setminus [j/n, (j+1)/n] \end{cases}$$

极限变量 $X(\omega) \equiv 0$，对一切 $\omega \in \Omega = [0,1]$。很显然，$\forall \epsilon > 0$，

$$P(|X_{n,j}(\omega) - X(\omega)| > \epsilon) \leqslant 1/n \to 0, \ n \to \infty$$

但由于对于任意 $\omega \in \Omega = [0,1]$，对任意的 $n \in \mathbb{Z}^+$，都存在 $0 \leqslant j \leqslant n-1$，使得 $\omega \in [j/n, (j+1)/n]$，于是在 ω 处 $X_{n,j}$ 不能收敛到 X，即

$$X_{n,j}(\omega) \xrightarrow{\text{a.s.}} X(\omega)$$

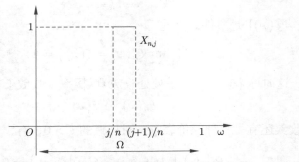

图 5.2 反例：依概率收敛但不几乎处处收敛

思考 几乎处处收敛和 r 阶收敛哪个更强呢？试着证明你的结论。

5.3.2　博雷尔强大数定律

几乎处处收敛或者说以概率 1 收敛的随机变量序列的收敛，称为满足强大数定律。下面我们来推导什么条件下，能够得到强大数定律。先来看伯努利场合下的事件成功频率收敛到概率的情况。

定理 5.3.2　博雷尔强大数定律

设 μ_n 是伯努利试验场合下事件 A 在 n 次独立试验中出现的次数，在每次试验中事件 A 出现的概率均为 p，那么当 $n \to \infty$ 时

$$P\left(\frac{\mu_n}{n} \to p\right) = 1$$

证明　只需证对任意 $\epsilon > 0$，有

$$P\left(\bigcap_{k=1}^{\infty} \bigcup_{n=k}^{\infty} \left(\left|\frac{\mu_n}{n} - p\right| \geqslant \epsilon\right)\right) = 0$$

$$\Leftarrow$$

$$\sum_{n=1}^{\infty} P\left(\left|\frac{\mu_n}{n} - p\right| \geqslant \epsilon\right) \text{收敛}$$

则由博雷尔-康塔利引理即可得证。下面给出一个通项的估计。

切比雪夫不等式只能给出

$$P\left(\left|\frac{\mu_n}{n} - p\right| \geqslant \epsilon\right) \leqslant \frac{1}{4n\epsilon^2}$$

这个估计精度不够。试试马尔可夫不等式

$$P\left(\left|\frac{\mu_n}{n} - p\right| \geqslant \epsilon\right) \leqslant \frac{1}{\epsilon^4} E\left(\left|\frac{\mu_n}{n} - p\right|^4\right)$$

把 μ_n 表示成独立伯努利变量之和

$$\frac{\mu_n}{n} - p = \frac{1}{n}\sum_{i=1}^{n}(\xi_i - p)$$

于是

$$E\left[\left(\frac{\mu_n}{n} - p\right)^4\right] = \frac{1}{n^4}\sum_i\sum_j\sum_k\sum_l E(\xi_i-p)(\xi_j-p)(\xi_k-p)(\xi_l-p)$$

由 ξ_i 的独立性及 $E(\xi_i-p)=0$ 知，上面和式中只有 $E[(\xi_i-p)^4]$ 及 $E[(\xi_i-p)^2(\xi_j-p)^2]$ 不为 0。

$$E[(\xi_i-p)^4] = pq^4 + qp^4 \tag{5.3}$$

$$E[(\xi_i-p)^2(\xi_j-p)^2] = p^2q^2 \,(i \neq j) \tag{5.4}$$

式 (5.3) 的项有 n 项，式 (5.4) 的项有 $\binom{4}{2}\binom{n}{2} = 3n(n-1)$ 项。

$$E\left[\left(\frac{\mu_n}{n} - p\right)^4\right] = \frac{1}{n^4}\left[npq(p^3+q^3) + 3(n^2-n)p^2q^2\right] < \frac{C}{n^2}$$

于是

$$P\left(\left|\frac{\mu_n}{n} - p\right| \geqslant \epsilon\right) < \frac{C}{\epsilon^4 n^2}$$

5.3.3　柯尔莫哥洛夫强大数定律

下面我们将随机变量列的情况从伯努利场合推广到更广泛的场合。为了得到在二阶矩条件下的强大数定律——柯尔莫哥洛夫强大数定律，我们需要下面的准备工作。

> **命题 5.3.1　哈耶克-瑞尼 (Hajek-Renyi) 不等式**
>
> 　　若 $\{\xi_i\}$ 是独立随机变量序列，$D(\xi_i) = \sigma_i^2 < \infty\,(i = 1,\ 2,\ \cdots)$，而 $\{C_n\}$ 是一列正的非增常数序列，则对任意正整数 m，$n\,(m < n)$ 及 $\epsilon > 0$，均有
>
> $$P\left(\max_{m \leqslant j \leqslant n} C_j \left| \sum_{i=1}^{j} (\xi_i - E(\xi_i)) \right| \geqslant \epsilon\right) \leqslant \frac{1}{\epsilon^2}\left(C_m^2 \sum_{j=1}^{m} \sigma_j^2 + \sum_{j=m+1}^{n} C_j^2 \sigma_j^2\right)$$

证明　记

$$S_k = \sum_{j=1}^{k} (\xi_j - E(\xi_j))$$

及

$$\eta = \sum_{k=m}^{n-1} S_k^2 (C_k^2 - C_{k+1}^2) + C_n^2 S_n^2$$

则由阿贝尔 (Abel) 求和关系

$$\begin{aligned}
\eta &= \sum_{k=m}^{n} S_k^2 C_k^2 - \sum_{k=m}^{n-1} S_k^2 C_{k+1}^2 \\
&= S_m^2 C_m^2 + \sum_{k=m+1}^{n} (S_k^2 - S_{k-1}^2) C_k^2
\end{aligned}$$

利用"首次达到"的想法，将要处理的事件分解成互不相容事件的和

$$\left\{ \max_{m \leqslant j \leqslant n} C_j |S_j| \geqslant \epsilon \right\} = \bigcup_{j=m}^{n} E_j$$

这里

$$E_j = \{C_k |S_k| < \epsilon, \text{对于}\, m \leqslant k < j; C_j |S_j| \geqslant \epsilon\}$$

于是 $P\left(\max\limits_{m \leqslant j \leqslant n} C_j |S_j| \geqslant \epsilon\right) = \sum\limits_{j=m}^{n} P(E_j)$，而在 E_j 上，$|S_j| \geqslant \dfrac{\epsilon}{C_j}$，故有

$$\frac{\epsilon^2}{C_j^2} P(E_j) = \frac{\epsilon^2}{C_j^2} E 1_{E_j} \leqslant E 1_{E_j} S_j^2$$

利用 ξ_i 之间的独立性，我们可以证明

$$E 1_{E_j} S_j^2 \leqslant E 1_{E_j} S_k^2$$

对 $k > j$ 成立。于是

$$\frac{\epsilon^2}{C_j^2} P(E_j) \leqslant E(1_{E_j} S_k^2), j \leqslant k \leqslant n$$

由

$$\eta = \sum_{k=m}^{n-1} S_k^2 (C_k^2 - C_{k+1}^2) + C_n^2 S_n^2$$

得到 $E(\eta) = C_m^2 \sum_{j=1}^m \sigma_j^2 + \sum_{j=m+1}^n C_j^2 \sigma_j^2$。于是，当 $m \leqslant j \leqslant n$ 时

$$\begin{aligned}
E(\eta 1_{E_j}) &= \sum_{k=m}^{n-1} E(S_k^2 1_{E_j})(C_k^2 - C_{k+1}^2) + C_n^2 E(S_n^2 1_{E_j}) \\
&\geqslant \sum_{k=j}^{n-1} E(S_k^2 1_{E_j})(C_k^2 - C_{k+1}^2) + C_n^2 E(S_n^2 1_{E_j}) \\
&\geqslant \frac{\epsilon^2}{C_j^2} P(E_j) \left[\sum_{k=j}^{n-1}(C_k^2 - C_{k+1}^2) + C_n^2 \right] \\
&= \epsilon^2 P(E_j)
\end{aligned}$$

又因为 $\sum_{j=m}^n 1_{E_j}(\omega) \leqslant 1$，故

$$\sum_{j=m}^n E(\eta 1_{E_j}) \leqslant E(\eta)$$

得到

$$\sum_{j=m}^n P(E_j) \leqslant \frac{1}{\epsilon^2} E(\eta)$$

即

$$P\left(\max_{m \leqslant j \leqslant n} C_j \left| \sum_{i=1}^j (\xi_i - E(\xi_i)) \right| \geqslant \epsilon \right) \leqslant \frac{1}{\epsilon^2}\left(C_m^2 \sum_{j=1}^m \sigma_j^2 + \sum_{j=m+1}^n C_j^2 \sigma_j^2 \right)$$

至此，可以得到下面的不等式。

命题 5.3.2　柯尔莫哥洛夫不等式

设 $\xi_1, \xi_2, \cdots, \xi_n$ 是独立随机变量，方差有限，则对任意 $\epsilon > 0$，有

$$P\left(\max_{1 \leqslant j \leqslant n} \left| \sum_{i=1}^j (\xi_i - E(\xi_i)) \right| \geqslant \epsilon \right) \leqslant \frac{1}{\epsilon^2} \sum_{j=1}^n D(\xi_j)$$

证明　在哈耶克-瑞尼不等式中令 $m=1$，$C_j=1$ 即可证得。

注　令 $n=1$，则

$$P\left(|\xi_1 - E(\xi_1)| \geqslant \epsilon\right) \leqslant \frac{D(\xi_1)}{\epsilon^2}$$

即得到了切比雪夫不等式。

有了这些准备工作，可以得到依赖于二阶矩的强大数定律——柯尔莫哥洛夫强大数定律。

定理 5.3.3　柯尔莫哥洛夫强大数定律

设 $\{\xi_i\}$，$i=1,2,\cdots$ 是独立随机变量序列，且

$$\sum_{n=1}^{\infty} \frac{D(\xi_n)}{n^2} < \infty$$

则

$$P\left(\lim_{n\to\infty} \frac{1}{n} \sum_{i=1}^{n} (\xi_i - E(\xi_i)) = 0\right) = 1$$

证明　在哈耶克-瑞尼不等式中，令 $C_j = \frac{1}{j}$，

$$P\left(\max_{m\leqslant j\leqslant n} \left|\frac{1}{j}\sum_{i=1}^{j}(\xi_i - E(\xi_i))\right| \geqslant \epsilon\right) \leqslant \frac{1}{\epsilon^2}\left(\frac{1}{m^2}\sum_{j=1}^{m} D(\xi_j) + \sum_{j=m+1}^{n} \frac{D(\xi_j)}{j^2}\right)$$

由概率的连续性，

$$P\left(\sup_{j\geqslant m} \left|\frac{1}{j}\sum_{i=1}^{j}(\xi_i - E(\xi_i))\right| \geqslant \epsilon\right) = \lim_{n\to\infty} P\left(\max_{m\leqslant j\leqslant n} \left|\frac{1}{j}\sum_{i=1}^{j}(\xi_i - E(\xi_i))\right| \geqslant \epsilon\right)$$

$$\leqslant \frac{1}{\epsilon^2}\left(\frac{1}{m^2}\sum_{j=1}^{m} D(\xi_j) + \sum_{j=m+1}^{\infty} \frac{D(\xi_j)}{j^2}\right)$$

因为 $\sum_{j=1}^{\infty} \frac{D(\xi_j)}{j^2} < \infty$，故

$$\lim_{m\to\infty} P\left(\sup_{j\geqslant m} \left|\frac{1}{j}\sum_{i=1}^{j}(\xi_i - E(\xi_i))\right| \geqslant \epsilon\right) = 0$$

再由

$$\bigcup_{j=m}^{\infty}\left(\left|\frac{1}{j}\sum_{i=1}^{j}(\xi_i - E(\xi_i))\right| \geqslant \epsilon\right) \subset \left\{\sup_{j\geqslant m} \left|\frac{1}{j}\sum_{i=1}^{j}(\xi_i - E(\xi_i))\right| \geqslant \epsilon\right\}$$

知

$$\lim_{m\to\infty} P\left(\bigcup_{j=m}^{\infty}\left(\left|\frac{1}{j}\sum_{i=1}^{j}(\xi_i - E(\xi_i))\right| \geqslant \epsilon\right)\right) = 0$$

由前面几乎处处收敛的等价形式知结论成立。♡

下面我们在独立同分布场合 (i.i.d.) 下得到强大数定律的一个充要条件。

定理 5.3.4 i.i.d. 场合下的强大数定律的等价条件 (柯尔莫哥洛夫)

设 ξ_1，ξ_2，$\cdots$ 是 i.i.d. 的随机变量序列，则

$$\frac{1}{n}(\xi_1 + \xi_2 + \cdots + \xi_n) \overset{\text{a.s.}}{\to} a$$

当且仅当 $E(\xi_i)$ 存在且等于 a。

证明 先来证明一个不等式

$$\sum_{n=1}^{\infty} P(|\xi| \geqslant n) \leqslant E(|\xi|) \leqslant 1 + \sum_{n=1}^{\infty} P(|\xi| \geqslant n) \tag{5.5}$$

事实上，

$$E(|\xi|) = \int_{-\infty}^{+\infty} |x| \mathrm{d}F(x) = \sum_{k=0}^{\infty} \int_{k \leqslant |x| < k+1} |x| \mathrm{d}F(x)$$

因此

$$\sum_{k=0}^{\infty} k P(k \leqslant |\xi| < k+1) \leqslant E(|\xi|) \leqslant \sum_{k=0}^{\infty} (k+1) P(k \leqslant |\xi| < k+1)$$

利用二重级数求和的换号规则，得

$$\sum_{k=0}^{\infty} k P(k \leqslant |\xi| < k+1) = \sum_{k=0}^{\infty} \sum_{n=1}^{k} P(k \leqslant |\xi| < k+1)$$

$$= \sum_{n=1}^{\infty} \sum_{k=n}^{\infty} P(k \leqslant |\xi| < k+1) = \sum_{n=1}^{\infty} P(|\xi| \geqslant n)$$

式 (5.5) 的另一边同理可得。式 (5.5) 表明 $E(|\xi|) < \infty$ 等价于

$$\sum_{n=1}^{\infty} P(|\xi| \geqslant n) < \infty$$

记 $S_n = \xi_1 + \xi_2 + \cdots + \xi_n$，若 $\dfrac{S_n}{n} \overset{\text{a.s.}}{\to} a$，则

$$\frac{\xi_n}{n} = \frac{S_n}{n} - \frac{n-1}{n} \frac{S_{n-1}}{n-1} \overset{\text{a.s.}}{\to} 0$$

取 $\epsilon = 1$，于是 $\{|\xi_n| \geqslant n, \text{i.o.}\}$ 的概率为 0 (i.o. 意为 infinitely often)。由博雷尔-康塔利引理 (ii)(由独立性)，得

$$\sum_{n=1}^{\infty} P(|\xi_n| \geqslant n) < \infty$$

即 $E(|\xi_i|) < \infty$，必要性得证。

下证充分性。用"截尾法"，令

$$\xi_n^* = \begin{cases} \xi_n, & |\xi_n| < n \\ 0, & |\xi_n| \geqslant n \end{cases}$$

先验证 $\{\xi_n^*\}$ 满足柯尔莫哥洛夫强大数定律的条件。

$$D(\xi_n^*) \leqslant E(\xi_n^{*2}) = \int_{-n}^{n} x^2 \mathrm{d}F(x) \leqslant \sum_{k=1}^{n} k^2 P(k-1 \leqslant |\xi_n| < k)$$

故

$$\sum_{n=1}^{\infty}\frac{D(\xi_n^*)}{n^2}\leqslant\sum_{n=1}^{\infty}\sum_{k=1}^{n}\frac{k^2}{n^2}P(k-1\leqslant|\xi_n|<k)$$

$$=\sum_{k=1}^{\infty}\sum_{n=k}^{\infty}\frac{k^2}{n^2}P(k-1\leqslant|\xi_n|<k)$$

由于

$$\sum_{n=k}^{\infty}\frac{1}{n^2}<\frac{1}{k^2}+\sum_{n=k+1}^{\infty}\frac{1}{n(n-1)}=\frac{1}{k^2}+\frac{1}{k}\leqslant\frac{2}{k}$$

故

$$\sum_{n=1}^{\infty}\frac{D(\xi_n^*)}{n^2}<2\sum_{k=1}^{\infty}kP(k-1\leqslant|\xi_n|<k)<\infty$$

因此，由柯尔莫哥洛夫强大数定律，有

$$P\left(\lim_{n\to\infty}\frac{1}{n}\sum_{i=1}^{n}(\xi_i^*-E(\xi_i^*))=0\right)=1$$

因

$$E(\xi_n^*)=\int_{-n}^{n}x\mathrm{d}F(x)$$

显然 $\lim_{n\to\infty}E(\xi_n^*)=E(\xi_1)=a$，因此 $\lim_{n\to\infty}\frac{1}{n}\sum_{i=1}^{n}E(\xi_i^*)=E(\xi_1)=a$。由于

$$\left|\frac{1}{n}\sum_{i=1}^{n}(\xi_i-a)\right|\leqslant\left|\frac{1}{n}\sum_{i=1}^{n}(\xi_i-\xi_i^*)\right|+\left|\frac{1}{n}\sum_{i=1}^{n}(\xi_i^*-E(\xi_i^*))\right|+\left|\frac{1}{n}\sum_{i=1}^{n}(E(\xi_i^*)-a)\right|$$

为了得到定理结论，只需再证 $\frac{1}{n}\sum_{i=1}^{n}(\xi_i-\xi_i^*)\xrightarrow{\text{a.s.}}0$。而

$$\sum_{i=1}^{\infty}P(\xi_i\neq\xi_i^*)=\sum_{i=1}^{\infty}P(|\xi_i|\geqslant i)\leqslant E(|\xi_1|)<\infty$$

由博雷尔-康塔利引理，以概率 1 有

$$\xi_i(\omega)\neq\xi_i^*(\omega),\quad\text{只对有限个 }i\text{ 成立}$$

因此

$$P\left(\lim_{n\to\infty}\frac{1}{n}\sum_{i=1}^{n}(\xi_i-\xi_i^*)=0\right)=1$$

综上，结论成立。 ♡

注 定理中的"独立同分布"的条件作为随机变量序列遵循的前提条件，可以放宽成"两两独立"。即若 X_1，X_2，$\cdots$ 为两两独立同分布的随机变量序列，并且 $E(|X_1|)<\infty$，令 $E(X_1)=\mu$，$S_n=X_1+X_2+\cdots+X_n$，则

$$S_n/n\xrightarrow{\text{a.s.}}\mu,\ n\to\infty$$

但在"两两独立"条件下，期望有限（$E(|X_1|) < \infty$）这个条件是否还是强大数律的必要条件呢？

5.4　中心极限定理

前面在独立同分布场合讨论随机变量序列的收敛时，曾经得到了棣莫弗-拉普拉斯中心极限定理 (central limit theorem, CLT)。下面我们考虑将其推广到相互独立、同分布，但分布不一定是伯努利分布的情形。

若 ξ_1，ξ_2，$\cdots$，ξ_n，$\cdots$ 是一串相互独立、同分布的随机变量序列，且

$$E(\xi_k) = \mu, D(\xi_k) = \sigma^2$$

我们来讨论标准化变量和

$$\zeta_n = \frac{1}{\sigma\sqrt{n}}\sum_{k=1}^{n}(\xi_k - \mu)$$

的极限分布。

5.4.1　林德伯格-列维中心极限定理

定理 5.4.1　林德伯格-列维 (Lindeberg-Lévy) 中心极限定理

若随机变量列 $\{\xi_n\}$ 独立同分布 (i.i.d.)，$E(\xi_k) = \mu$，$D(\xi_k) = \sigma^2(k \geq 1)$，对于标准化变量和

$$\zeta_n = \frac{1}{\sigma\sqrt{n}}\sum_{k=1}^{n}(\xi_k - \mu)$$

若 $0 < \sigma^2 < \infty$，则

$$\lim_{n\to\infty} P(\zeta_n \leq x) = \frac{1}{\sqrt{2\pi}}\int_{-\infty}^{x} \mathrm{e}^{-t^2/2}\mathrm{d}t$$

证明　用特征函数方法，记 $g(t)$ 为 $\xi_k - \mu$ 的特征函数，则

$$g(t) = 1 - \frac{1}{2}\sigma^2 t^2 + o(t^2)$$

于是 ζ_n 的特征函数为

$$\left[g\left(\frac{t}{\sigma\sqrt{n}}\right)\right]^n = \left[1 - \frac{1}{2n}t^2 + o\left(\frac{t^2}{n}\right)\right]^n \to \mathrm{e}^{-t^2/2}$$

因为 $\mathrm{e}^{-t^2/2}$ 连续，且对应的分布函数为 $N(0,1)$，由逆极限定理，有

$$P(\zeta_n \leq x) \to \frac{1}{\sqrt{2\pi}}\int_{-\infty}^{x} \mathrm{e}^{-t^2/2}\mathrm{d}t$$

$\heartsuit$

注　一般提到中心极限定理，即指林德伯格-列维中心极限定理。

▶ **例题 5.4.1** (CLT 在数理统计中求渐近分布时的应用)　在数理统计中，对总体 ξ 的许多未知特征进行推断时，通常做法是抽取一个容量为 n 的样本 ξ_1，ξ_2，$\cdots$，ξ_n (i.i.d.)，为进

一步提取信息, 还构造一个或几个统计量 $g_k(\xi_1, \xi_2, \cdots, \xi_n)$, $k = 1, 2, \cdots, m$。在推断时, 需要知道这些统计量的分布, 但实际很难求, 一种解决办法就是利用大样本理论, 即用渐近分布来代替 (利用林德伯格-列维定理)。

比如, 若 $m_{2k} = E(\xi_n^{2k})$ 存在, 则由林德伯格-列维定理, $A_k = \dfrac{1}{n} \sum_{i=1}^{n} \xi_i^k$ 的分布渐近于

$$N\left(m_k, \frac{m_{2k} - m_k^2}{n}\right).$$

当 $k = 1$ 时, 若 $E(\xi_n) = \mu$, $\mathrm{Var}(\xi_n) = \sigma^2$ 存在, 则

$$\frac{1}{n} \sum_{i=1}^{n} \xi_i \xrightarrow{L} N\left(\mu, \frac{\sigma^2}{n}\right)$$

▶ **例题 5.4.2** (CLT 生成正态随机数) 计算机容易产生 $[0,1]$ 上均匀分布的随机数 ξ_i (但不是真正的 "随机", 只能称为 "伪随机"), 对于分布函数有显式表达的分布, 可以通过变换 $F^{-1}(\xi_i)$ 来得到服从 $F(x)$ 的随机数。但正态分布无显式表达, 可以利用中心极限定理, 取足够大的 n, 则

$$\xi_1 + \xi_2 + \cdots + \xi_n$$

渐近于正态变量 (均值为 $\dfrac{1}{2}n$, 方差为 $\dfrac{n}{12}$)。一般取到 $n = 12$ 就拟合得足够好了。

▶ **例题 5.4.3** (CLT 在近似数定点运算误差分析中的应用) 进行数值计算时, 任何数 x 只能用一定维数的有限小数 y 来近似。这就产生了一个误差 $\xi = x - y$, n 个数的和为

$$S = \sum_{i=1}^{n} x_i = \sum_{i=1}^{n} (y_i + \xi_i) = \sum_{i=1}^{n} y_i + \sum_{i=1}^{n} \xi_i$$

误差 $\eta = \sum_{i=1}^{n} \xi_i$, 对于这个误差的控制, 传统的估计

$$|\eta| \leqslant \sum_{i=1}^{n} |\xi_i|$$

太保守。若将 ξ_i 看作随机的, 则

$$P\left(\left|\sum_{i=1}^{n} \xi_i\right| < k\sqrt{n}\sigma\right) \approx \frac{1}{\sqrt{2\pi}} \int_{-k}^{k} \mathrm{e}^{-t^2/2} \mathrm{d}t$$

下面考虑随机向量的中心极限定理。

定理 5.4.2　随机向量的中心极限定理

若 p 维随机向量 $\xi_1, \xi_2, \cdots, \xi_n, \cdots$ 相互独立, 具有相同的分布, 其数学期望为 μ, 协方差阵为 Σ, 则

$$\eta_n = \frac{1}{\sqrt{n}} \{(\xi_1 - \mu) + (\xi_2 - \mu) + \cdots + (\xi_n - \mu)\}$$

的极限分布为 $N(0, \Sigma)$。

证明　对 p 维列向量 λ, 构造

$$\zeta_n = \frac{1}{\sqrt{n}} \sum_{i=1}^{n} \lambda^{\mathrm{T}}(\xi_i - \mu) = \lambda^{\mathrm{T}} \eta_n$$

由于

$$E[\lambda^{\mathrm{T}}(\xi_i - \mu)] = 0$$

$$D[\lambda^{\mathrm{T}}(\xi_i - \mu)] = \lambda^{\mathrm{T}} \Sigma \lambda$$

对于随机变量列 $\{\lambda^{\mathrm{T}}(\xi_i - \mu)\}$ 的标准化形式 $\{\zeta_n\}$, 由林德伯格-列维中心极限定理知它的分布函数收敛于 $N(0, \lambda^{\mathrm{T}} \Sigma \lambda)$, 由正极限定理, 得

$$f_n(t) \to f(t, \lambda) = \exp(-\lambda^{\mathrm{T}} \Sigma \lambda t^2 / 2), n \to \infty \tag{5.6}$$

这里 $f_n(t)$ 是 ζ_n 的特征函数. 而

$$f_n(t) = E(\mathrm{e}^{\mathrm{i} t \zeta_n}) = E\{\exp(\mathrm{i} t \lambda^{\mathrm{T}} \eta_n)\}$$

因而

$$f_n(1) = E(\mathrm{e}^{\mathrm{i} \zeta_n}) = E\{\exp(\mathrm{i} \lambda^{\mathrm{T}} \eta_n)\}$$

在式 (5.6) 中令 $t = 1$, 则

$$f_n(1) \to f(1, \lambda) = \exp(-\lambda^{\mathrm{T}} \Sigma \lambda / 2)$$

这正是 p 维正态分布 $N(0, \Sigma)$ 的特征函数. 因此由多维的连续性定理即得结论.

5.4.2　林德伯格-费勒中心极限定理

对于随机变量序列极限行为的更精细的刻画, 中心极限定理要更胜一筹. 前面的林德伯格-列维 CLT 只是处理 i.i.d. 的情形, 下面会更深入地分析各个条件, 争取使约束条件更少, 而得到更强的结论. 现在看来, 条件独立同分布 (i.i.d.) 在有些场合还是过强, 我们争取把第二个 i(同分布) 的条件放松. 林德伯格-费勒 (Lindeberg-Feller) 条件就是这样的一个尝试.

林德伯格-费勒条件提出的背景如下:

- 古典的中心极限定理讨论的是独立和的分布函数向正态分布收敛的最普遍的条件.
- 如果一个量是由大量相互独立的随机因素的影响形成的, 而每一个个别因素在总影响中所起的作用不大, 则这种量通常都服从或近似服从正态分布.
- 1922 年林德伯格提出了充分条件, 1935 年费勒进一步指出, 在某种条件下, 这个条件也是必要的.

先交代一下所用的记号. 设 $\xi_1, \xi_2, \cdots, \xi_n, \cdots$ 是一个相互独立的随机变量序列, 它们具有有限的数学期望和方差:

$$a_k = E(\xi_k), \ b_k^2 = D(\xi_k), \quad k = 1, 2, \cdots, n, \cdots$$

记

$$B_n^2 = \sum_{k=1}^n b_k^2$$

我们讨论标准化和式

$$\zeta_n = \sum_{k=1}^n \frac{\xi_k - a_k}{B_n}$$

的分布函数趋于正态分布函数的条件。

为了使各个加项"均匀地小"，设 $A_k = \{|\xi_k - a_k| > \tau B_n\}$，$k = 1, 2, \cdots, n$，则有

$$P\left(\max_{1 \leqslant k \leqslant n} |\xi_k - a_k| > \tau B_n\right) = P\left(\bigcup_{k=1}^n (|\xi_k - a_k| > \tau B_n)\right) = P(A_1 \bigcup A_2 \bigcup \cdots \bigcup A_n)$$

$$\leqslant \sum_{k=1}^n P(A_k)$$

$$= \sum_{k=1}^n \int_{|x-a_k|>\tau B_n} \mathrm{d}F_k(x)$$

$$\leqslant \frac{1}{(\tau B_n)^2} \sum_{k=1}^n \int_{|x-a_k|>\tau B_n} (x-a_k)^2 \mathrm{d}F_k(x)$$

$$= \frac{1}{\tau^2 B_n^2} \sum_{k=1}^n \int_{|x-a_k|>\tau B_n} (x-a_k)^2 \mathrm{d}F_k(x)$$

因此只要对于任何 $\tau > 0$，有

$$\lim_{n\to\infty} \frac{1}{B_n^2} \sum_{k=1}^n \int_{|x-a_k|>\tau B_n} (x-a_k)^2 \mathrm{d}F_k(x) = 0$$

就可以保证各个加项"均匀地小"。这就是林德伯格条件。

费勒进一步指出，若下述条件满足

$$\lim_{n\to\infty} \max_{k\leqslant n} \frac{b_k}{B_n} = 0 \tag{5.7}$$

则林德伯格条件还是中心极限定理的必要条件。式 (5.7) 称为费勒条件。

引理 5.4.1　费勒条件的等价描述

费勒条件式 (5.7) 等价于

$$\lim_{n\to\infty} B_n = \infty \tag{5.8}$$

$$\lim_{n\to\infty} \frac{b_n}{B_n} = 0 \tag{5.9}$$

证明　由

$$\frac{b_n}{B_n} \leqslant \max_{k\leqslant n} \frac{b_k}{B_n}$$

知式 (5.7) ⇒ 式 (5.9)。又若 $B_n \to B (B < \infty)$, 不妨假定 $b_1 > 0$, 则因 $\max\limits_{k \leqslant n} \dfrac{b_k}{B_n} \geqslant \dfrac{b_1}{B_n}$, 故

$$\lim_{n \to \infty} \max_{k \leqslant n} \frac{b_k}{B_n} \geqslant \frac{b_1}{B} > 0$$

与式 (5.7) 矛盾。应有 $B_n \to \infty$。

反之, 设式 (5.8) 和式 (5.9) 成立, 对任意的 $\epsilon > 0$, 存在正整数 M 使得 $\dfrac{b_k}{B_k} < \epsilon$ 对一切 $k > M$ 成立。固定 M 之后, 由于式 (5.8) 成立, 故可以选一 $N \geqslant M$, 使 $\max\limits_{k \leqslant M} \dfrac{b_k}{B_N} < \epsilon$。下证对一切 $n \geqslant N$, 均有

$$\max_{k \leqslant n} \frac{b_k}{B_n} < \epsilon$$

事实上, 利用 B_n 的单调不减性, 对一切 $n \geqslant N \geqslant M$, 有

$$\max_{k \leqslant M} \frac{b_k}{B_n} \leqslant \max_{k \leqslant M} \frac{b_k}{B_N} < \epsilon$$

$$\max_{M < k \leqslant n} \frac{b_k}{B_n} \leqslant \max_{M < k \leqslant n} \frac{b_k}{B_k} < \epsilon$$

$\dfrac{b_k}{B_n}$ 可看作分量 ξ_k 对总和 ζ_n 的贡献, 费勒条件相当于说: 总和是大量 "可忽略的" 分量之和。

下面我们推导林德伯格-费勒中心极限定理, 首先需要以下三个引理。

引理 5.4.2 复值指数函数的泰勒展开

对 $n = 1, 2, \cdots$ 及任意的 t, 有

$$\left| e^{it} - 1 - \frac{it}{1!} - \cdots - \frac{(it)^{n-1}}{(n-1)!} \right| \leqslant \frac{|t|^n}{n!}$$

引理 5.4.3 乘积分解不等式

对于任何满足 $|a_k| \leqslant 1$ 及 $|b_k| \leqslant 1 (k = 1, 2, \cdots, n)$ 的复数, 有

$$|a_1 a_2 \cdots a_n - b_1 b_2 \cdots b_n| \leqslant \sum_{k=1}^{n} |a_k - b_k|$$

引理 5.4.4 一类用特征函数生成的特征函数

若 $\phi(t)$ 是特征函数, 则 $e^{\phi(t)-1}$ 也是特征函数, 特别地

$$|e^{\phi(t)-1}| \leqslant 1$$

以上引理的证明这里略去。

定理 5.4.3　林德伯格-费勒中心极限定理

对于标准化的和式

$$\zeta_n = \sum_{k=1}^{n} \frac{\xi_k - a_k}{B_n}$$

有

$$\zeta_n \xrightarrow{L} N(0,1)$$

与费勒条件

$$\lim_{n\to\infty} \max_{k\leqslant n} \frac{b_k}{B_n} = 0$$

的充要条件是林德伯格条件成立, 即对于任何 $\tau > 0$

$$\lim_{n\to\infty} \frac{1}{B_n^2} \sum_{k=1}^{n} \int_{|x-a_k|>\tau B_n} (x-a_k)^2 \mathrm{d}F_k(x) = 0$$

证明　记

$$\xi_{nk} = \frac{\xi_k - a_k}{B_n}$$

则

$$E(\xi_{nk}) = 0, \; D(\xi_{nk}) = \frac{D(\xi_k)}{B_n^2} = \frac{b_k^2}{B_n^2}$$

$$\sum_{k=1}^{n} D(\xi_{nk}) = \frac{1}{B_n^2} \sum_{k=1}^{n} D(\xi_k) = 1$$

记 $f_{nk}(t)$, $F_{nk}(x)$ 分别表示 ξ_{nk} 的特征函数与分布函数, 则

$$F_{nk}(x) = P\left(\frac{\xi_k - a_k}{B_n} < x\right) = F_k(B_n x + a_k)$$

这时

$$\frac{1}{B_n^2} \int_{|x-a_k|>\tau B_n} (x-a_k)^2 \mathrm{d}F_k(x) = \int_{\left|\frac{x-a_k}{B_n}\right|>\tau} \left(\frac{x-a_k}{B_n}\right)^2 \mathrm{d}F_k(x)$$

$$= \int_{|y|>\tau} y^2 \mathrm{d}F_{nk}(y)$$

于是林德伯格条件化为: 对任意 $\tau > 0$

$$\lim_{n\to\infty} \sum_{k=1}^{n} \int_{|x|>\tau} x^2 \mathrm{d}F_{nk}(x) = 0$$

$\Leftarrow$: 设 t 固定, 当 $n \to \infty$ 时

$$f_{n1}(t) \cdots f_{nn}(t) \to \mathrm{e}^{-t^2/2} \tag{5.10}$$

我们先证在费勒条件下, 式 (5.10) 与下式等价

$$\sum_{k=1}^{n} (f_{nk}(t) - 1) + \frac{1}{2}t^2 \to 0 \tag{5.11}$$

在费勒条件下, 对任意 $\epsilon > 0$, 只要 n 充分大, 均有

$$\frac{b_k}{B_n} < \epsilon, \quad k = 1, 2, \cdots, n$$

由"复值指数函数的泰勒展开"引理, 存在复数 θ, 使得

$$\mathrm{e}^{\mathrm{i}tx} - 1 - \mathrm{i}tx = \theta\frac{(tx)^2}{2},\ |\theta| \leqslant 1$$

因此

$$f_{nk}(t) - 1 - \mathrm{i}t E(\xi_{nk}) = \frac{\theta t^2}{2}\int_{-\infty}^{+\infty} x^2\mathrm{d}F_{nk}(x)$$

于是

$$|f_{nk}(t) - 1| = \left|\frac{\theta t^2}{2}\int_{-\infty}^{+\infty} x^2\mathrm{d}F_{nk}(x)\right|$$

$$\leqslant \frac{t^2}{2}\int_{-\infty}^{+\infty} x^2\mathrm{d}F_{nk}(x)$$

$$= \frac{t^2}{2}\frac{b_k^2}{B_n^2} < \frac{1}{2}\epsilon^2 t^2$$

对任意 $\delta > 0$, 只要 $|z|$ 充分小, 就可以有

$$|\mathrm{e}^z - 1 - z| < \delta|z|$$

由"乘积分解不等式"引理、"一类用特征函数生成的特征函数"引理可知

$$\left|\mathrm{e}^{\sum_{k=1}^n [f_{nk}(t)-1]} - f_{n1}(t)\cdots f_{nn}(t)\right| \leqslant \sum_{k=1}^n \left|\mathrm{e}^{f_{nk}(t)-1} - f_{nk}(t)\right| \leqslant \delta\sum_{k=1}^n |f_{nk}(t) - 1|$$

$$\leqslant \frac{1}{2}\delta t^2\sum_{k=1}^n \frac{b_k^2}{B_n^2} = \frac{1}{2}\delta t^2$$

因 δ 可以任意小, 故式 (5.10) 与式 (5.11) 等价。

　　下证林德伯格条件 $\Rightarrow$ 费勒条件:

$$\frac{b_k^2}{B_n^2} = \int_{-\infty}^{+\infty} x^2\mathrm{d}F_{nk}(x)$$

$$= \int_{|x|\leqslant\tau} x^2\mathrm{d}F_{nk}(x) + \int_{|x|>\tau} x^2\mathrm{d}F_{nk}(x)$$

$$\leqslant \tau^2 + \sum_{k=1}^n \int_{|x|>\tau} x^2\mathrm{d}F_{nk}(x)$$

再证林德伯格条件 $\Rightarrow \zeta_n \xrightarrow{L} N(0,1)$:

$$\sum_{k=1}^n [f_{nk}(t) - 1] + \frac{1}{2}t^2 = \sum_{k=1}^n \int_{-\infty}^{+\infty}\left[\mathrm{e}^{\mathrm{i}tx} - 1 - \mathrm{i}tx + \frac{t^2 x^2}{2}\right]\mathrm{d}F_{nk}(x)$$

由"复值指数函数的泰勒展开"引理, 当 $|x| \leqslant \tau$ 时

$$\left|\mathrm{e}^{\mathrm{i}tx} - 1 - \mathrm{i}tx + \frac{t^2 x^2}{2}\right| \leqslant \frac{|tx|^3}{6} \leqslant \frac{\tau|t|^3 x^2}{6}$$

当 $|x| > \tau$ 时

$$\left| e^{itx} - 1 - itx + \frac{t^2x^2}{2} \right| \leqslant |e^{itx} - 1 - itx| + \frac{t^2x^2}{2} \leqslant t^2x^2$$

因此

$$\left| \sum_{k=1}^{n} [f_{nk}(t) - 1] + \frac{1}{2}t^2 \right| \leqslant \sum_{k=1}^{n} \int_{|x| \leqslant \tau} \frac{\tau|t|^3x^2}{6} dF_{nk}(x) + \sum_{k=1}^{n} \int_{|x| > \tau} t^2x^2 dF_{nk}(x)$$

$$\leqslant \frac{\tau|t|^3}{6} \sum_{k=1}^{n} \int_{-\infty}^{+\infty} x^2 dF_{nk}(x) + t^2 \sum_{k=1}^{n} \int_{|x| > \tau} x^2 dF_{nk}(x)$$

$$= \frac{\tau|t|^3}{6} + t^2 \sum_{k=1}^{n} \int_{|x| > \tau} x^2 dF_{nk}(x)$$

由前面证得的等价关系，有

$$f_{n1}(t) \cdots f_{nn}(t) \to e^{-t^2/2}$$

于是根据连续性定理，$\zeta_n \xrightarrow{L} N(0,1)$。

⇒：若 ζ_n 依分布收敛到 $N(0,1)$，相应特征函数满足式 (5.10)，在费勒条件下，就有式 (5.11)，因此

$$\sum_{k=1}^{n} [f_{nk}(t) - 1] + \frac{t^2}{2} = \sum_{k=1}^{n} \int_{-\infty}^{+\infty} \left[e^{itx} - 1 + \frac{t^2x^2}{2} \right] dF_{nk}(x) \to 0$$

因为 $\cos tx - 1 + \frac{t^2x^2}{2} \geqslant 0$，因此上述被积函数的实部是非负的。

$$\text{Re}\left(\sum_{k=1}^{n} \int_{-\infty}^{+\infty} \left[e^{itx} - 1 + \frac{t^2x^2}{2} \right] dF_{nk}(x) \right) = \sum_{k=1}^{n} \int_{-\infty}^{+\infty} \left[\cos tx - 1 + \frac{t^2x^2}{2} \right] dF_{nk}(x)$$

$$\geqslant \sum_{k=1}^{n} \int_{|x| > \tau} \left[\cos tx - 1 + \frac{t^2x^2}{2} \right] dF_{nk}(x)$$

$$\geqslant \sum_{k=1}^{n} \int_{|x| > \tau} \left(\frac{t^2x^2}{2} - 2 \right) dF_{nk}(x)$$

$$= \frac{t^2}{2} \sum_{k=1}^{n} \int_{|x| > \tau} x^2 dF_{nk}(x) - 2 \sum_{k=1}^{n} \int_{|x| > \tau} dF_{nk}(x)$$

$$\geqslant \left(\frac{t^2}{2} - 2\tau^{-2} \right) \sum_{k=1}^{n} \int_{|x| > \tau} x^2 dF_{nk}(x)$$

于是可得林德伯格条件。 ♡

若干推论

- 林德伯格-列维定理是林德伯格-费勒定理的特例。即若 ξ_1，ξ_2，$\cdots$ 是 i.i.d. 的随机变量序列，$E(\xi_k) = a$，$0 < \sigma^2 = D(\xi_k) < \infty$，则

$$B_n = \sqrt{n}\sigma$$

这时

$$\frac{1}{B_n^2}\sum_{k=1}^{n}\int_{|x-a_k|>\tau B_n}(x-a_k)^2 \mathrm{d}F_k(x)=\frac{1}{n\sigma^2}n\int_{|x-a|>\tau\sigma\sqrt{n}}(x-a)^2\mathrm{d}F(x)$$
$$\to 0,\quad n\to\infty$$

定理 5.4.4 可控上界下的 CLT

若 $\xi_1,\xi_2,\cdots$ 是 i.i.d. 的随机变量序列，存在常数 K_n，使 $\max\limits_{1\leqslant j\leqslant n}|\xi_j|\leqslant K_n(n=1,$
$2,\cdots)$，且 $\lim\limits_{n\to\infty}\dfrac{K_n}{B_n}=0$，则

$$P\left(\sum_{k=1}^{n}\frac{\xi_k-a_k}{B_n}<x\right)\to\frac{1}{\sqrt{2\pi}}\int_{-\infty}^{x}\mathrm{e}^{-t^2/2}\mathrm{d}t$$

定理 5.4.5 李雅普诺夫 (Lyapunov)CLT

如果对 i.i.d. 的随机变量序列 $\xi_1,\xi_2,\cdots,\xi_n,\cdots$，能选择一个正数 $\delta>0$，使得当 $n\to\infty$ 时

$$\frac{1}{B_n^{2+\delta}}\sum_{k=1}^{n}E(|\xi_k-a_k|^{2+\delta})\to 0$$

则

$$P\left(\frac{1}{B_n}\sum_{k=1}^{n}(\xi_k-a_k)<x\right)\to\frac{1}{\sqrt{2\pi}}\int_{-\infty}^{x}\mathrm{e}^{-t^2/2}\mathrm{d}t$$

下面我们看看其他类型的大数定律。概率论中的一个显著现象就是普适性 (universality)：许多看似不相关的概率分布，那些明显包含大量未知参数的分布，最后会收敛到一个只依赖于少量参数的普适分布律。著名的来源就是中心极限定理，其他来源是随机矩阵理论。下面介绍三个例子。

对于许多统计量 X 的渐近分布，若满足条件：

(i) 取正值，

(ii) 取值范围跨度不同的规模 (多种阶)，

(iii) 从大部分相互独立的因子的复杂组合中生成，

(iv) 没有被人为四舍五入、截断或者施加别的限制，

则有下面三种极限分布。

- 班福定律 (Benford's law)：对于 $k=1,\cdots,9$，X 的首位数字是 k 的概率约等于
$$\lg\frac{k+1}{k}$$
即取 1 大约有 30% 的概率，而取 9 大约有 5% 的概率。

- 齐普夫定律 (Zipf's law)：X 的第 n 大的取值的概率近似是一个幂律 (power law)
$$p_n\approx Cn^{-\alpha}$$
α 是幂律的参数，$n=1,2,3,\cdots$。

- 帕累托分布 (Pareto distribution，80-20 律)：X 中至少有 m 位的比例 (这里 m 的取值比中位大) 近似服从一个指数律

$$p_m \approx c10^{-m/\alpha}$$

其中，α 是尺度参数。感兴趣的读者可以查阅相关文献，找到更丰富的参考资料。

5.5   本章小结

- 本章介绍了分布列的收敛性、随机变量序列的各种收敛性。
- 研究了各种收敛性之间的关系。
- 研究了依分布收敛 (分布列收敛) 与特征函数列收敛之间的对应关系。
- 研究了不同条件下的几种大数定律 (弱大数定律)。
- 研究了不同条件下的强大数定律。
- 研究了独立同分布场合下的林德伯格-列维中心极限定理。
- 研究了独立场合下 (可以以不同分布) 的林德伯格-费勒中心极限定理。

5.6   练习五

5.1   定义随机变量 X 的信噪比，$|\mu|/\sigma$，其中 $\mu = E(X), \sigma^2 = \text{Var}(X)$，计算下列概率分布的信噪比：

(1) 均值为 λ 的泊松分布。

(2) 二项分布 $\text{Bin}(n, p)$。

(3) 均值为 $1/p$ 的几何分布。

(4) (a, b) 区间上的均匀分布。

(5) 均值为 $1/\lambda$ 的指数分布。

(6) 正态分布 $N(\mu, \sigma^2)$。

5.2   假设 Z_n 为随机变量序列，c 是常数，且满足对于任意 $\epsilon > 0$，有 $\lim\limits_{n \to \infty} P(|Z_n - c| > \epsilon) = 0$。证明：对于任意有界连续函数 g，有

$$E[g(Z_n)] \to g(c), \quad n \to \infty$$

5.3   设 $\{X_n\}$ 为独立同分布的随机变量序列，其方差有限，且 X_n 不恒为常数。如果 $S_n = \sum\limits_{i=1}^{n} X_i$，试证：随机变量序列 $\{S_n\}$ 不服从大数定律。

5.4   设 $f(x)$ 是定义在 $[0, 1]$ 上的连续函数，考虑函数多项式：

$$B_n(x) = \sum_{k=0}^{n} f\left(\frac{k}{n}\right) \binom{n}{k} x^k (1-x)^{n-k}$$

(这个多项式称为伯恩斯坦多项式) 证明: $B_n(x)$ 在 $x \in [0,1]$ 上一致收敛到 $f(x)$。

5.5 (1) 假设 X 为离散取值随机变量, 可能取值为 1, 2, 3, $\cdots$, 如果 $P(X = k)$ 关于 k 非增, 证明:

$$P(X = k) \leqslant 2\frac{E(X)}{k^2}, \qquad k = 1, 2, 3, \cdots$$

(2) 假设 X 为连续取值随机变量, 有非增的密度函数 $f(x)$, 证明:

$$f(x) \leqslant 2\frac{E(X)}{x^2}, \qquad \forall x > 0$$

5.6 设 $\{X_n\}$ 具有有限方差, 服从同一分布, 但对于各个 n, X_n 和 X_{n+1} 有相关性, 而 $X_k, X_l(|k - l| \geqslant 2)$ 是独立的, 证明: 此时对 $\{X_n\}$, 大数定律成立。

5.7 如果 X 服从均值为 λ 的泊松分布, 证明: $i < \lambda$ 时, 有

$$P(X \leqslant i) \leqslant \frac{\mathrm{e}^{-\lambda}(\mathrm{e}\lambda)^i}{i^i}$$

5.8 对随机变量序列 $\{X_n\}$, 若记 $\eta_n = \frac{1}{n}(X_1 + X_2 + \cdot + X_n), a_n = \frac{1}{n}(E(X_1) + E(X_2) + \cdots + E(X_n))$, 则 $\{X_n\}$ 服从大数定律的充要条件是

$$\lim_{n\to\infty} E\left[\frac{(\eta_n - a_n)^2}{1 + (\eta_n - a_n)^2}\right] = 0$$

5.9 假设 $E[X] < 0$, 存在 $\theta \neq 0$, 使得 $E[\mathrm{e}^{\theta X}] = 1$, 则 $\theta > 0$。

5.10 标准正态分布 Z 的切尔诺夫界 (Chernoff bound) 为 $P(Z > a) \leqslant \mathrm{e}^{-\frac{a^2}{2}}, a \to 0$。证明: 如果利用正态分布密度函数考虑这个不等式, 可以得到

$$P(Z > a) \leqslant \frac{1}{2}\mathrm{e}^{-\frac{a^2}{2}}, \quad a > 0$$

5.11 设 $\{X_k\}$ 是独立随机变量序列, 且 X_k 服从 $N(0, 2^{-k})$, 试证明序列:
(1) 中心极限定理成立;
(2) 不满足费勒条件;
(3) 不满足林德伯格条件。

5.12 用概率方法证明: 当 $n \to \infty$ 时, 有

$$\mathrm{e}^{-n}\sum_{k=0}^{n}\frac{n^k}{k!} \to \frac{1}{2}$$

5.13 设有独立随机变量序列 $\{\xi_k\}$, 对于任意 k, ξ_k 分别以 $\frac{1}{2}$ 的概率取 $\pm k^s$。

(1) 试证明: 对于 $s < \frac{1}{2}$, 大数定律成立。

(2) 试用中心极限定理证明: 当 $s \geqslant \frac{1}{2}$ 时, 大数定律不成立。

5.14 CBA 联赛中辽宁队一个赛季要打 44 场比赛, 其中 26 场对阵甲级战队, 18 场对阵

乙级战队。设对阵甲级战队时每场赢的概率是 0.4，对阵乙级战队时每场赢的概率是 0.7，假设每场比赛结果都是相互独立的，应用中心极限定理近似计算以下事件的概率：

(1) 该队能赢 25 场以上的比赛；

(2) 该队赢甲级战队的场数超过赢乙级战队的场数。

5.15 设有一列口袋，在第 k 个口袋中放 1 个白球和 $k-1$ 个黑球。自前 n 个口袋中各取一球，以 ζ_n 表示所取出的球中白球的个数。证明：

(1) 当 $r > 1/2$ 时，$\dfrac{\zeta_n - E(\zeta_n)}{\ln^r(n)} \xrightarrow{P} 0$。（提示：$\displaystyle\sum_{k=1}^{n} \dfrac{1}{k} \leqslant C \ln n$。）

(2) $\displaystyle\lim_{n \to \infty} P\left(\dfrac{\zeta_n - E(\zeta_n)}{\sqrt{D(\zeta_n)}} < x \right) = \dfrac{1}{\sqrt{2\pi}} \int_{-\infty}^{x} e^{-t^2/2} dt$。

5.7　数据科学扩展——大数定律与中心极限定理的数值模拟

设定一些 samplesize，对于每个给定的 samplesize，生成服从伯努利分布的样本均值，重复 1 000 次，画出直方图，观察随着 samplesize 的增加，样本均值的直方图分布的集中现象和近似正态的现象。

```
samplesize<-rep(c(1:10,2:10*10,2:10*100),1000)

generate_sample_mean<-function(samplesize,p){
  #### 计算归一化的统计量
  y = (mean(rbinom(n=samplesize,
                size=1,prob=p))-p)*
    samplesize^0.5/(p*(1-p))^0.5
  return(y)
# 如果验证大数定律，则这里只需输出样本均值
}

data <- data.frame(sample_mean_norm=
    sapply(samplesize,generate_sample_mean,p=0.5),
    sample_size=as.factor(samplesize))
```

画图时需要安装 gganimate 包 (网址：https://imagemagick.org)。

```
library(ggplot2)
library(gganimate)
laplace<-ggplot(data,aes(x=sample_mean_norm))+
 geom_histogram(aes(y=..count..),bins=50)+
 transition_states(states=sample_size)+
 ggtitle(label=paste("样本量: ","{previous_state}"))
```

```
animate(laplace)
anim_save}(filename="laplace_clt.gif",path="d:/Rwork/kejian")
```

　　如果要验证其他独立同分布样本均值的情况 (例如林德伯格-列维中心极限定理)，只需要将 rbinom 换成合适的生成其他分布随机数的函数。这里以指数分布为例。

```
generate_sample_mean<-function(samplesize,rate){
  ##### 计算normalized
  y = (sum(rexp(n=samplesize,
            rate=rate))-samplesize/rate)/
    (samplesize^0.5*rate^(-1))
  return(y)
# 代入指数分布的期望为1/rate, 方差1/rate^2
}

data <- data.frame(sample_mean_norm=
          sapply(samplesize,generate_sample_mean,rate=2),
              sample_size=as.factor(samplesize))
levy <- ggplot(data,aes(x=sample_mean_norm))+
  geom_histogram(aes(y=..count..),bins=50)+
  transition_states(states=sample_size,state_length=1)+
  ggtitle(label=paste("样本量: ","{previous_state}"))

animate(levy)
###### 保存这个动图
anim_save(filename="levy_clt.gif",path="d:/Rwork/kejian")
```

第 *6* 章

前沿方法选讲与概率不等式

本章导读

前面讲的随机变量序列的收敛是一种极限行为,是当样本趋向于无穷大时的情况。但人们往往更关心在有限样本非极限情形下,逼近的效果如何,这时需要用概率不等式来控制前 n 项标准化后与极限的逼近误差。一般证明中心极限定理都是通过特征函数 $\phi(t) = E(e^{itX})$。本章的主要内容是介绍一种不借助特征函数来证明中心极限定理的方法,称为斯泰因 (Stein) 方法。通过对逼近误差给出界来得到结论。这种方法也可以应用于相依变量列。本章先介绍随机耦合、全变差距离等概念;进而给出斯泰因方法和斯泰因方程,分离散时使用的泊松逼近和连续时使用的正态逼近;之后进一步给出在数据科学领域有大量应用的概率集中不等式,它们可以给出非渐近的概率结论。

6.1 随机耦合

观察到 $E(X - Y) = E(X) - E(Y)$,即期望的线性性质,这对于两个变量相依的情况也是成立的。所以要估计 $E[X] - E[Y]$,可以构造两个相依的变量 X, Y,简化 $E[X - Y]$ 的计算。这样的两个变量 X, Y 称为一个耦合对。

> **随机耦合**
>
> 如果 $\hat{X} =_d X$, $\hat{Y} =_d Y$,则称随机变量 $(\hat{X}, \hat{Y})$ 对是随机变量对 (X, Y) 的**随机耦合 (coupling)**,简称**耦合**。这里 "$=_d$" 表示两个随机变量分布相同。

下面再给出 "随机小于" 的定义。

> **随机小于**
>
> 如果有
> $$P(X \leqslant x) \geqslant P(Y \leqslant x), \quad \forall x$$
> 则称随机变量 X **随机小于 (random smaller than)** Y,记作 $X \leqslant_{st} Y$。

在随机变量 X 随机小于 Y 的情况下，我们可以构造一个耦合，使得一个随机变量总是小于另一个随机变量几乎处处成立。

定理 6.1.1　随机小于存在耦合使其几乎处处成立

如果 $X \leqslant_{st} Y$，则可以构造一个 (X, Y) 的耦合对 $(\hat{X}, \hat{Y})$，使得 $\hat{X} \leqslant \hat{Y}$ 几乎处处成立。

证明　定义 $F(t) = P(X \leqslant t)$，$G(t) = P(Y \leqslant t)$，且 $F^{-1}(x) \equiv \inf\{t : F(t) \geqslant x\}$，$G^{-1}(x) \equiv \inf\{t : G(t) \geqslant x\}$。设 $U \sim U(0,1)$，则可令 $\hat{X} = F^{-1}(U)$，$\hat{Y} = G^{-1}(U)$，由于 $F(t) \geqslant G(t)$ 可以得到 $F^{-1}(x) \leqslant G^{-1}(x)$，因此有 $\hat{X} \leqslant \hat{Y}$，且由于

$$\inf\{t : F(t) \geqslant U\} \leqslant x \Longleftrightarrow F(x) \geqslant U$$

可以得到

$$P(F^{-1}(U) \leqslant x) = P(F(x) \geqslant U) = F(x)$$

因此可以得到 $\hat{X} =_d X$。同理可以得到 $\hat{Y} =_d Y$。 ♡

▶ **例题 6.1.1**　如果 $X \sim N(0,1)$，$Y \sim N(1,1)$，则此时 $X \leqslant_{st} Y$，可以构造 $(\hat{X}, \hat{Y}) = (X, 1+X)$ 作为 (X, Y) 的一个耦合。

最大耦合

如果耦合对 $(\hat{X}, \hat{Y})$ 能使得 $P(\hat{X} = \hat{Y})$ 尽可能地大，则耦合对 $(\hat{X}, \hat{Y})$ 称为 (X, Y) 的**最大耦合** (maximum coupling)。

定理 6.1.2　最大耦合的构造

假设 X, Y 为两个随机变量，存在相应的 (分段) 连续的密度函数 f, g，则 (X, Y) 的最大耦合 $(\hat{X}, \hat{Y})$ 满足

$$P(\hat{X} = \hat{Y}) = \int_{-\infty}^{+\infty} \min(f(x), g(x)) \mathrm{d}x$$

两个随机变量间的最大耦合与其密度函数取最小后曲线下面积之间的关系见图6.1。

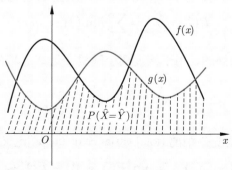

图 6.1　最大耦合相等与密度取最小后曲线下面积的关系示意图

证明　令 $p = \int_{-\infty}^{+\infty} \min(f(x), g(x))\mathrm{d}x$ 以及 $A = \{x : f(x) \leqslant g(x)\}$，任意 (X, Y) 的耦合 $(\hat{X}, \hat{Y})$ 一定满足

$$P(\hat{X} = \hat{Y}) = P(\hat{X} = \hat{Y} \in A) + P(\hat{X} = \hat{Y} \in A^c)$$

$$\leqslant P(X \in A) + P(Y \in A^c)$$

$$= \int_A f(x)\mathrm{d}x + \int_{A^c} g(x)\mathrm{d}x = p$$

因为 f，g 是分段连续的，因此，这里的积分是良定义的。现在我们考虑一个耦合可以使 $P(\hat{X} = \hat{Y}) \geqslant p$，则由以上证明，这个耦合是最大耦合。设 B，C，D 分别是随机变量，有相应的密度函数：

$$b(x) = \frac{\min(f(x), g(x))}{p}$$

$$c(x) = \frac{f(x) - \min(f(x), g(x))}{1 - p}$$

$$d(x) = \frac{g(x) - \min(f(x), g(x))}{1 - p}$$

令 $I \sim \text{Ber}(1, p)$，且如果 $I = 1$，则 $\hat{X} = \hat{Y} = B$，否则令 $\hat{X} = C$，$\hat{Y} = D$，此时显然有 $P(\hat{X} = \hat{Y}) \geqslant P(I = 1) = p$，且

$$P(\hat{X} \leqslant x) = P(\hat{X} \leqslant x|I = 1)p + P(\hat{X} \leqslant x|I = 0)(1 - p)$$

$$= p \int_{-\infty}^x b(t)\mathrm{d}t + (1 - p) \int_{-\infty}^x c(t)\mathrm{d}t$$

$$= \int_{-\infty}^x f(t)\mathrm{d}t$$

同理可得 $P(\hat{Y} \leqslant y) = P(Y \leqslant y)$。　♡

推论　假设 X，Y 是定义在集合 A 上的离散型随机变量，有相应的概率质量函数 $f(x) = P(X = x)$，$g(x) = P(Y = x)$，则 (X, Y) 的最大耦合满足

$$P(\hat{X} = \hat{Y}) = \sum_x \min(f(x), g(x))$$

下面引入一个经常用到的、用于测度两个随机变量 X，Y 的分布之间的距离的量——全变差距离。

全变差距离
　　两个随机变量的**全变差距离** (total variance distance) 定义为：

$$d_{TV}(X, Y) = \sup_A |P(X \in A) - P(Y \in A)|$$

定理 6.1.3　全变差距离与最大耦合之间的关系

如果 $(\hat{X}, \hat{Y})$ 是 (X, Y) 的最大耦合，则
$$d_{TV}(X, Y) = P(\hat{X} \neq \hat{Y})$$

证明　在 X, Y 是连续型随机变量且有相应的密度函数 f, g 的条件下证明这个结论。定义 $A = \{x : f(x) > g(x)\}$，B 为自变量 (集合)，则有

$$
\begin{aligned}
d_{TV}(X, Y) &= \max_B \{P(X \in B) - P(Y \in B), P(X \in B^c) - P(Y \in B^c)\} \\
&= \max_B \{P(X \in A) - P(Y \in A) + P(X \in A^c B) - P(Y \in A^c B) \\
&\quad - P(X \in AB^c) + P(Y \in AB^c), 1 - P(X \in B) - 1 + P(Y \in B)\} \\
&= P(X \in A) - P(Y \in A)
\end{aligned}
$$

且有

$$
\begin{aligned}
P(\hat{X} \neq \hat{Y}) &= 1 - \int_{-\infty}^{+\infty} \min(f(x), g(x)) \mathrm{d}x \\
&= 1 - \int_A g(x) \mathrm{d}x - \int_{A^c} f(x) \mathrm{d}x \\
&= 1 - P(Y \in A) - 1 + P(X \in A) \\
&= d_{TV}(X, Y)
\end{aligned}
$$

由此得证。

全变差距离与两个随机变量最大耦合不相等的概率之间的关系见图6.2。

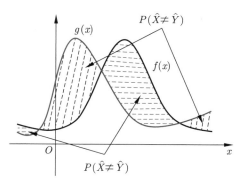

图 6.2　全变差距离可以表示为两个变量最大耦合不相等的概率示意图，两个阴影的面积是相等的

6.2　泊松近似

众所周知，当试验次数增多，而每次试验成功的概率减小且 $np \to \lambda$ 时，二项分布可以由泊松分布逼近。事实上，即使每次试验的概率不相同，甚至每次并不是独立试验，同样也可以用泊松分布进行近似。我们先讨论一个独立但每次成功概率不相同的场合。

定理 6.2.1　全变差距离下对伯努利的泊松近似

令 X_i 服从独立的伯努利分布 $\mathrm{Ber}(1, p_i)$，且设 $W = \sum_{i=1}^{n} X_i$，$Z \sim \mathrm{Poi}(\lambda)$，$\lambda = E[W] = \sum_{i=1}^{n} p_i$，则

$$d_{TV}(W, Z) \leqslant \sum_{i=1}^{n} p_i^2$$

证明　首先，$Z = \sum_{i=1}^{n} Z_i$，Z_i 之间相互独立，$Z_i \sim \mathrm{Poi}(p_i)$，则构造 (Z_i, X_i) 的最大耦合 $(\hat{Z}_i, \hat{X}_i)$，由之前的推论：

$$\begin{aligned}
P(\hat{Z}_i = \hat{X}_i) &= \sum_{k=0}^{\infty} \min(P(X_i = k), P(Z_i = k)) \\
&= \min(1 - p_i, \mathrm{e}^{-p_i}) + \min(p_i, p_i \mathrm{e}^{-p_i}) \\
&= 1 - p_i + p_i \mathrm{e}^{-p_i} = 1 - p_i + p_i \left[1 - p_i + \frac{1}{2!} p_i^2 + o(p_i^2) \right] \\
&\geqslant 1 - p_i^2
\end{aligned}$$

由于 $\left(\sum_{i=1}^{n} \hat{Z}_i, \sum_{i=1}^{n} \hat{X}_i \right)$ 是 (Z, W) 的耦合，故

$$\begin{aligned}
d_{TV}(W, Z) &\leqslant P\left(\sum_{i=1}^{n} \hat{Z}_i \neq \sum_{i=1}^{n} \hat{X}_i \right) \\
&\leqslant P\left(\bigcup_i \{ \hat{Z}_i \neq \hat{X}_i \} \right) \\
&\leqslant \sum_i P(\hat{Z}_i \neq \hat{X}_i) \\
&\leqslant \sum_{i=1}^{n} p_i^2
\end{aligned}$$

注　这个近似的缺点是：在大量求和的情况下，这个值可能很大。

6.2.1　斯泰因-陈方法

斯泰因-陈 (Stein-Chen) 方法是另一种寻找 $d_{TV}(W, Z)$ 上界的方法，其中 Z 服从泊松分布，W 是我们研究的一个随机变量。由于

$$kP(Z = k) = \lambda P(Z = k - 1)$$

故对于有界函数 f，$f(0) = 0$，有

$$E[Zf(Z)] = \lambda E[f(Z + 1)]$$

关键在于找到一个函数 f, 使得 $d_{TV}(W, Z) \leqslant E[Wf(W)] - \lambda E[f(W+1)]$, 这样, 如果 $W \approx_d Z$(指 W 和 Z 的分布近似), 我们就找到了两个分布之间距离很小的一个上界。

假设 $Z \sim \mathrm{Poi}(\lambda)$, A 为任意非空整数集。定义函数 $f_A(k)$, $k = 0, 1, \cdots$, $f_A(0) = 0$, 则利用泊松分布的斯泰因方程：

$$\lambda f_A(k+1) - kf_A(k) = I_{k \in A} - P(Z \in A)$$

将随机变量 W 插入, 并取期望：

$$\lambda E[f_A(W+1)] - E[Wf_A(W)] = P(W \in A) - P(Z \in A)$$

则

$$d_{TV}(W, Z) \leqslant \sup_A |\lambda E[f_A(W+1)] - E[Wf_A(W)]|$$

引理 6.2.1

对于任意 A, 以及 i, j, 有

$$|f_A(i) - f_A(j)| \leqslant \min(1, 1/\lambda)|i - j|$$

证明　首先我们来求解方程 (6.2)。在等式 (6.2) 两端乘以 $P(Z=k)$, 并由式 (6.1), 可得：

$$\lambda f_A(k+1)P(Z=k) - kf_A(k)P(Z=k) = I(k \in A)P(Z=k) - P(Z \in A)P(Z=k)$$
$$\lambda f_A(k+1)P(Z=k) - \lambda f_A(k)P(Z=k-1) = I(k \in A)P(Z=k) - P(Z \in A)P(Z=k)$$

按照 k 的取值, 依次展开各等式：

$$\lambda f_A(k+1)P(Z=k) - \lambda f_A(k)P(Z=k-1) = I(k \in A)P(Z=k) - P(Z \in A)P(Z=k)$$
$$\lambda f_A(k)P(Z=k-1) - \lambda f_A(k-1)P(Z=k-2) = I(k-1 \in A)P(Z=k-1)$$
$$- P(Z \in A)P(Z=k-1)$$
$$\vdots$$
$$\lambda f_A(2)P(Z=1) - \lambda f_A(1)P(Z=0) = I(1 \in A)P(Z=1) - P(Z \in A)P(Z=1)$$
$$\lambda f_A(1)P(Z=0) - 0f_A(0)P(Z=0) = I(0 \in A)P(Z=0) - P(Z \in A)P(Z=0)$$

把上面的式子加和起来, 则很多左边对应项可以相消, 得到：

$$\lambda f_A(k+1)P(Z=k) = \sum_{i=0}^{k} I(i \in A)P(Z=i) - P(Z \in A)\sum_{i=0}^{k}P(Z=i)$$
$$f_A(k+1) = \sum_{j=0}^{k} \frac{(I(j \in A) - P(Z \in A))P(Z=j)}{\lambda P(Z=k)}$$

又因为其中

$$\sum_{j=0}^{k} I(j \in A)P(Z=j) = \sum_{j \in A} I(j \leqslant k)P(Z=j)$$

$$\sum_{j=0}^{k} P(Z \in A) P(Z = j) = P(Z \in A) P(Z \leqslant k)$$

$$= \sum_{j \in A} P(Z = j) P(Z \leqslant k)$$

整理一下等价写法, 可以验证, 上式的解为:

$$f_A(k+1) = \sum_{j \in A} \frac{I_{j \leqslant k} - P(Z \leqslant k)}{\lambda P(Z = k)/P(Z = j)}$$

由于

$$\frac{P(Z \leqslant k)}{P(Z = k)} = \sum_{i \leqslant k} \frac{k! \lambda^{i-k}}{i!} = \sum_{i \leqslant k} \frac{k! \lambda^{-i}}{(k-i)!}$$

关于 k 递增, 而且

$$\frac{1 - P(Z \leqslant k)}{P(Z = k)} = \sum_{i > k} \frac{k! \lambda^{i-k}}{i!} = \sum_{i > 0} \frac{k! \lambda^{i}}{(i+k)!}$$

关于 k 递减, 故当 $j \neq k$ 时, 有 $f_{\{j\}}(k+1) \leqslant f_{\{j\}}(k)$, 因此有:

$$f_A(k+1) - f_A(k) = \sum_{j \in A} f_{\{j\}}(k+1) - f_{\{j\}}(k)$$

$$\leqslant \sum_{j \in A, j=k} f_{\{j\}}(k+1) - f_{\{j\}}(k)$$

$$= \frac{P(Z > k)}{\lambda} + \frac{P(Z \leqslant k-1)}{\lambda P(Z = k-1)/P(Z = k)}$$

$$= \frac{P(Z > k)}{\lambda} + \frac{P(Z \leqslant k-1)}{k}$$

$$\leqslant \frac{P(Z > k)}{\lambda} + \frac{P(0 < Z \leqslant k)}{\lambda}$$

$$\leqslant \frac{1 - e^{-\lambda}}{\lambda}$$

$$\leqslant \min(1, 1/\lambda)$$

其中倒数第三行不等式利用了关系式 (6.1), 且有:

$$-f_A(k+1) + f_A(k) = f_{A^c}(k+1) - f_{A^c}(k) \leqslant \min(1, 1/\lambda)$$

结合二者, 有:

$$|f_A(k+1) - f_A(k)| \leqslant \min(1, 1/\lambda)$$

因此, 得到最后的结论:

$$|f_A(i) - f_A(j)| \leqslant \sum_{k=\min(i,j)}^{\max(i,j)-1} |f_A(k+1) - f_A(k)| \leqslant |i-j| \min(1, 1/\lambda)$$

♡

6.2.2　全变差距离下的泊松逼近

> **定理 6.2.2　斯泰因-陈方法下全变差距离的泊松逼近**
>
> 假设 $W = \sum_{i=1}^{n} X_i$，其中 X_i 是示性变量 $P(X_i = 1) = \lambda_i$，且 $\lambda = \sum_{i=1}^{n} \lambda_i$。令 $Z \sim \text{Poi}(\lambda)$，以及 $V_i =_d (W - 1 \,|\, X_i = 1)$，则有：
>
> $$d_{TV}(W, Z) \leqslant \min(1, 1/\lambda) \sum_{i=1}^{n} \lambda_i E[|W - V_i|]$$
>
> **证明**
>
> $$\begin{aligned}
> d_{TV}(W, Z) &\leqslant \sup_A |\lambda E[f_A(W + 1)] - E[W f_A(W)]| \\
> &\leqslant \sup_A \left| \sum_{i=1}^{n} E[\lambda_i f_A(W + 1) - X_i f_A(W)] \right| \\
> &\leqslant \sup_A \sum_{i=1}^{n} \lambda_i E|f_A(W + 1) - f_A(V_i + 1)| \\
> &\leqslant \min(1, 1/\lambda) \sum_{i=1}^{n} \lambda_i E[|W - V_i|]
> \end{aligned}$$

▶ **例题 6.2.1** (泊松逼近的另一种形式)　延续如上的定义，如果 $W \geqslant V_i, \forall i$，则有：

$$d_{TV}(W, Z) \leqslant 1 - \frac{\text{Var}(W)}{E[W]}$$

证明　对于 $W \geqslant V_i$，则：

$$\begin{aligned}
\sum_{i=1}^{n} \lambda_i E(W - V_i) &= \sum_{i=1}^{n} \lambda_i E(W - V_i) \\
&= \sum_{i=1}^{n} \lambda_i (E(W + 1) - E(1 + V_i)) \\
&= \lambda^2 + \lambda - \sum_{i=1}^{n} \lambda_i E(W | X_i = 1) \\
&= \lambda^2 + \lambda - \sum_{i=1}^{n} E(X_i W) \\
&= \lambda - \text{Var}(W)
\end{aligned}$$

代入即得结论。

6.3　斯泰因方法在正态分布中的应用

对于 $Z \sim N(0, 1)$，很容易验证，对于光滑函数 f，有

$$E[f'(Z) - Z f(Z)] = 0$$

这启发我们构造斯泰因方程。

引理 6.3.1　基于斯泰因方程的不等式

给定 $\alpha > 0$，以及任意值 z，有

$$h_{\alpha,z}(x) \equiv h(x) = \begin{cases} 1, & x \leqslant z \\ 0, & x \geqslant z + \alpha \\ (\alpha + z - x)/\alpha, & \text{其他} \end{cases}$$

且定义函数 $f_{\alpha,z}(x) \equiv f(x)$，$-\infty < x < +\infty$，因此，满足

$$f'(x) - xf(x) = h(x) - E[h(Z)]$$

那么有

$$|f'(x) - f'(y)| \leqslant \frac{2}{\alpha}|x - y|, \quad \forall x, y$$

其中 $Z \sim N(0, 1)$。

证明　令 $\phi(y) = \mathrm{e}^{-y^2/2}/\sqrt{2\pi}$ 为标准正态密度函数，在等式 (6.3) 两端 (自变量采用 y) 乘以 $\phi(y)I(y \leqslant x)$，在整个定义域进行积分，可得：

$$\int_{-\infty}^{+\infty} \left[f'(y)\phi(y)I(y \leqslant x) - yf(y)\phi(y)I(y \leqslant x) \right] \mathrm{d}y$$

$$= E[h(Z)I(Z \leqslant x)] - E(h(Z))P(Z \leqslant x)$$

$$\int_{-\infty}^{x} \mathrm{d}(\phi(y)f(y)) = E[h(Z)I(Z \leqslant x)] - E(h(Z))P(Z \leqslant x)$$

$$f(x)\phi(x) = E[h(Z)I(Z \leqslant x)] - E(h(Z))P(Z \leqslant x)$$

则 $f(x) = \dfrac{E[h(Z)I(Z \leqslant x)] - E[h(Z)]P(Z \leqslant x)}{\phi(x)}$。因此

$$|f''(x)| = |f(x) + xf'(x) + h'(x)|$$

$$= |(1 + x^2)f(x) + x(h(x) - E[h(Z)]) + h'(x)|$$

由于

$$h(x) - E[h(Z)] = \int_{-\infty}^{+\infty} (h(x) - h(s))\phi(s)\mathrm{d}s$$

$$= \int_{-\infty}^{x} \int_{s}^{x} h'(t)\mathrm{d}t\phi(s)\mathrm{d}s - \int_{x}^{+\infty} \int_{x}^{s} h'(t)\mathrm{d}t\phi(s)\mathrm{d}s$$

$$= \int_{-\infty}^{x} h'(t)P(Z \leqslant t)\mathrm{d}t - \int_{x}^{+\infty} h'(t)P(Z \geqslant t)\mathrm{d}t$$

同样的方法可以得到：

$$f(x) = \frac{1}{\phi(x)} \left[\int_{-\infty}^{+\infty} \int_{-\infty}^{+\infty} h(z)I(z \leqslant x)\phi(z)\phi(s)\mathrm{d}z\mathrm{d}s \right.$$

$$\left. - \int_{-\infty}^{+\infty} \int_{-\infty}^{+\infty} h(z)I(s \leqslant x)\phi(z)\phi(s)\mathrm{d}z\mathrm{d}s \right]$$

$$f(x) = \frac{1}{\phi(x)} \left[\int_{-\infty}^{+\infty} \int_{-\infty}^{+\infty} h(z)(I(z \leqslant x) - I(s \leqslant x))\phi(z)\phi(s)\mathrm{d}z\mathrm{d}s \right]$$

分两种情况，即 $z \leqslant x$ 以及 $z \geqslant x$：

$$f(x) = \frac{1}{\phi(x)} \left[\int_{-\infty}^{x} h(z)\phi(z)\mathrm{d}z P(Z \geqslant x) \right]$$

$$- \frac{1}{\phi(x)} \left[P(Z \leqslant x) \int_{x}^{+\infty} h(z)\phi(z)\mathrm{d}z \right]$$

分别用分部积分可得：

$$f(x) = -\frac{P(Z \geqslant x)}{\phi(x)} \int_{-\infty}^{x} h'(t)P(Z \leqslant t)\mathrm{d}t$$

$$- \frac{P(Z \leqslant x)}{\phi(x)} \int_{x}^{+\infty} h'(t)P(Z \geqslant t)\mathrm{d}t$$

$$|f''(x)| \leqslant |h'(x)| + \left| (1 + x^2)f(x) + x(h(x) - E[h(Z)]) \right|$$

$$\leqslant \frac{1}{\alpha} + \left| -(1 + x^2)\frac{P(Z > x)}{\phi(x)} \int_{-\infty}^{x} h'(t)P(Z \leqslant t)\mathrm{d}t \right.$$

$$- (1 + x^2)\frac{P(Z \leqslant x)}{\phi(x)} \int_{x}^{+\infty} h'(t)P(Z \geqslant t)\mathrm{d}t$$

$$\left. + x\left[\int_{-\infty}^{x} h'(t)P(Z \leqslant t)\mathrm{d}t - \int_{x}^{+\infty} h'(t)P(Z \geqslant t)\mathrm{d}t \right] \right|$$

$$= \frac{1}{\alpha} + \left| \left(-x + (1 + x^2)\frac{P(Z > x)}{\phi(x)} \right) \int_{-\infty}^{x} h'(t)P(Z \leqslant t)\mathrm{d}t \right.$$

$$\left. + \left(x + (1 + x^2)\frac{P(Z \leqslant x)}{\phi(x)} \right) \int_{x}^{+\infty} h'(t)P(Z \geqslant t)\mathrm{d}t \right|$$

$$\leqslant \frac{1}{\alpha} + \frac{1}{\alpha} \left(-x + (1 + x^2)\frac{P(Z > x)}{\phi(x)} \right)(xP(Z \leqslant x) + \phi(x))$$

$$+ \frac{1}{\alpha} \left(x + (1 + x^2)\frac{P(Z \leqslant x)}{\phi(x)} \right)(-xP(Z > x) + \phi(x))$$

$$\leqslant \frac{2}{\alpha}$$

最后

$$|f'(x) - f'(y)| \leqslant \int_{\min(x,y)}^{\max(x,y)} |f''(x)|\mathrm{d}x \leqslant \frac{2}{\alpha}|x - y|$$

$\heartsuit$

定理 6.3.1　分布函数的一致逼近

如果 $Z \sim N(0,1)$，且 $W = \sum\limits_{i=1}^{n} X_i$，其中 X_i 独立且均值为 0，且 $\mathrm{Var}(W) = 1$，则

$$\sup_z |P(W \leqslant z) - P(Z \leqslant z)| \leqslant 2\sqrt{3\sum_{i=1}^{n} E[|X_i|^3]}$$

证明　任给定 $\alpha > 0$ 和 z，按照上述引理中定义的 h，f，以观察到

$$P(W < z) - P(Z < z) \leqslant E[h(W)] - E[h(Z)] + E[h(Z)] - P(Z < z)$$

$$\leqslant |E[h(W)] - E[h(Z)]| + P(z \leqslant Z \leqslant z + \alpha)$$

$$\leqslant |E[h(W)] - E[h(Z)]| + \int_z^{z+\alpha} \frac{1}{\sqrt{2\pi}} \mathrm{e}^{-x^2/2} \mathrm{d}x$$

$$\leqslant |E[h(W)] - E[h(Z)]| + \alpha$$

接下来只需证明

$$|E[h(W)] - E[h(Z)]| \leqslant \sum_{i=1}^{n} 3E(|X_i^3|)/\alpha$$

其中令 $\alpha = \sqrt{\sum\limits_{i=1}^{n} 3E(|X_i^3|)}$，则可以得到

$$P(W < x) - P(Z < x) \leqslant 2\sqrt{\sum_{i=1}^{n} 3E(|X_i^3|)}$$

同理，我们再从反方向开始，可以得到

$$P(Z < z) - P(W < z) \leqslant P(Z \leqslant z) - E[h(Z + \alpha)] + E[h(Z + \alpha)] - E[h(W + \alpha)]$$

$$\leqslant |E[h(W + \alpha)] - E[h(Z + \alpha)]| + P(z - \alpha \leqslant Z \leqslant z)$$

重复同样的手法和不等式，我们就可以得到定理的证明。下面我们证明上述关键的一步。

令 $W_i = W - X_i$，且令 Y_i 和 X_i 同分布且彼此相互独立，注意到 $\mathrm{Var}(W) = \sum\limits_{i=1}^{n} E(Y_i^2) = 1$ 且 $E[X_i f(W_i)] = 0$ 及 $|W - W_i - t| \leqslant |t| + |X_i|$，我们有

$$|E[h(W)] - E[h(Z)]| = |E[f'(W)] - Wf(W)|$$

$$= \left| \sum_{i=1}^{n} E(Y_i^2 f'(W) - X_i(f(W) - f(W_i))) \right|$$

$$= \left| \sum_{i=1}^{n} E\left(Y_i \int_0^{Y_i} (f'(W) - f'(W_i + t)) \mathrm{d}t\right) \right|$$

$$\leqslant \sum_{i=1}^{n} E\left(|Y_i| \int_0^{Y_i} |f'(W) - f'(W_i + t)| \mathrm{d}t\right)$$

$$\leqslant \sum_{i=1}^{n} E\left(|Y_i| \int_0^{Y_i} \frac{2}{\alpha}(|t| + |X_i|)\mathrm{d}t\right)$$

$$= \frac{1}{\alpha} \sum_{i=1}^{n} E(|X_i^3|) + \frac{2}{\alpha} E(|X_i^2|)E(|X_i|)$$

$$\leqslant \sum_{i=1}^{n} \frac{3}{\alpha} E(|X_i^3|)$$

最后一行不等式的证明见下面的引理。

引理 6.3.2　一个有关期望的不等式

如果 $f(x)$，$g(x)$ 为非降函数，则对于任意随机变量 X，有

$$E[f(X)g(X)] \geqslant E[f(X)]E[g(X)]$$

证明　设 X_1，X_2 为两个独立同分布的随机变量，因为 $f(X_1) - f(X_2)$ 与 $g(X_1) - g(X_2)$ 同正同负，则由：

$$E[(f(x_1) - f(X_2))(g(X_1) - g(X_2))] \geqslant 0$$

等价于：

$$E[f(X_1)g(X_1)] + E[f(X_2)g(X_2)] \geqslant E[f(X_1)g(X_2)] + E[f(X_2)g(X_1)]$$

由独立性，即得。

从上面的结果，可以立刻得到如下版本的中心极限定理。

命题 6.3.1　重新得到林德伯格-列维中心极限定理 (CLT)

如果 $Z \sim N(0,1)$，$Y_1, \cdots,$ 为独立同分布的随机变量 $E[Y_i] = \mu, \mathrm{Var}[Y_i] = \sigma^2$，且 $E[|Y_i|] < \infty$，当 $n \to \infty$ 时，有

$$P\left(\frac{1}{\sqrt{n}} \sum_{i=1}^{n} \frac{Y_i - \mu}{\sigma} \leqslant z\right) \to P(Z \leqslant z)$$

证明　令 $X_i = \dfrac{Y_i - \mu}{\sigma\sqrt{n}}, i \geqslant 1$，令 $W_n = \displaystyle\sum_{i=1}^{n} X_i$，则 W_n 满足定理 6.3.1 "分布函数的一致逼近" 的条件，因为：

$$\sum_{i=1}^{n} E[|X_i|^3] = nE[|X_1|^3] = \frac{nE[|Y_1 - \mu|^3]}{\sigma^3 n^{3/2}} \to 0$$

则由定理 6.3.1，有 $P(W_n \leqslant x) \to P(Z \leqslant x)$。

6.4　概率不等式

概率不等式与概率集中现象　在一定条件下，随机变量有集中在均值附近的性质，一系列独立随机变量的函数尤其会有这种性质，比如独立和。大数定律其实刻画的就是这种现象，随机变量独立和经过平均后会集中于期望和的平均，依概率、依分布或者几乎处处地收敛。中心极限定理又刻画了依分布下的极限分布。但这两种向均值集中的结果是渐近意义下的，对于给定有限样本下，独立和的平均有多接近它的期望，就不能刻画了。这种误差是逼近误差。本节会给出一类工具，能够得到非常 "sharp" 的逼近误差的界，而且这一类结果是非渐近结果，即给定有限样本量下，可以计算依赖于样本量 n 的界，如果这个界是随着 n 呈指数收敛到零的，那么这种结果是非常好的，而且几乎是不能再改进的。

▶ **例题 6.4.1**　抛一枚均匀硬币 n 次，问至少得到 80% 都正面朝上的结果的概率是多大？
设 $S_n = X_1 + X_2 + \cdots + X_n$，则

$$E(S_n) = \frac{n}{2}, \operatorname{Var}(S_n) = \frac{n}{4}$$

由切比雪夫不等式，有

$$P\left(S_n \geqslant 0.8n\right) \leqslant P\left(\left|S_n - \frac{n}{2}\right| \geqslant 0.3n\right) \leqslant \frac{1}{0.36n}$$

从这个结果看，这个概率作为 n 的函数，至少线性地收敛到零。能不能得到更快的收敛速度？

我们考虑使用中心极限定理来逼近上述问题中的概率，令

$$Z_n = \frac{S_n - n/2}{\sqrt{n/4}}$$

由中心极限定理，标准化的部分和 Z_n 依分布收敛到标准正态分布 $N(0,1)$，因此当 n 很大时，有

$$P\left(S_n \geqslant 0.8n\right) = P\left(Z_n \geqslant 0.6\sqrt{n}\right) \approx P(z \geqslant 0.6\sqrt{n})$$

其中 $z \sim N(0,1)$，这个近似量依什么速度递减？我们需要引入正态分布尾概率的界。

命题 6.4.1　正态分布的尾概率

设 $z \sim N(0,1)$，则对于任意的 $t > 0$，有

$$\left(\frac{1}{t} - \frac{1}{t^3}\right)\frac{1}{\sqrt{2\pi}}e^{-\frac{t^2}{2}} \leqslant P(z \geqslant t) \leqslant \frac{1}{t}\frac{1}{\sqrt{2\pi}}e^{-\frac{t^2}{2}}$$

证明　对于上界，考虑作一个变量替换 $x = t + y$，于是

$$P(z \geqslant t) = \frac{1}{\sqrt{2\pi}}\int_t^{+\infty} e^{-\frac{x^2}{2}}\,dx = \frac{1}{\sqrt{2\pi}}\int_0^{+\infty} e^{-\frac{t^2}{2}}e^{-ty}e^{-\frac{y^2}{2}}\,dy$$

$$\leqslant \frac{1}{\sqrt{2\pi}}e^{-\frac{t^2}{2}}\int_0^{+\infty} e^{-ty}\,dy = \frac{1}{t}\frac{1}{\sqrt{2\pi}}e^{-\frac{t^2}{2}}$$

下界的结果可以从下列恒等式得出：

$$\int_{t}^{+\infty} (1 - 3x^{-4}) \mathrm{e}^{-\frac{x^2}{2}} \mathrm{d}x = \left(\frac{1}{t} - \frac{1}{t^3} \right) \mathrm{e}^{-\frac{t^2}{2}}$$

由上述命题，当 $t > 1$ 时，尾概率的上界为密度函数

$$P(z \geqslant t) \leqslant \frac{1}{\sqrt{2\pi}} \mathrm{e}^{-\frac{t^2}{2}}$$

回到原问题，可以看出至少 80% 的结果是正面朝上的概率近似小于

$$\frac{1}{\sqrt{2\pi}} \mathrm{e}^{-0.18n}$$

这是一个以指数速度收敛到零的界，比切比雪夫的结果的线性衰减要好得多。但遗憾的是，中心极限定理逼近是极限结果，需要考虑其逼近误差，而这个误差并不小，甚至比线性收敛还要慢。

关于逼近误差，利用 Berry-Esseen 中心极限定理给出如下上界。

定理 6.4.1　Berry-Esseen 中心极限定理

Z_n 的定义如上文，对于任意的 n 和任意的 $t \in \mathcal{R}$，有

$$P(Z_n \geqslant t) - P(z \geqslant t) \leqslant \frac{E(|X_1 - \mu|^3) / \sigma^3}{\sqrt{n}}$$

其中，$z \sim N(0, 1)$。

这个近似误差的阶为 $\dfrac{1}{\sqrt{n}}$，比指数收敛要慢很多，比切比雪夫的线性收敛也要慢。那么能否使用中心极限定理改进所涉及的近似误差？一般来说，并不能，如果 n 是偶数，那么恰好得到 $n/2$ 次正面朝上的概率是

$$P\left(S_n = \frac{n}{2} \right) = 2^{-n} \binom{n}{n/2} \sim \frac{1}{\sqrt{n}}$$

最后一步估计用到了斯特林公式（$n! = \sqrt{2\pi} n^{n+1/2} \mathrm{e}^{-n+\epsilon_n}$，$1/(12n+1) < \epsilon_n < 1/(12n)$）。

从矩到尾概率　对于 $t > 0$，由马尔可夫类型的不等式，有

$$P(Y \geqslant t) \leqslant \frac{E[YI(Y \geqslant t)]}{t} \leqslant \frac{E(Y)}{t}$$

更一般地，对于非减、正值函数 $\phi(x)$，有

$$P(Y \geqslant t) \leqslant P(\phi(Y) \geqslant \phi(t)) \leqslant \frac{E[\phi(Y)]}{\phi(t)}$$

当 $\phi(t) = \mathrm{e}^{\lambda t}$，$\lambda > 0$ 时，有

$$P(Z \geqslant t) \leqslant \frac{E(\mathrm{e}^{\lambda Z})}{\mathrm{e}^{\lambda t}}$$

6.4.1 切尔诺夫不等式

矩母函数的对数函数

对于 $\lambda \geqslant 0$，称

$$\Psi_Z(\lambda) = \ln E(e^{\lambda Z})$$

为**矩母函数的对数函数** (logarithm of the MGF)，也称为对数矩母函数。

对数矩母函数的对偶函数

对于对数矩母函数 $\Psi_Z(\lambda)$，称

$$\Psi_Z^*(t) = \sup_{\lambda \geqslant 0}(\lambda t - \Psi_Z(\lambda))$$

为**对数矩母函数的对偶函数** (dual function of logarithm of the MGF)(又名克莱姆变换)。

命题 6.4.2　切尔诺夫不等式

$$P(Z \geqslant t) \leqslant \exp(-\Psi_Z^*(t))$$ ♠

证明　由指数函数的下凸性和詹森不等式，当 $E(Z)$ 存在时

$$\Psi_Z(\lambda) \geqslant \lambda E(Z)$$

所以对一切负值 $\lambda < 0$，当 $t \geqslant E(Z)$ 时，$\lambda t - \Psi_Z(\lambda) \leqslant 0$，所以对一切 $\lambda \in \mathcal{R}$，我们可以定义克莱姆变换：

$$\Psi_Z^*(t) = \sup_{\lambda \in \mathcal{R}}(\lambda t - \Psi_Z(\lambda))$$

对 $\lambda t - \Psi_Z(\lambda)$ 关于 λ 求导数，令 λ_t 为解，则 $\Psi_Z'(\lambda_t) = t$，则

$$\Psi_Z^*(t) = \lambda_t t - \Psi_Z(\lambda_t)$$

6.4.2 切尔诺夫不等式的应用

下面我们看切尔诺夫界在不同场合下的应用。

▶ **例题 6.4.2** (应用之一：正态分布) 设 $Z \sim N(0, \sigma^2)$，则

$$\Psi_Z(\lambda) = \frac{\lambda^2 \sigma^2}{2}, \lambda_t = \frac{t}{\sigma^2}$$

于是，对 $t > 0$

$$\Psi_Z^*(t) = \frac{t^2}{2\sigma^2}$$

由切尔诺夫不等式, 可得

$$P(Z \geqslant t) \leqslant \mathrm{e}^{-t^2/(2\sigma^2)}$$

▶ **例题 6.4.3** (应用之二: 泊松分布)　设 $P(Y = k) = \mathrm{e}^{-v}v^k/k!$, $k = 0, 1, \cdots$, 令 $Z = Y - v$, 则

$$E(\mathrm{e}^{\lambda Z}) = \mathrm{e}^{-\lambda v}\sum_{k=0}^{\infty} \mathrm{e}^{\lambda k}\mathrm{e}^{-v}\frac{v^k}{k!} = \mathrm{e}^{-\lambda v - v + v\mathrm{e}^{\lambda}}$$

$$\Psi_Z(\lambda) = v(\mathrm{e}^{\lambda} - \lambda - 1), \lambda_t = \ln\left(1 + \frac{t}{v}\right)$$

于是, 对 $t > 0$

$$\Psi_Z^*(t) = vh\left(\frac{t}{v}\right)$$

这里, 对于 $x \geqslant -1$, 函数 $h(x) = (1+x)\ln(1+x) - x$。类似地, 对于一切 $t \leqslant v$

$$\Psi_{-Z}^*(t) = vh\left(-\frac{t}{v}\right)$$

于是由切尔诺夫不等式, 可得

$$P(Z \geqslant t) \leqslant \mathrm{e}^{-\Psi_Z^*(t)}$$

▶ **例题 6.4.4** (应用之三: 伯努利分布)　设 $P(Y = 1) = 1 - P(Y = 0) = p$, 令 $Z = Y - p$, 对于 $0 < t < 1 - p$, 有

$$\Psi_Z(\lambda) = \ln(p\mathrm{e}^{\lambda} + 1 - p) - \lambda p, \lambda_t = \ln\frac{(1-p)(p+t)}{p(1-p-t)}$$

于是

$$\Psi_Z^*(t) = (1 - p - t)\ln\frac{1-p-t}{1-p} + (p+t)\ln\frac{p+t}{p}$$

令 $a = t + p$, 对于 $a \in (p, 1)$ 有

$$\Psi_Z^*(t) = h_p(a) \overset{\text{def}}{=} (1-a)\ln\left(\frac{1-a}{1-p}\right) + a\ln\left(\frac{a}{p}\right)$$

这里 $h_p(a)$ 恰好就是两个成功概率分别是 a 和 p 的伯努利随机变量的 **KL** 距离。

▶ **例题 6.4.5** (应用之四: 独立和的情形)　若 $Z = X_1 + X_2 + \cdots + X_n$, 这里 $X_i(i = 1, \cdots, n)$ 是独立同分布的随机变量, 记 $\Psi_X(\lambda) = \ln E(\mathrm{e}^{\lambda X_i})$, 相应的克莱姆变换为 $\Psi_X^*(t)$, 当 $\Psi_X(\lambda) < \infty$

$$\Psi_Z(\lambda) = \ln E(\mathrm{e}^{\lambda \sum_{i=1}^n X_i}) = \ln \prod_{i=1}^n E(\mathrm{e}^{\lambda X_i}) = n\Psi_X(\lambda)$$

于是

$$\Psi_Z^*(t) = n\Psi_X^*\left(\frac{t}{n}\right)$$

比如考虑二项分布 $Y \sim \mathrm{Bin}(n, p)$, 它可以由 n 个独立同分布的伯努利变量之和得到, 于是

对于 $Z = Y - np$，有

$$\Psi_Z^*(t) = nh_p(t/n + p)$$

于是，由切尔诺夫界，得

$$P(Z \geqslant t) \leqslant \exp\left(-nh_p(t/n + p)\right)$$

6.4.3 霍夫丁不等式

下面我们来看一个常用的不等式——霍夫丁 (Hoeffding) 不等式，分两种情形。

定理 6.4.2 霍夫丁不等式

设 $X_1, X_2, \cdots, X_n$ 是独立的对称伯努利随机变量，即 $P(X_i = 1) = P(X_i = -1) = 1/2$，对所有 $i = 1, 2, \cdots, n$ 成立，则对任意的 $t \geqslant 0, a = (a_1, a_2, \cdots, a_n) \in \mathcal{R}^n$ 有

$$P\left(\sum_{i=1}^n a_i X_i \geqslant t\right) \leqslant \exp\left(-\frac{t^2}{2\|a\|_2^2}\right)$$

证明 不妨设 $\|a\|_2 = 1$，由证明切比雪夫不等式时用到的技巧，对 $\lambda > 0$

$$P\left(\sum_{i=1}^n a_i X_i \geqslant t\right) = P\left(\exp\left(\lambda \sum_{i=1}^n a_i X_i\right) \geqslant \exp(\lambda t)\right)$$

$$\leqslant \mathrm{e}^{-\lambda t} E\left[\exp\left(\lambda \sum_{i=1}^n a_i X_i\right)\right] = \mathrm{e}^{-\lambda t} \prod_{i=1}^n E[\exp(\lambda a_i X_i)]$$

最后一步用到了 X_i 之间的独立性。而

$$E[\exp(\lambda a_i X_i)] = \left[\exp(\lambda a_i) + \exp(-\lambda a_i)\right]/2 = \cosh(\lambda a_i)$$

作为一个练习，可以证明：对任意的 $x \in \mathcal{R}$，有

$$\cosh(x) \leqslant \exp\left(\frac{x^2}{2}\right)$$

这个结果表明 $E[\exp(\lambda a_i X_i)] \leqslant \exp(\lambda^2 a_i^2/2)$，将上述结果代入前面的式子，得到

$$P\left(\sum_{i=1}^n a_i X_i \geqslant t\right) \leqslant \mathrm{e}^{-\lambda t} \prod_{i=1}^n \exp\left(\frac{\lambda^2 a_i^2}{2}\right)$$

$$= \exp\left(-\lambda t + \frac{\lambda^2}{2} \sum_{i=1}^n a_i^2\right) = \exp\left(-\lambda t + \frac{\lambda^2}{2}\right)$$

当 $\lambda = t$ 时，上式达到最小值，即

$$P\left(\sum_{i=1}^n a_i X_i \geqslant t\right) \leqslant \exp\left(-\frac{t^2}{2}\right)$$

得到了霍夫丁不等式的证明。

将霍夫丁不等式应用于例题 6.4.1 的抛硬币问题，将这个结果映射到对称伯努利分布后，有

$$P\big(\text{至少 80\% 正面朝上}\big) = P\big(S_n \geqslant 0.8n - 0.2n = 0.6n\big)$$

$$\leqslant \exp\Big(-\frac{0.6^2 n^2}{2n} \Big) = \exp(-0.18n)$$

这次得到了指数收敛的界。

再看霍夫丁不等式的其他形式。

定理 6.4.3　有界变量的霍夫丁不等式

假设随机变量 $P(Y \in [a,b]) = 1$，$\varepsilon > 0$，证明：

$$P(Y - E[Y] \geqslant \varepsilon) \leqslant \mathrm{e}^{-\frac{2\varepsilon^2}{(b-a)^2}}$$

先证明一个结论：假设 V 是随机变量，$E[V] = 0$，假设 $a \leqslant V \leqslant b$，则有

$$E[\mathrm{e}^{sV}] \leqslant \mathrm{e}^{s^2(b-a)^2/8}$$

由题，$V \in [a,b]$，可令 $v = \dfrac{v-a}{b-a}b + \dfrac{b-v}{b-a}a$，因此由 $x \to \mathrm{e}^x$ 凸性：

$$\mathrm{e}^{sv} \leqslant \frac{v-a}{b-a}\mathrm{e}^{sb} + \frac{b-v}{b-a}\mathrm{e}^{sa}$$

两边取期望即得：

$$E[\mathrm{e}^{sV}] \leqslant \frac{b}{b-a}\mathrm{e}^{sa} - \frac{a}{b-a}\mathrm{e}^{sb}$$

令 $p = \dfrac{b}{b-a}, u = (b-a)s$，对于右侧函数取对数：

$$\varphi(u) = \ln(p\mathrm{e}^{sa} + (1-p)\mathrm{e}^{sb})$$

$$= sa + \ln(p + (1-p)\mathrm{e}^{s(b-a)})$$

$$= (p-1)u + \ln(p + (1-p)\mathrm{e}^u)$$

由零点泰勒展开式，存在 $\xi \in [0,u]$，使得：

$$\varphi(u) = \varphi(0) + \varphi'(0)u + \frac{1}{2}\varphi''(\xi)u^2$$

而 $\varphi(0) = 0$，$\varphi'(0) = p - \dfrac{p}{p + (1-p)\mathrm{e}^u} = 0$，且

$$\varphi''(x) = \frac{p(1-p)\mathrm{e}^u}{[p + (1-p)\mathrm{e}^u]^2} \leqslant \frac{1}{4}$$

因此

$$\varphi(u) \leqslant \frac{u^2}{8} \leqslant \frac{s^2(b-a)^2}{8}$$

由切尔诺夫界，得

$$P(Y - E[Y] \geqslant \varepsilon) \leqslant \mathrm{e}^{-s\varepsilon}E[\mathrm{e}^{s(Y-E[Y])}]$$

$$\leqslant \mathrm{e}^{-s\varepsilon}\mathrm{e}^{\frac{s^2(b-a)^2}{8}}$$

取 $s = \dfrac{4\varepsilon}{(b-a)^2}$，即得霍夫丁不等式成立。

6.5　本章小结

- 本章介绍了随机耦合方法、全变差距离等概念。
- 研究了利用随机耦合方法对泊松分布的近似。
- 介绍了离散形式的斯泰因方程以及斯泰因-陈方法对于泊松分布的逼近。
- 介绍了连续形式的斯泰因方程及对于正态分布的逼近。
- 重新得到了带有逼近误差界的中心极限定理。
- 介绍了切尔诺夫概率不等式及其应用。
- 介绍了霍夫丁不等式的两种形式。

6.6　练习六

6.1　对于两个离散型随机变量 X，Y，证明

$$d_{TV}(X,Y) = \frac{1}{2}\sum_x |P(X=x) - P(Y=x)|$$

6.2　令 $X = I_A$，$Y = I_B$ 分别表示两个随机事件 A 和 B 的示性变量，且 $E(X) = a$，$E(Y) = b$。试求：

(1) X，Y 的最大耦合 $\hat{X}$，$\hat{Y}$，并计算 $P(\hat{X} = \hat{Y})$(表示成 a,b 的函数)。

(2) 找到最小耦合 $\tilde{X}$，$\tilde{Y}$，使 $P(\tilde{X} = \tilde{Y})$ 达到最小。

6.3　若两个服从泊松分布的随机变量 $\xi \sim \mathrm{Poi}(\lambda_1)$，$\eta \sim \mathrm{Poi}(\lambda_2)$，并且 $\lambda_2 > \lambda_1$，试利用随机耦合方法证明 $\eta \geqslant_{st} \xi$。

6.4　若随机变量 X 服从几何分布，$X \sim \mathrm{Geom}(p)$，$q = 1 - p$。证明对于任何有界函数 f，$f(0) = 0$，有

$$E[f(X) - qf(X+1)] = 0$$

6.5　设 X_1，X_2，$\cdots$ 是独立的均值为 0 的随机变量序列，对所有 n，$|X_n| < 1$，且 $\sum_{i \leqslant n} \mathrm{Var}(X_i)/n \to s < \infty$。若记 $S_n = \sum_{i \leqslant n} X_i$，$Z \sim N(0, s)$，证明：

$$\frac{S_n}{\sqrt{n}} \to_p Z$$

6.6　设 X_i，$i = 1, 2, \cdots, n$ 是独立随机变量序列，$E(X_i) = 0$，$\mathrm{Var}(X_i) = 1$。令 $W = \sum_{i=1}^n X_i$，证明：

$$\left| E(|W|) - \sqrt{\frac{2}{\pi}} \right| \leqslant 3 \sum_{i=1}^n E(|X_i|^3)$$

6.7 假设有 m 只球，独立地放入 n 个坛子里，每只球放入第 i 个坛子的概率是 p_i。假设 $m \gg n$。请给出"最后没有坛子是空的"的概率的一个逼近，并给出逼近误差的界。

6.8 假设 X_i，$i = 1, 2, \cdots, 10$ 独立同分布于均匀分布 $U(0,1)$。给出概率 $P\left(\sum\limits_{i=1}^{10} X_i > 8\right)$ 的一个逼近，并给出逼近误差的界。

6.9 假设一个周长为 c 的圆周被分割成 n 段 (n 比较大)，沿着圆周均匀地取 n 个点。求得到至少长 a 的 k 段的概率的一个逼近，并给出逼近误差的界。

6.10 令 $M(X)$ 表示一个随机变量 X 的中位数，即 $P(X \geqslant M(X)) \geqslant 1/2$，且 $P(X \leqslant M(X)) \geqslant 1/2$。证明：
$$|M(X) - E(X)| \leqslant \sqrt{\mathrm{Var}(X)}$$

6.11 (切比雪夫-康塔利不等式) 证明关于切比雪夫不等式的单边改进：对任何实值随机变量 X 和实数 $t > 0$，有
$$P(X - E(X) \geqslant t) \leqslant \frac{\mathrm{Var}(X)}{\mathrm{Var}(X) + t^2}$$

6.12 (Paley-Zygmund 不等式) 证明对于非负取值随机变量 X 及任何实数 $a \in (0,1)$，有
$$P(X \geqslant aE(X)) \geqslant (1-a)^2 \frac{(E(X))^2}{E(X^2)}$$

6.13 (矩与切尔诺夫界) 对于尾概率 $P(X \geqslant t)$ 的界 (对于 $t > 0$)，矩方法给出的界是 $\min\limits_{q \in \mathbb{Z}^+} E(X^q) t^{-q}$。而最好的克莱姆-切尔诺夫的界是 $\inf\limits_{\lambda > 0} E(\mathrm{e}^{\lambda(X-t)})$。试证明：
$$\min_{q \in \mathbb{Z}^+} E(X^q) t^{-q} \leqslant \inf_{\lambda > 0} E(\mathrm{e}^{\lambda(Y-t)})$$

(参考 Philips and Nelson(1995)。)

6.14 令 $X_1, \cdots, X_n$ 是相互独立的伯努利随机变量，分别有成功概率 $p_1, \cdots, p_n$。令 $p = (1/n)\sum\limits_{i=1}^n p_i$，$S_n = \sum\limits_{i=1}^n X_i$，证明：
$$P(S_n - np \geqslant n\epsilon) \leqslant \mathrm{e}^{-np\epsilon^2/3}, \ P(S_n - np \leqslant -n\epsilon) \leqslant \mathrm{e}^{-np\epsilon^2/2}$$

6.15 (一个尾概率的比较不等式) 令 X，Y 是两个实值随机变量，使得对任何实数 a，有
$$E[(X-a)_+] \leqslant E[(Y-a)_+]$$
并且对某 $\kappa \geqslant 1$，$b > 0$，对一切 $t \geqslant 0$，有
$$P(Y \geqslant t) \leqslant \kappa \mathrm{e}^{-bt}$$
证明：对一切 $t \geqslant 0$，有
$$P(X \geqslant t) \leqslant \kappa \mathrm{e}^{1-bt}$$

(参考 Pancheko(2003)。)

参考文献

[1] 何书元. 概率引论. 北京：高等教育出版社，2011.

[2] 李贤平. 概率论基础. 3 版. 北京：高等教育出版社，2010.

[3] 欧佛森. 生活中的概率趣事. 2 版. 北京：机械工业出版社，2018.

[4] 汪仁官. 概率论引论. 北京：北京大学出版社，2004.

[5] 张景肖. 概率论. 北京：清华大学出版社，2012.

[6] 严加安. 测度论讲义. 3 版. 北京：科学出版社，2021.

[7] 汉德. 概率统治世界. 北京：电子工业出版社，2016.

[8] Blitzstein J and Hwang J. Introduction to Probability. Second Edition. Chapman and Hall/CRC, 2019.

[9] Boucheron S, Lugosi G and Massart P. Concentration Inequalities: A Non-asymptotic Theory of Independence. Oxford University Press, 2013.

[10] Cover T and Thomas J. Elements of Information Theory. Second Edition. John Wiley & Sons, Inc., 2006.

[11] Kahneman D, Slovic P and Tversky A. Judgement under Uncertainty: Heuristics and Biases. Cambridge University Press, 1982.

[12] Panchenko D. Symmetrization approach to concentration inequalities for empirical processes. *The Annals of Probability*, 2003, 31: 2068-2081.

[13] Philips T and Nelson R. The moment bounds is tighter than Chernoff's bound for positive tail probabilities. *The American Statistician*, 1995, 49: 175-178.

[14] Ross S. A First Course in Probability. 8th Edition. Pearson Prentice Hall, 2010.

[15] Ross S, Peköz E. A Second Course in Probability. ProbabilityBookstore.com, 2007.

[16] Severini T. Elements of Distribution Theory. Cambridge University Press, 2005.

[17] Shiryayev A. Probability. Springer, 1984.

[18] Mitzenmacher M and Upfal E. Probability and Computing: Randomization and Probabilistic Techniques in Algorithms and Data Analysis. Second Edition. Cambridge University Press, 2017.

图书在版编目（CIP）数据

数据科学概率基础 / 尹建鑫编著. -- 北京：中国
人民大学出版社, 2023. 6
（数据科学与大数据技术丛书）
ISBN 978-7-300-31823-3

I. ①数… II. ①尹… III. ①数据处理 IV.
① TP274

中国国家版本馆 CIP 数据核字（2023）第 110130 号

数据科学与大数据技术丛书
数据科学概率基础
尹建鑫　编著
Shuju Kexue gailü jichu

出版发行	中国人民大学出版社	
社　　址	北京中关村大街 31 号	邮政编码　100080
电　　话	010-62511242（总编室）	010-62511770（质管部）
	010-82501766（邮购部）	010-62514148（门市部）
	010-62515195（发行公司）	010-62515275（盗版举报）
网　　址	http://www.crup.com.cn	
经　　销	新华书店	
印　　刷	北京昌联印刷有限公司	
开　　本	787mm×1092mm　1/16	版　　次　2023 年 6 月第 1 版
印　　张	15.25　插页 1	印　　次　2023 年 6 月第 1 次印刷
字　　数	346 000	定　　价　59.00 元

中国人民大学出版社　理工出版分社

教师教学服务说明

　　中国人民大学出版社理工出版分社以出版经典、高品质的统计学、数学、心理学、物理学、化学、计算机、电子信息、人工智能、环境科学与工程、生物工程、智能制造等领域的各层次教材为宗旨。

　　为了更好地为一线教师服务，理工出版分社着力建设了一批数字化、立体化的网络教学资源。教师可以通过以下方式获得免费下载教学资源的权限：

★ 在中国人民大学出版社网站 www.crup.com.cn 进行注册，注册后进入"会员中心"，在左侧点击"我的教师认证"，填写相关信息，提交后等待审核。我们将在一个工作日内为您开通相关资源的下载权限。

★ 如您急需教学资源或需要其他帮助，请加入教师 QQ 群或在工作时间与我们联络。

 中国人民大学出版社　理工出版分社

🔔 **教师 QQ 群：** 229223561(统计2组) 982483700(数据科学) 361267775(统计1组)
　　教师群仅限教师加入，入群请备注（学校＋姓名）

☎ **联系电话：** 010-62511967，62511076

✉ **电子邮箱：** lgcbfs@crup.com.cn

📍 **通讯地址：** 北京市海淀区中关村大街 31 号中国人民大学出版社 507 室（100080）